基于复杂自适应理论的
水资源承载力决策理论与实践

胡震云　王世江　著

科学出版社

北京

内 容 简 介

本书基于复杂自适应理论，从理论、方法和应用三个方面对水资源承载力做了较为全面、系统的研究，创建了基于复杂自适应水资源承载力的基本理论、决策方法和决策模型，从交互—协调—适应的全新视角，分析了水资源系统各主体的刺激—反应规则，揭示了主体自我学习演化和交互学习演化机理；构建了基于复杂自适应理论的水资源承载力计算模型，设计了基于复杂自适应理论的水资源承载力决策支持平台；结合国家及省部级基金项目，将理论研究成果应用到新疆哈密，为政府和有关行政管理部门进行水资源有效管理、制定水资源规划政策提供决策支持。

本书可作为水资源管理专业的本科生和研究生的参考书，以及规划部门、水利行业的工作人员和科研技术人员的参考书。

图书在版编目（CIP）数据

基于复杂自适应理论的水资源承载力决策理论与实践/胡震云，王世江
著. —北京：科学出版社，2013.12
　ISBN 978-7-03-039442-2

　Ⅰ.①基…　Ⅱ.①胡…②王…　Ⅲ.①水资源-承载力-研究
Ⅳ.①TV211

中国版本图书馆 CIP 数据核字（2013）第 311410 号

责任编辑：黄　海　刘婷婷　陈会迎 / 责任校对：郑金红
责任印制：肖　兴 / 封面设计：许　瑞

科 学 出 版 社 出版
北京东黄城根北街 16 号
邮政编码：100717
http://www.sciencep.com
文林印务有限公司印刷
科学出版社发行　各地新华书店经销
*

2013 年 12 月第 一 版　开本：B5（720×1000）
2013 年 12 月第一次印刷　印张：15
字数：300 000

定价：79.00 元
（如有印装质量问题，我社负责调换）

前　言

现今工业、农业、生活和生态环境的发展对水的依赖程度越来越高，一个地区、一个流域的水资源到底能够支撑多大规模的社会，成了制定区域发展规划的基础性尺度和指标。水资源承载力的大小对一个国家或地区的综合发展有着至关重要的影响。

水资源危机是我国可持续发展面临的重大挑战。面对这项挑战，如何评价和把握人口、经济、水资源和生态环境等协调发展成为一项迫在眉睫的任务，通过对水资源承载力的研究，能通俗和直接地描述水资源社会需求：在一定的限定条件下，可再生利用的水资源究竟能够支撑多大规模的社会？回答这个问题，有助于解决我国水资源危机的核心问题。

因此，进行水资源承载力评价研究，提出普遍意义上的水资源承载力内涵，根据水资源承载力评价的目的和问题导向的技术思路，建立一套评价水资源承载力的技术途径和实施方法，对水资源可持续利用和国家可持续发展有着重要的理论价值与实际意义。

本书在把复杂自适应系统（complex adaptive system，CAS）方法应用于水资源系统可行性分析的基础上，研究了复杂适应水资源系统的特征、机制、演化过程，给出了基于 CAS 的水资源承载力定义；分析了复杂自适应水资源系统学习的特点和本质，建立了复杂自适应水资源系统主体自我学习的动态模型和交互学习的动态模型；在分析各主体用水影响因素的基础上，构建了工业主体、农业灌溉主体、牧业主体、渔业主体、第三产业主体、城镇生活主体、农村生活主体、供水主体自我学习演化的刺激—反应规则和主体间交互学习演化的刺激—反应规则；建立了基于 CAS 的水资源承载力计算模型，该模型包含两层意义上的自适应，即整体层在个体层刺激—反应规则作用下进行选择、交叉、变异的系统自适应演化，个体作为整体层的部分在整体的协调下根据自身的刺激—反应规则进行个体的自适应调整；建立了个体层的刺激—反应规则算法库，包括多元回归算法、带时间序列的多元回归算法、灰色关联神经网络模型；给出了整体层构建基于真实世界锦标赛选择法（real world tournament selection，RWTS）的自适应并行遗传算法；从多层分布式角度构建由业务处理层、信息资源管理层和网络数据服务层构成的系统总体架构，建立系统功能结构，分析各功能模块的需求，在可行性分析基础上构建基于 Flex/MVC/REST 的水资源承载力决策支持系统技术架构；分析“以用户为中心的设计”的概念和它所依据的心理学理论，构建以迭代式开发为蓝本、加入"以用户为中心的设计"（user-centered design，UCD）心理模式的水资源承载力决策支持系统的设计流程，建立基于改进型的 GOMS 模型的系统界面量化评估模型；给出系统个体层和整体层的实现思路，建立系统各功能的纸上原型，评价系统效率并进行改进，设计完成基于 CAS 的水资源承载力决策支持系统。最后，本书进行了新疆哈密基于 CAS 的水资源承载力决策的实证研究，构建新疆哈密第一产业主体、第二产业主体、生活主体和第三产业主体自我学习演化的刺激—反应规则和各主体的交互刺激—反应规则，应用决策支持系统进行分析，得出哈密可承载的各主体规模，并进行情景分析。

　　本书的研究成果得到国家自然科学基金项目"基于 CAS 范式的流域水资源系统管理研究"（编号：70471083）、水利部 948 项目"基于 CAS 的水资源承载力评价决策支持系统的研究与开发"（编号：200943）、水利部公益性行业科研专项经费项目"新疆经济需水结构调整与控制技术研究与集成"（编号：200901068）、江苏省社会科学基金项目"太湖流域水污染物排放总量控制机制研究"（编号：09SHB003）的资助，在此表示感谢。

　　感谢王慧敏教授给予的指导，感谢新疆水利厅、新疆哈密水利局、新疆水利水电科学研究院在实证研究中给予的帮助。感谢硕士生吴洲、雷明，他们参与完成了决策支持系统的建设；感谢硕士生马伟康、李璐、周贝、李亚涛，他们参与了实证研究中的资料收集、整理工作。

　　鉴于水资源系统的复杂性，水资源承载力研究涉及内容广泛，各主体刺激—反应规则梳理时涉及的影响因素众多，且难以定量表达，加之作者水平和时间有限，书中难免会有疏漏和不足之处，恳请读者批评指正。

胡震云

2013 年 6 月 18 日

目　　录

第1章 绪 论

1.1 水资源承载力研究意义

1. 研究水资源承载力是确定流域或区域社会发展的基础

水是生命之源，既是人类和一切生物赖以生存和发展的不可替代的自然资源，又是自然环境的重要组成部分。人类文明的发展与水有着不可分割的联系，世界上几乎没有一个文明发源地不是傍依河湖而发展起来的[1]。在人类进入了高度发达的工业时代和逐步进入信息时代的今天，水资源已成为制约人类社会发展的瓶颈。国家生产力布局和地区社会经济的发展是一个地区的地理位置、资源条件（包括水资源）和社会条件的综合产物，水资源是其中的重要条件。现今工业、农业、生活和生态环境的发展对水的依赖程度越来越高，一个地区、一个流域的水资源到底能够支撑多大规模的社会，成了制定区域发展规划的基础性的尺度和指标。水资源承载力的大小对一个国家或地区的综合发展有着至关重要的影响[2]。

2. 研究水资源承载力是解决我国水资源问题的需要

我国降水总量达 6.2 万亿立方米，年均降水深 648 毫米，降水中约有 56% 的水量为陆面蒸发和植物蒸腾所散发，只有 4% 的水量形成地表径流。全国陆地水资源总量达 2.81 万亿立方米，居世界第 6 位[3]。

我国地域辽阔，地形复杂，大陆性季风气候非常显著，加之各地开发利用差异，造成水资源如下特点。

1）时空分布不均，年际年内变幅大

我国降水丰富，但时空分布不均，总的来说降水量从东南沿海向西北内陆递减，全国大部分地区夏秋多雨、冬春少雨。长江以南，3～6 月的降水量约占全年降水量的 60%，而长江以北地区，6～9 月的降水量常常占全年降水量的 80%。降水过分集中，造成雨期大量弃水，非雨期水量缺乏，并且出现过连续丰水年和连续枯水年的情况。而且，我国外流河大多分布在东南部，内流河大多在西北内陆地区，这更加剧了水资源时空分布不均，从而导致我国水旱灾害频繁，同一时间此地旱彼地涝，同一地区此时旱彼时涝。此外，水资源与土地等资源也不甚匹配，我国水资源南多北少，耕地南少北多。长江及其以南水资源总量占到全国的 81%，但其耕地面积只占全国的 38%，淮河以北地区耕地占全国的 62%，而其水资源总量仅为全国总量的 19%。这不利于地区的可持续发展[4]，也决定了我国江河治理和水资源开发利用的长期性、艰巨性和复杂性[5,6]。

2) 人均水资源占有少，水资源供需矛盾突出

我国因人口众多，人均水资源量排在世界第 121 位，仅约为世界人均水资源量平均值的 1/4[7]。1993 年"国际人口行动"提出的《持续水——人口和可更新水的供给前景》报告[8]认为：人均水资源量少于 1700 立方米的为用水紧张国家，人均水资源量少于 1000 立方米的为缺水国家，人均水资源量少于 500 立方米的为严重缺水国家。到 21 世纪中叶，我国人均水资源量将接近 1700 立方米，进入用水紧张的国家行列[9]。

全国可利用水资源量，扣除生态环境用水后为 9500 亿～11 000 亿立方米。按照国际标准，中国约 54% 的人口、50% 的省份、76% 的城市处于用水紧张或缺水状况。全国城市正常年份缺水 60 亿立方米，日缺水量达 1600 万立方米。缺水已严重影响中国社会经济的发展和人民生活水平的提高[10]。

进入 21 世纪，我国水资源供需矛盾将进一步加剧。据预测，2050 年全国 16 亿人的需水量将增加到 7200 亿～8000 亿立方米，供水量将比 1997 年增加 1300 亿～2300 亿立方米。黄、淮、海三流域 2010 年以后人均水资源已低于 350 立方米，缺水十分严重，需要从长江调水来解决。由于中国的国土辽阔，地形复杂，人口众多，人口与水资源、土资源的分布又不可能完全协调，再加上季风的影响，今后水资源紧缺的局面几乎是不可避免的，21 世纪我国水资源供需面临非常严峻的形势。如果在水资源开发利用上没有大的突破，在管理上不能适应这种残酷的现实，水资源很难满足国民经济迅速发展的需求，水资源危机将成为所有资源问题中最为严重的问题，中国 21 世纪面临的挑战比世界上其他国家更严峻[11]。

3) 水资源浪费严重，加重了用水紧缺程度

由于管理不善，工程配套差，用水技术、工艺落后，一方面水资源紧缺，另一方面又大量浪费。由《2011 年中国水资源公报》[12]可知，1997～2011 年，全国人均用水量基本维持在 410～454 立方米，万元国内生产总值用水量和万元工业增加值用水量虽呈显著下降趋势，按 2000 年可比价计算，万元国内生产总值用水量由 1997 年的 705 立方米下降到 2011 年的 208 立方米，万元工业增加值用水量由 1997 年的 363 立方米下降到 2011 年的 114 立方米，但与发达国家仍有较大差距；农业用水大多采用大水漫灌，水的利用系数在 0.5 左右，而发达国家灌溉水利用系数在 0.7 以上，渠道渗漏严重，不仅浪费水资源，也易引起土壤的次生盐碱化和潜育化，降低土地质量。

4）水污染日益严重

水资源是质与量的高度统一。21 世纪我国面临水量危机的同时，水质危机也日趋严重。由《2011 年中国水资源公报》可知，2011 年，全国 18.9 万千米的河流中，全年 I 类水河长占评价河长的 4.6%，II 类水河长占 35.6%，III 类水河长占 24.0%，IV 类水河长占 12.9%，V 类水河长占 5.7%，劣 V 类水河长占 17.2%，全国全年 I～III 类水河长比例为 64.2%；全国有水质监测资料的 103 个湖泊中，全年水质为 I 类的水面占评价水面面积的 0.5%、II 类占 32.9%、III 类占 25.4%、IV 类占 12.0%、V 类占 4.5%、劣 V 类占 24.7%；全国 634 个地表水集中式饮用水水源地中，合格率在 80% 及以上的集中式饮用水水源地有 452 个，占评价水源地总数的 71.3%，其中合格率达 100% 的水源地有 352 个，占评价总数的 55.5%，全年水质均不合格的水源地有 31 个，占评价总数的 4.9%。

进入 21 世纪，随着人口的增长、经济的发展，如果不采取有力措施，水污染问题将成为我国不少地区和城市生存与发展的巨大障碍。

5）生态环境用水问题突出

我国不少河流泥沙含量大，为保证多泥沙河流的河道不致萎缩，需要安排汛期冲沙水量。西北内陆地区气候干旱，生态环境十分脆弱，必须优先保证生态环境用水，以维持荒漠绿洲的有限生存环境，而河道汛期输沙水量和枯季河川基流等环境用水需求，进一步加剧了北方水资源短缺地区的用水竞争。

在水资源开发利用中，不少地方无限制地开采地下水，从而产生一系列严重后果。全国地下水年平均超采约 80 亿立方米，黄淮海地区超采约 50 亿立方米，其他地区 30 亿立方米。太原、济南、西安、沧州、淮北、阜阳等北方地区出现大范围的降落漏斗，上海、天津、郑州甚至出现了地面下沉问题。

总之，我国的水资源面临着人均占有量少、供需矛盾突出、水污染日趋严重和水土资源过度开发造成生态环境破坏等严重问题[13]，特别是经济的发展和人口的增长对有限水资源的潜在压力，加剧了水资源问题的严重性。无疑，水资源危机将是我国可持续发展面临的最大挑战[14]。

面对这项挑战，如何评价和把握人口、经济、水资源和生态环境等协调发展成为一项迫在眉睫的任务，通过对水资源承载力的研究，能通俗和直接地描述水资源社会需求：在一定的限定条件下，可再生利用的水资源究竟能够支撑多大规模的社会？也就是说：水资源对社会到底有多大的承受能力？回答这个问题，有助于解决我国水资源危机的核心问题，因此，研究水资源承载力是解决我国诸多水问题的需要。

3. 研究水资源承载力是延伸资源承载力理论、水资源研究理论的需要

自然资源是人类赖以生存和发展的物质基础，无论是可再生的自然资源，还是不可再生的自然资源都是有限的,因此存在着界限问题,也就是资源承载力问题[15],分析和评估各种资源对可持续发展的支持能力,特别是找出瓶颈资源的承载力是可持续发展研究的一项重要内容[16]。

资源承载力是表达资源对人类社会和经济发展支撑能力的明确指标,能反映出资源对人类社会和经济发展的贡献和限制,能够动态描述人类社会和经济发展不同时段的状况和变化趋势。水资源承载力是一个国家或地区持续发展过程中各种自然资源承载力的重要组成部分,水资源承载力理论研究和实践对资源承载力理论的完善有不可替代的作用和支撑。

水资源理论研究是逐步深化的。随着人类社会的进步和科技的发展,经济全球化和资源环境问题日趋严重,水利事业已演化到了目前以防洪、供水、排水、灌溉、发电、航运、养殖、水土保持和美化生态娱乐环境等为主要任务,为国民经济提供水量、水能和旅游等水商品和水服务为主要目的的理论研究、工程建设和管理及政策等更广的范围[17]。可见,水问题的研究范围和深度在不断扩大,从工程水利扩展到资源水利,再到水资源、社会、经济协调发展的理论和方法研究。相应地,水资源理论也从偏重于定性分析的水利可持续发展、水资源合理配置、水资源可持续利用理论,发展到了定性、定量分析相结合的社会经济系统水循环研究、水安全问题和水资源承载力等理论的研究。

水资源承载力的研究目的是试图以水资源这单维资源作为约束条件来反映水资源对社会、生态环境和经济的贡献,从一个侧面来表征水资源与社会、生态环境和经济的协调发展特性,是水资源可持续利用的量的限制和测度,体现可持续发展的基本思想,力求达到水资源合理配置,将水资源的开发和利用控制在水资源承载力范围内。

1.2　国内外研究进展

1.2.1　水资源承载力研究进展

1. 国外水资源承载力研究进展

21世纪,水资源问题已成为关系到贫困、可持续发展乃至世界和平与安全的重大问题。联合国组织近来一再强调水资源问题是世界经济可持续发展的重点,而优化管理又是水资源问题的核心。国外对于水资源承载力的研究甚少,大多将其纳入可持续发展理论中,这大概在于:第一,承载力本身是一个高度模糊和难于量化的概念;第二,欧美等发达国家的水资源相对比较丰富,其对水质问题的关心一般要甚于水量问题;第三,受西方分析式思维的影响,其水资源管理更偏重于具有分析特征的经济和政策措施方面。在国外为数不多的有关水资源承载力研究中，北美湖泊协会曾将湖泊承载力定义为在不引起湖泊水质重大变化的前提下，特定湖泊内能够进行的人类发展活动数量；1998年美国陆军工程兵团（US Department of Community Affairs）和佛罗里达州社会事务局（Florida Department of Community Affairs）共同委托 URS 公司研究佛罗里达地区所能承载的最大发展水平，其中心内容是一个由社会经济、财政、基础设施、水、海洋及陆地等子系统和图形用户界面（graphical user interface）共同构成的承载力分析模型（carrying capacity analysis model），该模型允许用户切换不同的用地方案并评估其对环境承载力的影响[18,19]。此外，Falkenmark 等用较简单的数学计算研究了全球或一些发展中国家的水资源的使用限度，为水资源承载力的专门研究提供了一定的基础[20]。英国爱丁堡大学 M. 史勒瑟（M. Slesser）教授首先采用系统动力学方法，综合考虑人口、资源、环境与发展之间的关系，模拟不同发展策略下，人口变化与承载力之间的动态变化，并在一些发展中国家得到成功运用。Harris 和 Kennedy 从供水的角度对城市水资源承载力进行了相关研究，并将其纳入城市发展规划当中[21]。Rijiberman 和 van de Ven 在研究城市水资源评价和管理体系中将承载力作为城市水资源安全保障的衡量标准[22]。Hrlich 从供水的角度对城市水资源承载力进行了相关研究，提出在制定发展战略的时候，应该把水资源供给的大小纳入早期战略发展中[23]。Varis 和 Vakkilainen 以水资源开发利用为核心，分析了中国长江流域日益快速的工业化、不断增长的粮食增长需求、环境退化等问题给水资源系统造成的压力，并参照不同地区的发展历史，把长江流域的经济社会现状同其水环境承载力进行了初步比较[24]。

2. 国内水资源承载力研究进展

国内水资源承载力的研究起步较晚，一般认为最早开展水资源承载力研究是在 1985 年，新疆水资源软科学课题组首次对新疆的水资源承载力和开发战略对策进行了研究。总体而言，我国水资源承载力的研究可分为三个阶段：1985～1991 年为初始阶段，1992～2000 年为发展阶段，2000 年后为拓展阶段（包括理论、方法、技术等）。

1）水资源承载力内涵研究进展

早在 1921 年帕克和伯吉斯就在有关人类生态学的研究中，提出了承载力的概念。承载力原为力学中的一个指标，是指物体在不产生任何破坏时的最大荷载。19 世纪末期，承载力开始在畜牧场管理中得到应用，后来逐渐被写入生态学教材。20 世纪 60 年代以后，随着人口、资源和环境问题日趋严重，人口和环境承载力得到了较多的研究和探讨，承载力成了一个探讨可持续发展问题不可回避的概念。20 世纪 80 年代初，联合国教科文组织和联合国粮食及农业组织提出了"资源承载力"的概念："一个国家或地区的资源承载力是指在可以预见的期间,利用本地能源及其自然资源和智力、技术等条件,在保证符合其社会文化准则的物质生活水平条件下,该国家或地区能持续供养的人口数量"[25],目前这一概念已在生态规划与管理等多个领域得到广泛的应用。水资源承载力是承载力概念与水资源领域的自然结合,目前有关研究主要集中在我国,现有的关于水资源承载力的定义与内涵大多是在资源、生态、环境大系统的承载力中论述,它们体现了水资源承载力定义的准则,归纳起来有以下五种类型。

(1) 采用"能力"定义。例如,贾嵘等认为"水资源承载力是指在一个地区或流域的范围内,在具体的发展阶段和发展模式条件下,当地水资源对该地区经济发展和维护良好的生态环境的最大支撑能力"[26]。施雅风和曲耀光认为"水资源承载能力是指某一地区的水资源,在一定社会历史和科学技术发展阶段,在不破坏社会和生态系统时,最大可承载(容纳)的农业、工业城市规模和人口的能力,是一个随着社会、经济、科学技术发展而变化的综合目标"[27]。惠泱河等对水资源承载力的定义是"某一地区的水资源在某一具体历史发展阶段下,以可以预见的技术、经济和社会发展水平为依据,以可持续发展为原则,以维护生态环境良性循环发展为条件,经过合理优化配置,对该地区社会经济发展的最大支撑能力"[28]、国家"九五"科技攻关"西北地区水资源合理配置与承载能力研究"项目大纲则定义水资源承载力为"在某一具体的历史发展阶段下,以可以预见的技术、经济和社会发展水平为依据,以可持续发展为原则,以维护生态环境良性发展为条件,经过合理的优化配置,水资源对该地区社会经济发展的最大支撑能力"。冯耀龙等将区域水资源承载力定义为"一定时期,在某种环境状态下(现状的或拟定的),以可预见的技术、经济和社会发展水平为依据,以可持续发展为原则,以维护生态环境良性发展为条件,在水资源得到充分合理开发利用下,区域水资源对该区域人类社会经济活动支持能力的阈值(极限值)"[29]。程国栋认为水资源承载力是"某一区域在具体的历史发展阶段下,考虑可预见的技术、文化、体制和个人价值选择的影响,在采用合适的管理技术条件下,水资源对生态经济系统良性发展的支持能力"[30]。

(2) 以用水能力(容量)定义。例如,高彦春和刘昌明认为"水资源开发的阈限指在社会生产条件、经济技术水平都达到相当水平的条件下水资源系统可供给工农业生产、人民生活和生态环境的用水能力,即水资源开发的最大容量"[31]。许有鹏提出"水资源承载力是指在一定的技术经济水平和社会生产条件下,水资源可最大供给工农业生产、人民生活和生态环境保护等用水的能力,即水资源最大开发容量,在这个容量下水资源可以自然循环和更新,并不断地被人们利用，造福于人类，同时不会造成环境恶化"[32]。冯尚友和傅春对水资源承载力的定义是"在一定区域内、在一定物质生活水平下，水资源所能够持续供给当代人和后代人需要的规模和能力"[33]。陈传友指出"水资源承载力是社会发展到一定阶段和一定的经济技术水平下，各种水体可供开发的水资源量，满足人类社会经济活动对水需求的供水能力"[34]。

（3）用人口或社会经济发展规模定义。例如，1985 年新疆水资源软科学课题研究组提出"水资源承载能力是水资源可开发利用量，在满足维护生态环境用水要求后，所能支撑的工农业最大产值和人口数量"[35]。阮本青和沈晋对水资源承载力的定义为"在未来不同的时间尺度上，一定生产条件下，在保证正常的社会文化准则物质生活条件下，一定区域（自身水资源量）用直接或间接方式表现的资源所能持续供养的人口数量"[36]。李令跃和甘泓认为水资源承载力是"在某一历史发展阶段，以可预见的技术、经济和社会发展水平为依据，以可持续发展为原则，以维护生态环境良性发展为条件，在水资源得到合理的开发利用下，该地区人口增长与经济发展的最大容量"[37]。何希吾给出的定义为"一个流域、一个地区或一个国家，在不同阶段的社会经济和技术条件下，在水资源合理开发利用的前提下，当地天然水资源能够维系和支撑的人口、经济和环境规模总量"[38]。邓欢和郭纯青认为水资源承载力可定义为"某一地区的水资源，在一定社会历史和科学技术发展阶段，对社会和生态环境不构成危害的条件下，以可持续发展为原则，经过合理优化配置，最大可支撑的社会经济活动规模和具有一定生活水平的人口数量"[39]。王忠静认为"水资源承载力不只是资源承载能力的一个具体限制方面，它还是环境承载能力的一个主要影响因素，具有资源承载能力和环境承载能力的双重特性，因此，水资源承载力是某具体状态下可养活的人口及其生活质量"[40]。许新宜等认为水资源承载力是"指在某一具体的历史发展阶段下，以可预见的技术、经济和社会发展水平为依据，以可持续发展为原则，以维护生态环境良性发展为前提，在水资源合理配置和高效利用的条件下，区域社会经济发展的最大人口容量"[41]。夏军和朱一中认为"水资源承载力指某一区域在特定历史阶段的特定技术和社会经济发展水平条件下，以维护生态良性循环和可持续发展为前提，当地水资源系统可支撑的社会经济活动规模和具有一定生活水平的人口数量"[42]。段春青等认为区域水资源承载力为"区域在一定经济社会和科学技术发展水平条件下，以生态、环境健康发展和社会经济可持续发展协调为前提的区域水资源系统能够支撑社会经济可持续发展的合理规模"[43]。

（4）用外部作用来定义。如曾维华和程声通认为水资源承载力是"在流域水环境系统结构特征与功能不发生变化的前提下，流域水环境所能承受的最大外部作用"[44]。

（5）用二元结构定义。刘登伟认为水资源承载力是静态和动态的结合，其中静态水资源承载力是指一个地区（尺度可以无限小），在一定历史发展阶段下、一定福利水平下，其本地可更新的自产水资源（自然水）对该地区人口、经济和生态的最大支撑能力。其研究尺度可以无限小而且水资源仅指当地的自产水资源（地下水、地表水），不包括客水。动态水资源承载力是指一个完整区域（或流域）内，区域内所有单元的静态水资源再加上区域外流入的水资源（自然水和社会水）所能支撑的最大人口、经济和生态规模。区域内每个单元的静态水资源承载力都可以通过水资源的重新分配，进行区域内部的自由流动[45]。

2）水资源承载力指标体系研究进展

许有鹏参照全国水资源供需分析的指标体系结合所研究干旱地区的水资源特点，选取了供需水量模数、耕地率、水资源利用率、人均供水量和生态用水率等指标评价新疆和田流域水资源承载力[32]。肖满意和董诩立把水资源承载力评价指标体系分为 5 类，包括水资源条件、供水状况、需水量、社会经济指标、生态环境指标，最终在 29 项指标中选取 9 项指标（人均水资源可利用量、水资源利用率、人均供水量、供水量模数、耕地灌溉率、城市生活用水定额、需水量模数、工业用水重复利用率、生态环境用水率）对山西省各流域及 15 个水资源分区的水资源承载力进行了分析评价[46]。王余标和王献平选取耕地率、水资源利用率、需水量模数、供水量模数、人均供水量、单位产值需水量为指标，应用模糊综合评价方法建立水资源承载力模型，对周口市的水资源承载力进行研究[47]。朱一中等选取人均水资源量、水资源利用率、人均用水量、林草覆盖率、化学需氧量（chemical oxygen demand）浓度、生态需水量、人口自然增长率、城市化水平、人均 GDP、第三产业 GDP 比重、人均粮食占有量、用水效益等作为指标，建立西北地区水资源承载力模糊综合评判模型，为西北地区的水资源利用提出了一些切实可行的建议[48]。陈洋波等从广义的水资源承载力角度建立综合评价指标体系，利用人均 GDP、万元 GDP 耗水量、居民人均用水量、水资源开发利用率、污水处理率、人均水资源可用量、植被覆盖率、水质优质率及水资源管理效率等指标对深圳市水资源承载力进行评价[49]。王浩等提出了水资源承载力评价的 4 类 16 项指标：可比性指标（可承载总人口、单位绿洲面积可承载人口、单位绿洲面积现状人口）、均衡性指标（人均 GDP、人均收入、人均粮食占有量、人均棉花占有量、人均油料占有量、人均蔬菜占有量、人均肉类占有量）、效率性指标（水资源开发利用程度、单方供水费用、单方水国内生产总值）、极限性指标（工业用水重复利用率、单方水粮食产量、地表水灌溉平均渠系有效利用系数）[50]。陈正虎和唐德善选取灌溉率、水资源利用率、水资源开发程度、供水量模数、需水量模数、人均供水量、生态用水率等，采用模糊识别分析法研究新疆水资源可持续利用程度，为新疆地区水资源的进一步开发提供了一定的理论依据[51]。王友贞等在区域水资源承载力评价指标体系的研究中指出，根据区域水资源承载力评价所需解决的问题，指标设计可以用宏观指标和综合指标来衡量，宏观指标描述区域可利用水资源量能够支撑的人口总数与经济发展规模，综合指标描述各层次承载的协调指数[52]。周亮广和梁虹从喀斯特地区的水资源承载力入手，用多目标灰色关联投影法对贵州省各地区的水资源承载力状态进行合理排序，最后对人口、GDP、水资源量和喀斯特面积与评价结果进行灰色关联度分析，得出以上 4 个因素与喀斯特地区的水资源承载力具有一定的关系[53]。吴巧梅建立了水资源多目标分析模型，将城市水资源承载力这个大系统划分为 5 个子系统，确定了 5 个优化目标：GDP（国内生产总值，反映经济的发展），COD（化学需氧量，反映污染状况），Food（粮食产量，反映农业生产和社会稳定），TWP（城市就业人口数，反映经济与社会发展的综合指标）和 WE（生态环境需水量，反映生活环境质量），这 5 个目标可充分反映水资源对经济、社会、人口等的承载力[54]。滕朝霞和陈丽华从人口子系统、粮食子系统、社会经济子系统、生态环境子系统 4 个方面选取评价指标[55]。佟长福等以鄂尔多斯市水资源承载力为研究对象，选取了水资源开发利用率、耕地灌溉率、地表水控制率、工业用水重复利用率、人均水资源可利用量、人均供水量、排污率、供水模数和生态用水率 9 个主要因素作为评价因素，应用灰色关联度分析法对鄂尔多斯市及各分区水资源承载力进行了评价[56]。邵磊等建立了水资源承载力的评价的综合指标——综合主成分，分别选取出了反映自然支持力指标、社会经济技术水平指标和社会生活水平指标的主成分，建立了相应的水资源承载力变化驱动因子的多元线性回归模型，计算出山西省各地市水资源承载力的综合得分[57]。王维维等选取包括城镇人口和农村人口、供水量和耗水量、万元 GDP 耗水量、固定资产投资、有效灌溉面积、每公顷平均灌溉用水量、工业用水量、农业用水量、生活用水量、人均生活用水量、农村人均生活用水量、城镇人均生活用水量等 17 个指标，运用主成分分析法，从中选出主要影响湖北省水资源承载力变化的 3 个指标（人口、社会经济发展状况、水资源利用情况），分析评价了湖北省水资源承载力[58]。邓远建等采用相对资源承载力的研究思路，选择水资源利用量和国内生产总值（分别代表自然资源和社会资源）作为人口的承载资源，研究了湖北省 2000～2007 年与其他中部 5 省的水资源承载力、相对资源承载力[59]。刘渝和杜江在对湖北省农业水资源利用效率的实证研究中选取了 14 个与农业水资源利用经济效益、生态效益相关的指标，利用主成分分析法计算出各个市、州的农业水资源利用效率的综合评价值，并进行排序，分析了相关区域利用水平较低的原因[60]。

　　总体而言，评价体系的选取主要涉及水资源、社会、经济、生态环境等对水资源支撑与消耗的因素，由于研究目标与侧重的不同，指标的选取方式目前还缺乏规范标准。

3）水资源承载力的研究区域

我国学者对水资源承载力的研究主要集中在流域、地区和城市三个层面。

在流域层面的研究主要集中在北方半湿润半干旱地区。段春青等应用可变模糊集方法研究海河流域水资源承载力[61]。戴薇等研究了太湖流域水资源承载力[62]。张欣等运用集对分析法，通过采用三标度层次分析法赋权，构建了基于三标度层次分析法的集对分析模型，并运用该模型对黄河三角洲水资源承载力进行评价[63]。苏志勇等以黑河流域中游为例，提出了研究水资源承载力的多目标模型及纳入生态价值模块的途径和方法[64]。魏光辉和马亮以新疆塔里木河流域为例，在现有资料的基础上，从 7 个指标中选取出影响该区域水资源承载力的 3 个主成分，定量分析影响水资源承载力的最主要因子[65]。付玉娟等根据最小生态水量和适宜生态需水量分别计算了水资源可利用量的上限及下限，在此基础上用多目标法计算了"生态一般型""生态良好型"及"生态良好节水型"三种方案下辽河流域各市的水资源的"生产""生活"和"生态"的极限承载力[66]。冯绍元等在深入分析石羊河流域中下游"水—生态环境—社会经济"复合系统的基础上，运用系统动力学方法，模拟计算了各规划年研究区可承载的水浇地灌溉面积及社会经济与生态规模[67]。张占江等应用模糊综合评价模型，研究阿克苏河流域的水资源承载力情况，并提出了一些提高该流域水资源承载力的对策[68]。董雯等应用系统动力学方法对博尔塔拉河流域水资源承载力进行分析[69]。郑奕应用多目标决策方法研究博斯腾湖流域水资源承载力[70]。冯发林利用多目标规划分析法对湘江流域水资源承载状况进行预测分析，利用密切值法对多方案下水资源承载力进行对比分析[71]。曹飞凤等研究了钱塘江流域水资源承载力[72]。杨广等以玛纳斯河流域为典型干旱区，通过建立物元模型对流域的水资源承载力进行了综合评价[73]。张国飞等选取人均水资源可利用量、水资源利用率、城镇人口比例、供水模数、需水模数、生活用水定额、河道外生态用水率等评价指标，建立模糊综合评价模型，对海拉尔流域的水资源承载力进行研究，为流域的水资源开发利用提供一些理论基础[74]。李同升和徐冬平以渭河流域关中段为例，运用系统动力学方法分别建立系统线性增长模型、反馈增长模型和调水耦合模型，并进行系统仿真[75]。李吉玫等运用模糊综合评价法研究了伊犁河流域现状和不同水平年的水资源承载力[76]。邱俊楠应用模糊集对分析法、主成分分析法和模糊综合评价法评价秃尾河流域现状年的水资源承载力水平[77]。王长建等利用熵值法分析原理建立了开都河—孔雀河流域水资源承载力综合评价指标体系，对其进行了量化分析以及指标客观赋权，并得出研究区水资源承载力水平综合得分值[78]。

从地区角度来说，大部分省份的水资源承载力都被研究过，如邱微等以生态足迹理论为基础，构建了黑龙江水资源生态承载力模型，通过对 2003～2008 年的资料的分析，发现黑龙江省水资源生态承载力逐年减少，水资源生态足迹需求逐年增加[79]。黄林显把系统动力学与模糊综合评价相结合，对辽宁省的水资源承载力进行评价研究[80]。张振伟等使用 Vensim 软件构建系统动力学仿真模型对河北省水资源承载力进行分析[81]。卜楠楠等基于 AHP 法研究浙江省水资源承载力[82]。王丹丹和雷鸣研究了湖北省 1985～2004 年相对资源承载力[83]。张衍广等应用动力学模型，对山东省未来 20 年水资源承载力进行预测[84]。许朗等以江苏省水资源承载力为研究对象，运用主成分分析法对江苏省的水资源承载力从时间和空间两个角度进行综合评价[85]。彭忠福等应用遗传投影寻踪模型对江西省水资源承载力进行评价[86]。王学全等应用模糊综合评判方法对青海省水资源承载力进行分析评价，重点考虑评价因素的选取、权重分配方面对水生态环境、生态用水的影响[87]。陈能志通过对福建省水资源的开发利用情况及存在的水质问题进行分析，提出福建省水资源承载力的主要指标，并研究了提高水资源承载力的途径[88]。焦士兴等建立了承载力指数研究模型，并探索性地提出了社会发展承载力的评价指标，计算分析河南省 18 个地区的相对资源承载力指数、综合资源承载力指数[89]。任建蓉采用模糊综合评判法构建模型，对山西省承载力进行综合评价[90]。王丽霞等基于地理信息系统（geographic information system，GIS）技术，依据《国家人口发展功能区工作技术导则》的测评模型，计算了陕西省县域尺度和流域尺度的水资源潜力及承载力，并针对不同的水资源承载区提出相应的开发利用对策和建议[91]。谢小康等运用多目标规划和模糊综合评价的理论与方法，建立了水资源承载力多目标计算与综合评估模型，计算了广东省高、中、低 3 种水资源承载力方案，并与城市规划有关指标作比较，综合评估了 21 个市水资源承载力状况[92]。王美霞等借助 GIS 技术，采用定量分析方法，分析关中—天水经济区栅格尺度上的水资源开发潜力，并对各区县的水资源承载力进行分析评价[93]。

由于城市主要用水方式为工业和生活用水，农业用水比例相对较小，城市水资源承载力的研究和流域、地区有较大差别。王录仓和王航构建了内陆河流域城镇体系发展的水资源承载力与生态效应的总体研究框架，通过对城乡人口迁移过程和机理分析，产业聚集、转型分析和绿洲—荒漠景观格局分析，构建与水资源承载力相适应的城镇体系发展规模、职能状态和空间自组织结构[94]。孟凡德和王晓燕建立水资源承载力变化驱动因子的多元线性回归模型，研究北京市水资源承载力[95]。阿琼构建了系统动力学模型研究天津市水资源承载力[96]。赵筱青等运用系统动力学模型，对 2010～2020 年昆明市水资源承载力进行现状延续情景、提高水资源开发利用率情景、节水对策情景、综合对策情景等 4 种情景模拟[97]。张斌等基于深圳市社会、经济、环境现状，在综合考虑水资源质和量的基础上，建立了深圳市水资源承载力系统动力学模型，进行计算评价，结论是深圳市水资源承载力普遍小于 1。通过对 16 种方案的计算比较，提出进行产业结构调整、提高污水处理水平、提高节水程度、加强人口控制可以有效地提高深圳市水资源承载力，到 2030 年，其值能接近于 1[98]。黎明和李百战运用区域水资源的供需平衡模型，预测了重庆市都市圈 2020 年的水资源承载力[99]。孙毓蔓等运用主成分分析法得到影响南京市水资源承载力的两个主成分：主成分 1 反映了人口和经济发展的水平；主成分 2 反映了降水量对水资源承载力的影响，并对南京市水资源承载力进行了综合评价[100]。韩俊丽运用系统动力学模型对包头市城市水资源承载力进行了模拟和预测[101]。张朋飞将长春市用水系统划分为可用水子系统、工业用水子系统，农、林、牧、渔业用水子系统，生活用水子系统，污水处理及其回用子系统等 5 个子系统，取可支持的最大人口和最大经济规模 2 个变量，评价长春市水资源承载力[102]。杨巧宁等建立了水资源承载力系统动力学模型，模拟了在自然延续型、经济发展型、节水型、协调发展型 4 种方案下济南市2001～2020 年水资源承载力的动态变化[103]。程莉和汪德爟构建了水资源与社会、经济、生态环境相联系的苏州市水资源承载力系统动力学模型，以社会经济指标为表征，分别在不同水资源方案（现状延续型、节水型、开源型 3 种方案）下，依据"以供定需"原则，模拟了 2001～2030 年苏州市水资源承载力的动态变化[104]。曹玉升等采用系统动力学原理和方法，将水资源承载力系统划分为工业、生活、生态、水污染和水资源 5 个子系统，通过各层次的反馈关系，建立郑州市水资源承载力系统动力学模型，并对模型模拟结果进行了分析[105]。陈凯等基于模糊层次综合评价法研究汕头水资源承载力[106]。王春娟等应用主成分分析研究鄂尔多斯市水资源承载力[107]。娄胜霞借助 GIS 技术，分析遵义地区的水资源开发潜力，定量评价遵义市级与县级两个层面的水资源承载力[108]。赵丹丹等基于主成分分析法研究义乌水资源承载力[109]。刘树芬和童绍玉对云南省楚雄市水资源承载力进行评价[110]。高玲玲等应用主成分分析方法研究绍兴市水资源承载力[111]。袁伟等对富阳市水资源承载力进行了分析评价[112]。

　　4）水资源承载力评价方法综述

　　目前采用的研究方法主要有常规趋势法、模糊综合评判方法、主成分分析法、系统动力学方法、多目标决策方法、投影寻踪法、供需平衡分析法、神经网络法、全口径层次化评价方法、压力—状态—响应模型、因子分析、生态足迹法、物元分析法、虚拟水角度等。

　　（1）常规趋势法。常规趋势法是以可利用水资源量为基本依据，在满足维持生态环境最小需水量以及合理分配国民经济各部门用水比例的前提下，适当考虑建设节水型农业和节水型社会，在此基础上计算水资源所能承载的工农业规模及人口数量。这种方法计算简单，对某些承载因子的潜力估算具有借鉴意义。但由于水资源承载力的研究涉及人口、社会经济发展以及资源环境等众多因素，而该方法较多考虑的是单承载因子的发展趋势，忽略各承载因子之间的相互关系，且各因素之间相互促进、相互制约，仅从供水量和需水量简单计算供需平衡不足以反映水资源承载力这个复杂大系统之间的耦合关系。1992 年施雅风和曲耀光采用常规趋势法对新疆乌鲁木齐河流域的水资源承载力进行了研究[27]。李永成以常规趋势法分析汀溪水库供水系统的水资源承载力，为翔安区社会经济的发展提供科学合理的数据[113]。张琳和张苗用常规趋势法预测 2010 年南水北调江苏受水区的水资源承载力，并提出了提高承载力的措施[114]。周洪等采用常规趋势法测算我国典型喀斯特地区——毕节市基于水资源和土地资源的人口承载力[115]。

(2) 模糊综合评判方法。模糊综合评判方法是将水资源承载力的评价视为一个模糊综合评价过程，它是在对影响水资源承载力的各个因素进行单因素评价的基础上，通过综合评判矩阵对其承载力做出多因素综合评价，克服了常规趋势法中承载因子间相互独立的局限性，从而可以较全面地分析水资源承载力的状况。但模糊综合评判在因素选取、权重分配等方面主观性较强，具有局限性，且林衍等通过数学证明分析了模糊综合评价法误判的原因，认为该方法不能客观反映实际[116]，取大取小的运算原则使得大量有用信息遗失，模型的信息利用率较低。马素君等建立了水环境承载力多级模糊综合评判评价模型，并应用于四川省都江堰灌区水资源承载力评价[117]。周波等选取人均供水量、水资源利用率、耕地灌溉率、供水模数、需水模数、生态用水率作为指标，建立水资源承载力综合评判模型，对平坝区的水资源承载力进行研究，为该地区未来的水资源开发提供了一些理论依据[118]。郜慧和金辉运用层次分析和专家咨询相结合的方法确定各级指标的权重，采用多级模糊综合评判模型，对广东省江门市水资源可持续利用进行了评价[119]。刘丹丹运用多层次模糊综合评价模型对陕北地区水资源可持续利用进行了评价[120]。崔振才等以区域水资源可利用量、纳污能力和人均 GDP 为指标，建立模糊约束线性规划模型，对日照市水资源承载力进行研究[121]。任高珊等选择水资源利用率、缺水率、灌溉率等评价指标建立模糊综合评价模型，并应用该模型对榆林市的水资源承载力进行研究[122]。尚昶宏等选取水资源利用率、产水模数等 10 个指标，应用模糊综合评判法对石河子市 2002~2009 年水资源承载力进行了评价研究[123]。赵振国等应用系统工程、模糊数学、层次分析的原理，并结合大型灌区的实际情况，建立大型灌区多层次模糊综合评价模型，对灌区的水资源承载力进行评价，得到了较为理想的结果[124]。陈南祥和杨淇翔采用梯形模糊数定量表示差异度不确定性系数连续变化过程，建立了集对分析与梯形模糊数耦合的水资源承载力评价模型，其用层次分析法确定各评价指标主观权重后，从属性效用值出发由熵权理论赋予客观权重，同时，由博弈论集结模型优化组合主客观权重，通过计算以置信区间形式表示的加权联系数，确定水资源承载力的等级标准[125]。施开放等以重庆三峡库区为例，在构建区域水土资源承载力评价指标体系的基础上，结合可拓学和熵权理论，对其水土资源承载力进行定量评价[126]。

（3）主成分分析法。主成分分析法克服了模糊综合评判方法的缺陷，它通过对原有变量进行线性变换和舍弃一部分信息，对高维变量系统进行综合与简化，把影响水资源承载力的多个变量化为少数几个综合指标，并确保综合指标能够反映原来较多指标的信息，且综合指标间彼此独立，同时客观确定各个指标的权重，避免主观随意性。通过不同水资源承载力指标数值之间或指标数值与标准数值之间的对比，得出的都是无量纲的数值结果，因而实际上是社会经济发展系统与水资源系统的协调程度而非严格意义上的水资源承载力。

主成分分析法虽然避免了模糊综合评价法中人为因素的影响，但该方法关注的是待评因素集的最大差别向量，至于此差别向量是否表达水资源承载力的现状水平则不予考虑，待评因素的选取恰当与否成为该方法的关键所在[127]。

傅湘和纪昌明采用主成分分析法对区域水资源承载力进行综合评价，并用陕西汉中平坝区的水资源统计资料进行实例研究，证实主成分分析法的科学性，从而为区域水资源合理利用提供决策依据[128]。陈腊娇等以浙江省为例，在现有资料的基础上，利用主成分分析的方法，定量分析影响水资源承载力变化的最主要的驱动因子，结果表明，经济的快速发展对水资源承载力造成了巨大的压力[129]。周琳和金辉用主成分分析方法对江门市不同区的水资源承载力进行了综合评判[130]。杨平等运用主成分分析法，从影响江西省水资源承载力动态变化的15个指标中选出3个指标作为主成分，并用熵值法对其赋权，计算出2000～2006年江西省水资源承载力的综合得分[131]。李坤峰等根据重庆2001～2006年的12个国民经济发展指标，应用主成分分析方法分析了重庆市水资源承载力[132]。陈慧等根据南京市1998～2008年的9个经济发展相关指标，引入主成分分析方法，分析南京市水资源承载力[133]。张辉等选取人均可利用水资源量、人均GDP、有效灌溉面积等16个驱动因子为评价指标，采用主成分分析法计算华池县水资源承载力[134]。肖迎迎等应用主成分分析法研究榆林市水资源承载力[135]。雷筱和陈小燕选取灌溉率、水资源利用率、产水系数、供水模数、需水模数、人均供水量6个指标体系，采取主成分分析方法，对银川市的水资源承载力进行了评价[136]。

（4）系统动力学方法。系统动力学是20世纪50年代美国麻省理工学院的福雷斯特（Forrestes）集控制论、系统论、信息论、计算机模拟技术、管理科学及决策论等学科的知识为一体，开发的系统分析方法，是一种用计算机对社会系统进行模拟，研究发展战略与决策的方法，被誉为"战略与策略实验室"[137]。系统动力学依靠系统理论分析系统的结构和层次，依靠自动控制论的反馈原理对系统进行调节，依靠信息论中信息传递原理来描述系统，并采用电子计算机对系统动态行为进行模拟，适用于分析和研究动态复杂的社会经济系统，也同样适用于分析在自然—人工二元模式作用下的水资源系统。因此，可对不同水资源承载力发展方案采用系统动力学方法进行建模，并对决策变量进行预测，得到最佳的承载力方案。但用该方法对长期发展情况进行建模时，参变量难以掌握，易于导致不合理结论，因而该方法多用于中短期发展情况模拟。李丽娟等根据地区特点，以人口为承载目标建立了柴达木盆地水资源系统动力学仿真模型，并利用该仿真模型对柴达木盆地水资源承载力进行了研究[138]。蒋晓辉等在探讨运用系统动力学方法研究水资源承载力的可行性基础上，建立了二元模式下水资源承载力系统动力学动态仿真模型，并以陕西关中为例研究了不同方案下的水资源承载力[139]。吴九红和曾开华建立了城市水资源承载力的系统动力学模型，并以郑州市为例，对城市水资源承载力系统进行了实证分析[140]。王薇等以青海共和盆地水资源承载力研究为例，基于系统动力学模型对水资源承载力计算理论方法进行了研究[141]。车越等以上海崇明岛为例，运用水资源承载力多幕景系统动力学仿真模型，以不同引水量以及不同水资源策略为幕景，以人口和 GDP 为表征，动态模拟了水资源对经济社会的承载力，得出不同水平年崇明岛水资源承载力[142]。冯海燕等利用系统动力学方法建立了北京市水资源承载力系统动力学模型，选取工业、农业总产值和可承载的城镇人口数量作为北京市水资源承载力的衡量指标，在现状延续、节水兼污水再生回用、节水兼境外调水和综合型 4 种方案下模拟 2003~2020 年北京市水资源承载力的动态变化，寻求提高北京市水资源承载力的途径[143]。徐毅和孙才志将大连市水资源系统划分为人口、工业、农业、水污染处理及回用、城市环境及水资源 6 个子系统，在现状延续型、节水型、经济发展型和协调发展型 4 种方案下模拟了 2001~2020 年大连市水资源承载力的动态变化[144]。张保丰采用系统动力学原理和方法、层次分析法和模糊综合评价相结合的方法，对北京水资源承载力建立模型，并通过策略模拟试验了政策变化对水资源承载力的影响，对模型进行模拟和求解，最后提出了适合的经济发展方案和建议[145]。童玉芬选择系统动力学方法对北京的水资源人口承载力进行了定量的动态模拟仿真[146]。王勇等综合考虑水资源需求、水资源供给、非常规水源利用、南水北调供水、缺水程度的影响等因素，采用系统动力学方法，建立天津市水资源承载力系统动力学模型，分析天津市 2011~2030 年的水资源承载力，提出 3 种发展模式[147]。黄蕊等以缺水程度为主要反馈因子，考虑缺水时人们用水决策偏好，通过各子系统之间的反馈关系，建立了咸阳市水资源承载力系统动力学模型[148]。佘思敏和胡雨村根据水资源与社会、经济、生态之间的耦合关系，建立中新生态城水资源承载力的系统动力学模型[149]。

　　(5) 多目标决策方法。多目标决策方法是从 20 世纪 70 年代中期发展起来的一种决策分析方法，它选取能够反映水资源承载力的人口、社会经济发展以及资源环境等若干指标，根据可持续发展目标，不是追求单个目标的优化，而是追求整体最优。利用该法建立的多目标决策模型，可将水资源系统与区域宏观经济系统作为一个综合体来考虑。但是该方法也存在一定的不足之处，如多目标决策中各个影响因子权重的确定是整个评价过程中的关键，但许多权重确定方法多是主观判断方法（如 Delphi 法），其结果客观性较差。多目标决策技术于 1995 年被引入我国华北地区水资源承载力的研究中，翁文斌等应用多目标决策技术建立了华北宏观经济水资源规划决策支持系统[150]。贾嵘等从水资源、环境、人口、发展之间的关系入手，建立了区域水资源承载力研究的多目标模型体系[151]。徐中民在传统多目标分析决策技术的基础上，结合黑河流域的具体情况提出了情景基础的水资源承载力多目标分析框架[152]。薛小杰等应用系统科学的原理和方法，建立了水资源承载力多目标核心模型，并应用此模型，对西安市水资源承载力进行了实例研究[153]。王媛和徐利森应用多目标规划模型定量地研究了天津地区水资源所能承载的经济规模等[154]。杨晓华等提出了多目标决策理想区间法，该方法采用主、客观相结合的赋权基点法，以全局收敛的格雷码加速遗传算法为工具来确定权重，并对多目标决策理想点法进行改进，把评价标准处理成理想区间的形式[155]。罗利民等提出基于博弈思想的多目标博弈决策模型[156]。刘旭东等利用主成分分析法研究了影响河北省水资源承载力的主要因素，在此基础上，利用多目标决策法研究了河北省水资源承载力[157]。龙德江运用灰色系统理论和矢量投影原理，提出了灰色关联投影法，将其应用于区域水资源承载力综合评价[158]。郑奕等应用多目标决策分析方法研究了新疆焉耆盆地的水资源承载力问题[159]。张海斌以人口、经济和环境为目标，以供水量、污染容量以及人口规划和工农业产值规划为约束，建立了基于多目标决策的流域水系统资源承载力优化模型，并对浏阳河流域的水资源承载力进行分析[160]。胡士辉等构建了多目标水资源承载力数学模型，提出了综合评价指标与分类系统，分基本和节水两种方案对郑州市水资源承载力进行了定量计算和定性分析评价[161]。张志宇等选取水资源可承载的 GDP 最大、人口最多和污水排放量最小为研究目标，建立了基于切比雪夫理论的水资源承载力多目标优化模型，利用上述模型对保定市的水资源承载力进行预测分析[162]。

（6）投影寻踪法。投影寻踪法是一种处理多因素复杂问题的统计方法，其基本思路是将高维数据向低维空间进行投影，通过低维投影数据的散布结构来研究高维数据特征，反映各评价因素的综合评价结果。其具体方法是将评价指标进行数据归一化后，经过线性投影构造目标函数，确定优化投影方案，然后对水资源承载力进行综合评价。该法是根据样本资料本身的特性进行聚类和评价，无需预先给定各评价因素的权重，避免人为任意性，具有直观和可操作的优点，为涉及多个因素的水资源承载力综合评价提供了一条新途径。但同时，该方法的准确度主要取决于反映高维数据结构或特征的投影指标函数的构造及其优化问题，而该问题一般较复杂[163]。王顺久等将投影寻踪法用于全国 30 个省（直辖市、自治区）和淮河流域水资源承载力的综合评价[164]。杨晓华等提出了遗传投影寻踪法，该方法采用大样本数据，基于投影寻踪、遗传算法、阶梯形曲线和水资源评价标准，能够提高投影寻踪综合评价各层次的分辨力和评价模型的精度[165,166]。林占东等采用差分进化投影寻踪插值模型对深圳市水资源承载力进行评价[167]。李卫华采用高维降维技术投影寻踪分类模型，利用基于实数编码的加速遗传算法优化其投影方向，避免灰色关联法评判中权重矩阵取值的人为干扰，对塔里木河流域水资源承载力进行评价[168]。陈亮亮等采用高维降维技术——投影寻踪分类模型对广东东江流域水资源承载力进行评价，其利用基于实数编码的加速遗传算法优化其投影方向，将多维数据指标（样本评价指标）转换到低维子空间，根据投影函数值的大小评价出样本的优劣，最大限度避免了灰色关联法评判中权重矩阵取值的人为干扰[169]。马峰等选取 18 个指标建立水资源承载力评价指标体系及指标标准，运用投影寻踪方法建立评价模型，对石家庄市水资源承载力进行评价[170]。

（7）供需平衡分析法。供需平衡分析法是根据区域水资源总量、可利用水资源量以及水资源需求总量，进行区域水资源供需平衡分析，由此来确定水资源承载力[171]。夏军和朱一中运用供需平衡分析法提出了可利用水资源量、水资源需求量、流域水资源承载力平衡指数等的计算方法，综合分析了我国西北干旱区水资源承载力[42]。秦伟等基于水量平衡理论，运用水资源平衡指数对吴起县未来的水资源承载力进行了评价，认为县域范围今后水资源短缺的主要压力来自于生态和经济建设耗水[172]。张青峰等对长武县域范围内的用水结构及水资源承载力平衡指数进行计算与分析[173]。杜娟等通过水资源基础评价、基于水资源负载指数的水资源开发利用潜力评价和基于人水关系的水资源承载力评价 3 个方面的内容，对云南省的水资源承载力进行评价[174]。孟江涛采用水资源承载力综合指数对湖北省的水资源承载力进行了动态评价[175]。王宝林等采用水资源承载力平衡指数研究了内蒙古地区鄂尔多斯盆地能源开发水资源承载力[176]。王雅竹和石炼运用水资源供需平衡的基本理论研究五家渠市水资源供需平衡及水资源承载力[177]。

（8）神经网络法。人工神经网络方法具有广泛的适应能力、学习能力和映射能力等，在理论上可以逼近任何非线性函数，在多变量非线性系统的建模与预测方面通常可取得满意的结果。利用神经网络的非线性映射关系，抛开水资源承载力复杂的耦合系统的探究，找出两者之间的必然联系，可以避免用其他量化方法寻找两者之间关系时所遇到的困难。

赵益军在遗传算法与误差逆传播（back propagation，BP）多层前馈神经网络结构相结合的基础上，提出改进的遗传算法优化神经网络方法，并应用于淮河流域水资源承载力综合评价[178]。邵金花等运用径向基函数神经网络法对烟台市水资源承载力进行了综合评价[179]。杨秀英研究了基于神经网络模型的喀斯特地区水资源承载力[180]。刘树锋和陈俊合建立基于神经网络的水资源承载力耦合模型，以惠州市为研究区域，预测了未来水平年不同供水保证率下水资源承载力方案[181]。王学全等利用径向基网络（radical basic function，RBF）函数逼近、模式识别和分类能力强以及学习速度快等特点，构建内蒙古区域水资源承载力评价模型[182]。苏伟等采用三层的 BP 神经网络结构，选取与水资源承载力密切相关的 6 个社会经济指标，运用 Matlab 中改进的 BP 神经网络算法建立了长春市水资源承载力评价模型[183]。许莉等建立了一个神经元数分别为 7，7，1 的输入层、隐含层和输出层（输出区间 [0，1]）的三层 BP 神经网络模型，网络训练采用河南省 18 个城市的实际样本，运用贵州省 9 个城市的具体数据验证模型的有效性[184]。王艳等结合地理信息系统和人工神经网络技术，利用自组织神经网络模型对山东省水资源承载力进行评价，把山东省 17 个地市水资源承载力划分为 5 类，模拟结果比较理想[185]。宇鹏构造水资源利用和社会、经济可持续性的神经网络预测模型，对《武汉市国民经济和社会发展第十一个五年总体规划纲要（草案）》实施后的水资源承载力进行了评估[186]。

（9）全口径层次化评价方法。王浩等为克服传统水资源评价方法中评价口径狭窄、一元静态模式、各要素分离等缺陷，提出了基于二元水循环模式的水资源全口径层次化动态评价方法，以降水为资源评价的全口径通量，以有效性、可控性和可再生性为原则对降水的资源结构进行解析，实现广义水资源、狭义水资源、径流性水资源和国民经济可利用量的层次化评价，构建了由分布式水循环模拟模型与集总式水资源调配模型耦合而成的二元水资源评价模型，并将下垫面变化和人工取用水作为模型变量以实现动态评价[187]。

该方法物理概念明晰，可以描述现代环境下流域水资源二元演变的特征并反映人类活动影响，能够满足不同类型经济社会建设和生态环境活动的需求，但有待进一步发展和完善，水资源评价模型应用与推广受到分布式水文模型发展的制约。

（10）压力—状态—响应模型。压力—状态—响应模型是加拿大统计学家 A. Friend 提出的，后被广泛应用的指标分析模型。该理论认为，人类的经济、社会活动与自然环境之间存在相互作用关系，即：人类从自然环境取得各种资源，又通过生产消费向环境排放，从而改变了资源的数量和环境的质量，进而影响了人类的经济社会活动及其福利，如此循环往复，形成了人类活动与自然环境之间的压力—状态—响应关系，据此设计的指标优点是较好地反映了自然、经济、环境、资源之间的相互依存、相互制约关系，因此，PSR 模型目前已广泛地应用在土地质量评价、农业可持续发展评价、生态环境评价等领域[188]，也可用于水资源承载力评价，其中状态指标用来评价承载力客体状况，压力指标用来评价造成这种状态的主体，响应指标用来评价主体改变客体状态的途径[189]。谢新民等在水资源"三次平衡"配置成果的基础上，分析和构建了评价水资源承载能力的压力—状态—响应模型及其表征指标体系，最后结合东辽河流域实际进行了应用，获得了水资源承载力评价系列成果[190]。

（11）因子分析。因子分析法是主成分分析的推广，通过对多维变量进行降维与简化，能避免指标分析过程中的主观任意性，同时可以客观地确定各个指标的权重等。胡晓蕊从水资源状况、供水需水情况、社会经济发展水平和生态环境情况 4 个方面对指标分别进行相关性分析，采用因子分析法计算出陕西省水资源承载力状况[191]。郭晓丽探讨了因子分析法在聊城市水资源承载力研究中的应用[192]。杨娜和李慧明以天津地区为例，运用因子分析法从水资源、生态环境、社会经济活动等 14 个指标中规整出影响天津市水资源承载力变化的 4 个主因子，并用熵值法对 4 个主因子赋权，计算出 1998～2007 年天津市水资源承载力的综合得分[193]。刘慧等运用因子分析法，从经济社会、生态环境、自然水资源和人口现状等 16 个指标中筛选出影响水资源承载力变化的 4 个主因子，综合评价出2001～2009 年赣江源流域地区的水资源承载力[194]。张伟运用因子分析法，选取15 个指标，建立了水资源承载力指标体系，对安徽省的水资源承载力进行综合评价，并分析了其时空分布特征[195]。吴琼运用因子分析法从时间的角度对青海省水资源承载力进行综合评价[196]。

（12）生态足迹法。生态足迹法是由加拿大经济学家 William 及其博士生Wackernagel 于 20 世纪 90 年代提出的，该方法通过引入生态生产性土地来定量分析自然资源的可持续利用程度。水资源生态足迹对水资源可持续利用程度的衡量主要是通过水资源生态盈余和生态赤字来表示。当一个地区的生态足迹小于其水资源生态承载力时，水资源呈盈余状态，表明这个地区水资源处于可持续利用状态，该地区的水资源不但可以保证其经济、生态与环境的良性循环，还可以满足区域内发展的进一步需求；反之，当一个地区的水资源生态足迹大于这个地区的水资源生态承载力时，则出现水资源生态赤字，表明这个地区的水资源利用处于不健康模式，区域内水资源不足，不能满足社会经济发展的需求，或者是以破坏环境为代价来维持区域经济的发展。应用生态足迹法研究水资源承载力，是用水资源的生物生产能力来衡量水资源承载力，即水资源利用所能承载的相应生物生存面积。邢清枝等应用生态足迹法对陕北地区 1997～2006 年的水资源承载力和生态足迹进行核算[197]。陈栋为等将生态足迹法引入区域水资源承载力系统，构建珠海市水资源生态承载力计算模型，并对其进行生态盈亏和敏感性评价，结果表明，珠海市水资源系统总体上呈现生态亏损，亏损率为 37%，水资源生态承载呈现超载现象，珠海市城市化进程中流动人口增长对区域水资源的生态承载压力较大[198]。卢艳等以河南省为研究范围核算了 2007 年水资源生态足迹和生态承载力，认为河南省多数城市水资源呈现生态赤字，同时不仅水资源生态足迹和生态承载力存在着空间差异，而且人均水资源生态足迹和生态承载力也存在着空间分布的不均衡性[199]。张月和杨华通过水资源生态足迹模型研究了重庆市2000～2009 年水资源生态足迹和水资源承载力时空格局动态演变。结果表明，2000～2009 年，重庆市人均水资源生态足迹和人均水资源承载力波动呈下降的趋势[200]。张军等利用生态足迹法研究了疏勒河流域水资源承载力与生态赤字，还利用生态足迹法构建了黑河流域农业用水、工业用水、城镇公共用水、生活用水和生态环境用水 5 个二级水资源账户，并利用水资源负载指数[201]，通过生态足迹法研究了黑河流域 2004～2010 年水资源承载力、水足迹和水资源负载动态特征[202]。

（13）物元分析法。物元分析理论是我国学者蔡文教授提出的[203]，是研究解决矛盾问题的规律和方法，它以促进事物转化、解决不相容问题为核心，是解决多因子评价问题的比较有效的方法。汤亚林和朱帅帮[204]采用物元分析法建立了区域地下水资源承载力的评价模型，并用该模型对新疆的地下水资源承载力进行综合评价，评价结果为新疆的地下水资源承载力属于Ⅲ级，已接近饱和值，进一步开发利用的潜力较小。刘东等采用物元分析法对三江平原红兴隆分局下属12 个农场的地下水资源承载力进行综合评价[205]。张俊华等构建了将物元分析理论与贴近度思想相结合的物元可拓模型，对焦作市水资源承载力进行评价[206]。吕萍等运用灰色关联分析构建水资源承载力评价指标体系，在传统的模糊物元模型的基础上，将熵值法引入评价指标权重计算中，构建基于熵权的模糊物元综合评价模型，应用此模型对建三江分局下属 15 个农场 2008 年的水资源承载力进行了评价[207]。吴永斌根据评价区实际数据建立评价方案和理想方案的物元模型，通过可拓关联度直接评价方案的优劣，对新疆塔里木河流域各分区水资源承载力进行评价[208]。杨旭和佟大鹏建立了龙凤山灌区水资源承载力评价的物元模型，并进行分析[209]。田静宜和王新军在分析水资源承载力影响因素的基础上，构建水资源承载力评价指标体系并采用基于熵权模糊物元分析的水资源承载力评价方法，对甘肃民勤县水资源承载力进行了分析[210]。

（14）虚拟水。虚拟水由英国学者 Allan 于 1993 年首次提出[211]，并将其定义为生产农产品所需要的水资源量；1996 年他又对这一概念进行了扩展和完善，将其定义为"生产商品或服务所需要的水资源量"。2003 年程国栋首次将虚拟水理论引入国内，并以中国西北 4 省为例探讨了虚拟水战略以及实施虚拟水战略的对策建议[212,213]，随后虚拟水战略研究在国内展开。

虚拟水战略和水资源承载力均是水资源安全与水资源管理研究领域的热点和难点。水资源承载力评价指标一般选取与资源、环境、社会、经济、生态等相关的指标，在资源中一般选取水资源的自然状况和开发利用程度，虚拟水是水资源开发利用程度的体现。刘博和康绍忠通过实施农业种植结构调整与虚拟水战略对外调水、再生水及自产水资源进行配置，采用定额趋势法分析了虚拟水引入对北京市水资源承载力的影响[214]。张志芬和刘东基于虚拟水理论研究陕西省关中地区水资源承载力[215]。韩雪将虚拟水理论引入到水资源承载力评价中，认为虚拟水是水资源承载力的重要影响因子，但虚拟水的引入不会改变水资源承载力的总体变化趋势，只会在水资源承载力低于多年平均水平时，缓解水资源压力，而在水资源承载力高于多年平均水平时，虚拟水对水资源承载力的影响则不大[216]。

　　总体上看，国内的研究偏重于应用和量化方法的研究，并取得了很大的进展，量化模型开始向综合性、动态性方面转变，但在基础理论研究方面比较薄弱，对水资源承载力本身的认识和研究还欠深入，无法全面准确地定义水资源承载力的概念、界定其内涵以及它的影响因素。此外，采用何种指标简明地描述水资源承载力的众多影响因素、采用何种指标衡量水资源承载力大小以及对最终结果进行评价等指标体系的研究也比较薄弱。我国台湾地区的一些学者也对水资源（环境）承载力进行了研究，如陈春生采用生态系统方法，对台北市斗市区水资源的承载力进行了研究，指出水资源承载力的量化必须采用动态的方法[217]。

1.2.2 决策支持系统及其可用性研究进展

1. 决策支持系统研究现状

　　决策支持系统（decision support systems，DSS），是用来帮助和协助人类作决策的一种信息系统，通常用来解决非结构性（non-structured）问题或半结构性（semi-structured）问题[218]，其强调的是帮助、支持而非替代决策者进行决策[219]。关于 DSS 的研究始于卡内基梅隆大学科技工程学院在 20 世纪 50 年代末和 60 年代初期的组织决策理论研究以及麻省理工学院在 20 世纪 60 年代对交互式在线分析处理系统的研究，在 20 世纪 70 年代关于决策支持系统的概念开始逐渐形成[220]，在 1980 年，随着数据库、模型库、人工智能、知识与在线分析处理技术的发展，决策支持系统得到了巨大的发展，20 世纪 80 年代后期，决策支持系统逐渐由个人导向转为群体导向和模式导向。因此，群体决策支持系统（group decision support systems，GDSS）、组织决策支持系统（organizational decision support systems，ODSS）和高级主管信息系统（executive information systems，EIS）等概念在这个时期被提出。20 世纪 90 年代，数据仓库与联机分析处理（on-line analytical processing，OLAP）的概念也被应用到决策支持系统中，协助决策支持系统进行资料的存取与分析。2000 年以后的网络技术，继续扩展了决策支持系统的概念。

　　在国内关于决策支持系统的研究主要集中在数据挖掘和人工智能方面。谢榕分析了传统决策支持系统在开发过程中存在的问题，并研究了基于数据仓库技术的决策支持系统框架的构建与应用[221]。马丽娜等分析了传统数据库和决策支持系统中存在的问题，讨论了数据挖掘和联机分析处理技术在决策支持系统中的应用[222]。赵宇提出了人工智能与决策支持系统的结合，分述了专家系统、机器学习及智能体在决策支持系统中的应用[223]。在决策支持系统构架研究方面，俞东进将面向服务构架思想引入决策支持系统，提出了基于服务的决策支持系统整体框架的层次化概念模型和实现模型[224]。王宝祥等针对结构化程度较低的问题，基于面向服务构架，提出了将人件服务集成到决策支持系统中的理念[225]。

2. 软件可用性研究现状

对于决策支持系统项目来说，软件功能的完成并不意味着项目的成功。软件对用户是否易用、是否友好对于项目的成功有着重要的意义。国外学者和研究机构对用户界面可用性（usability）的研究起步早。人机界面交互领域的权威人物——马里兰大学计算机系的 Shneiderman 教授撰写了 *Designing the User Interface-Strategies for Effective Human-Computer Interaction*。在这本书中 Shneiderman 教授在综合了有关界面设计的多个学科知识的基础之上，对人机交互界面设计进行深入的讨论和研究。在 2004 年出版的第 3 版书中，在"设计过程的管理"中提出了"专家评审和可用性测试"，并详细说明了可用性测试、调查、专家评审和持续评估的方法。Shneiderman 教授的研究还将人性因素引入了交互式软件设计中，讨论了不同用户群体的影响因素等。Shneiderman 教授的诸多研究成果为现代系统软件的用户界面可用性的研究奠定坚实的理论与方法基础。Nielsen 在其著作 *Usability Engineering* 中提出"要想设计出出色的用户界面，是需要天分、灵感和运气的。然而，如果缺少系统化的可用性工程设计方法，就算是天才的设计人员也不会有好的运气去设计出好的界面"。他研究的是界面可用性设计的具体方法，并把这些方法系统地运用到软件界面设计中以保证用户界面具有较好的可用性。这些方法是在 Shneiderman 教授的研究基础之上，把用户界面的可用性研究进行了系统化和体系化。在实际软件开发中，随着软件功能的增强和软件开发技术平台关于人机接口的丰富，人机界面的功能和设计变得更复杂，设计费用也不断增高。据统计，当今的软件系统中界面代码往往占所有代码的 70% 以上，因而用户界面的可用性和界面设计技术与工具逐渐成为软件开发的研究热点。从 1990 年开始，可用性研究已经在国外信息技术（information technology，IT）行业获得普遍应用和实施，主要的 IT 企业都建立了产品可用性部门，拥有可用性研究设计专员和咨询部门。如 IBM、惠普、微软、甲骨文等公司都有运营了十几年以上，有几十人到几百人的可用性研究设计部门。

相对于国外对软件用户界面与其可用性的理论研究，我国关于这方面的研究还处于刚刚起步的阶段，还不够成熟，理论体系也尚未建立。近年来国内对用户界面可用性的研究和应用已经逐步得到重视，并且在一定程度上得到了发展。中国的可用性专业协会（Usability Professional Association，UPA）于 2004 年在上海成立；"面向产品创新的计算机辅助概念设计技术的研究（2002AA411110）"被列为国家科技部高技术研究发展计划（863 计划）科技攻关项目之一；中国科学院软件所基于认知心理学、设计学、人机工程学等学科研究了笔式界面的可用性问题；中国科学院心理研究所提出了诊查型用户界面可用性评价方法；清华大学的可用性研究中对搜索引擎在标准搜索方式下搜索结果的相关性、专业细分、分类功能的对比评估、网页覆盖率、死链率、及时性、跨文化用户研究、移动商务和移动话务企业等方面做了研究。国内的一些大型 IT 企业，如腾讯、网易、百度等也建立了自己的软件可用性研究中心。

3. 以用户为中心的设计研究现状

以用户为中心的设计是目前用于提高软件的可用性的主要方法。以用户为中心的设计的设计思想并不复杂：在开发产品的每一个步骤中，都要把用户作为重点列入考虑范围[226]，主张应该将设计的重点放在用户，根据他们现有的心智模式[227-229]（mental model）让用户自然地接受新产品，而不是强迫他们重新建立一套新的心智模式。以用户为中心的设计实质上是一个多阶段的问题处理过程，该过程要求设计师分析和预测用户可能对软件进行的操作，同时要通过在真实的使用环境下对实际用户的测试来验证假设。对于交互设计师来说，直观地理解初次使用软件用户的体验和学习曲线是一件十分重要而困难的事情，所以这样的测试显得十分必要。以用户为中心的设计和其他设计理念的不同在于：以用户为中心的设计理念围绕用户如何能够完成工作、希望工作和需要工作来设计和优化用户交互界面，而不是强迫用户去改变他们的使用习惯来适应软件开发者的想法[230]。依据以用户为中心的交互式系统方法国际标准（ISO 13407），以用户为中心的设计方法的原则有：用户于系统之间合理地分配功能、用户的积极参与、设计是个循环过程，即产品的设计、修改和测试要反复进行，设计时要多方参与[231]。20 世纪 80 年代，IBM 员工 J. Gould 和他的同事从若干交互系统的实践中总结开发了一种称为可用性设计（design for usability）的方法。该方法由 4 个主要部分组成：关注用户、集成化设计、初期用户测试、迭代式设计。

在国内关于以用户为中心的设计的研究与应用有：李荣使用粗糙集理论在人机交互设计过程中实现了对用户模型的建立[232]。王丹力等使用场景描述的方式来体现"以用户为中心的设计"思想，将其应用到系统开发的过程中的各个阶段，并以 ATM 机的界面设计为例说明了使用该方法的有效性[233]。刘增在用户研究基础之上，在 Web 2.0 设计理念和界面设计原则的理论指导下，总结了网络界面可用性设计的内容、特点和方法，建立了其可用性设计的评价方法，并使用实例验证了网络界面的设计和评价方法[234]。徐伟和刘朝明对设计心理学在产品设计中的应用机理及应用方法进行了研究[235]。马琦媛根据以用户为中心的交互体验模型表达了以用户为中心的设计中的信息建构与用户体验之间的关系，研究了交互体验度的概念与要素，并且分析了用户在网站使用中的典型交互行为模式[236]。昌琳对网站及软件设计项目的流程进行了分析，使用人物角色和情景讲述的例子进行用户角度的分析，详细介绍了一套系统的以用户为中心的设计的方法[237]。吴燕萍为提高 Web 站点的可用性和用户体验，以设计师为视角，对 Web 设计进行了研究，从而为 Web 设计提供了一种有效的途径去提高用户体验和可用性[238]。夏敏燕和王琦通过剧本导引法的研究，提出了在人机界面设计中应用以用户为中心的设计方法[239]。汪海波结合认知心理、人机工程和设计方法等理论，研究了以用户为中心的设计的思想在软件界面设计中的实现途径和方法[240]。郭皎使用以用户为中心的场景设计方法，对重庆市万州地区高校教务管理系统进行了改进[241]。望金蓉认为在信息资源组织体系的构建中，不仅仅是强调技术、硬件设备、功能，而且应该考虑用户体验[242]。杨沛从产品设计角度对玩具进行分析与综合，研究了设计心理学对于公共设计中人类消费行为的探究和人机交互的影响[243]。

4. 决策支持系统人机交互研究现状

关于决策支持系统人机交互的研究：1993 年，杜兴等基于对用户表达模型的研究，提出了一种人机接口的开放模型，它将交互式系统划分为六层：输入/出介质层、概念层、语法/语义层、领域层、方式/风格层和计算层，并采用知识作为描述各层功能的规范说明语言[244]；1997 年，商慧玲等讨论了 DSS 中人机接口具有的功能，对人机接口对 DSS 的重要性做出分析，总结了一个好的人机接口所应具备的特点，并对设计人机接口过程中应遵循的基本思想进行了初步探讨[245]；2009 年，王恒和白光晗在战略决策支持系统的研发过程中，通过设计人机交互研讨模型，规范化人机交互模式，将决策者与决策支持系统有机结合了起来[246]；2010 年，郭蔚婷通过对农林用户的心理模式分析，对面向农林的决策支持系统的界面可用性进行了分析研究[247]。

5. 决策支持系统在水资源领域的研究现状

DSS 在我国水资源领域的应用基本上是从 20 世纪末开始的，清华大学水电系完成"七五"国家攻关项目——京津唐地区水资源规划决策支持系统；黄河水利委员会防汛自动化测报计算中心研制了黄河防洪防凌决策支持系统。吴泉源对龙口市水资源环境管理决策支持系统的构建进行了研究[248]。李门楼等对河北平原区域地下水资源决策支持系统的设计与开发进行了探讨[249]。王晓峰和李欣苗对关中地区大型灌区信息管理决策支持系统的建立、应用进行了研究[250]。曾宪波构建以计算机网络和专业模型等高新技术为支撑的,对水资源进行实时监控和综合管理的决策支持系统[251]。陈森林等研究了全国水库防洪调度决策支持系统[252]。高需生等进行了南水北调工程输水调度管理和决策支持系统的技术集成研究,该系统基于对输水过程全程实时监测进行信息采集和处理,依据调水模型运算、专家系统分析,应用 WebGIS 技术实现跨区域、长距离、超大型调引水工程运行调度管理的集成化动态管理和决策支持,对不同专项监测系统模型的运算结果等信息数据实行分布共享,整个系统具有开放、灵活、高效、可靠、关联互调等特点[253]。甘治国等研制了济南黄河防汛指挥调度决策支持系统,该系统是面向防汛决策指挥,利用现代化技术,协助决策者完成决策的应用软件系统[254]。雒翠和刘灼华研制了深圳宝安区水资源决策支持系统,该系统总体采用客户机和服务器结构(client/server,C/S)与浏览器和服务器模式(browser/server,B/S)相结合的组成方式,是一个面向决策者和管理人员,包括人机交互界面、数据库、模型库系统的水资源决策辅助工具[255]。陈兴等根据南京市六合区水资源的特点,研制了基于 GIS 的水资源优化配置决策支持系统,以达到防汛、除涝、控制水源、改善水环境等目的[256]。徐建新等在阐述分布式决策支持系统、水资源优化配置、智能 Agent 基础上,设计了基于 Agent 的分布式水资源配置决策支持系统[257]。赵岩和缪琴结合目前水资源管理现状,针对存在的具体问题,在综合考虑水安全、水资源、水环境、水生态、水景观、水文化等涉水问题的基础上,以决策支持系统的结构为理论框架,借助地理信息系统、数据库等工具,开发了具有一定通用性、可移植性和可扩展性的水资源综合管理决策支持系统[258]。王煜等研制了黄河小浪底以下河段水资源实时调控决策支持系统,针对黄河枯水情况,根据黄河下游来水和用水特点,考虑来水、用水、河道损失,对黄河下游实时水量进行调配和控制,实现黄河下游不断流及供水安全[259]。盖迎春和李新研制了黑河流域中游水资源管理决策支持系统,以此加快黑河流域中游水资源信息化、科学化和现代化管理步伐,实现该地区水资源宏观统一管理,水情、汛情和旱情综合分析预报[260]。张亮等研制了灌区节水灌溉决策支持系统,将决策支持系统与节水灌溉实践相结合,开发了具有水分生产函数计算、作物需水量计算、水资源优化分配、节水灌溉决策等多种功能的灌区节水灌溉决策支持系统[261]。王俊认为构建长江流域水资源模型应综合考虑动态水文循环、需水预测、水资源优化配置、应急调水以及不同的气候变化模式,以汉江流域为例,介绍了模型所具有的集模拟、预测、配置、调度(优化)为一体的水资源管理功能[262]。李萌在介绍黄河水量调度管理系统建设目标及主要建设内容的基础上，重点分析了系统总体结构[263]。王伟以石羊河流域为研究对象，依据流域基本信息资料，对流域水资源系统进行概化，建立流域来水预报模型、需水预测模型、流域水资源调度模型和地下水模拟模型，构建一个集成数据与计算模型、基于 GIS 的石羊河流域水资源调度决策支持系统[264]。敬明星根据吉林市防汛信息化建设的现状，按照国家和吉林省的标准与规范，对吉林市防汛决策支持系统的建设内容进行研究[265]。

从 DSS 在水资源领域的应用实例可以看出，DSS 主要应用于水库调度、防洪、水资源规划、管理中，在水资源承载力方面的应用还不多见，因此，应用先进的手段进行水资源承载力研究非常有必要。

综上所述，在决策支持系统的研究中，大多数研究集中于决策支持系统的功能和构架上，如人工智能、模型库、面向服务的体系结构和人件服务等。对决策支持系统的可用性的研究不多，也没有把以用户为中心的设计理念运用到决策支持系统的开发过程中的相关研究。另外，决策支持系统在水资源领域的应用和水资源承载力理论结合的并不多。同时，为保证软件系统实施的成功，软件可用性十分重要，也越来越受到重视，然而目前对水资源决策支持系统中的人机交互可用性的系统性研究则鲜有。

1.2.3 研究评述

由于我国时空变化差异很大，目前不管是南方或北方，水资源危机以及相关生态环境问题都相当突出，在优化水资源配置的同时，也要充分地考虑到各个地区的水资源承载力。我国水资源承载力研究目前虽已取得了一定的进展，但是仍然存在诸多问题，需要进一步深入研究。

1）没有充分考虑水资源—社会—经济—生态环境大系统的复杂性

水资源承载力的研究涉及资源、社会、经济、生态环境，是一个复杂的巨系统，因此需要采用复杂系统的理论进行相关研究，但目前的研究只是计算评价模型中采用涉及复杂系统科学的算法，没有研究其内在的机理。

2）缺少有效的量化方法和评价指标体系

在水资源承载力研究中，虽然引入了研究复杂系统的数学建模方法，但各个方法具有一定的局限性。而且数学模型中涉及的指标和指标体系往往过于简单，没有给出分析和筛选框架，且这些指标往往不能同时描述人口—生态—社会经济复合系统的复杂性和水资源承载力的大小。

3）新理论、新技术应用不足

水资源承载力研究成果为数不少，但新理论和新技术应用不足。如 GIS 和遥感技术的结合在支持与水文和水环境有关的地理空间数据的获取、管理、分析、模拟和显示以及解决复杂的水资源、水环境规划和管理问题方面显示了其强大的功能，但在水资源承载力方面的应用不足。水资源承载力研究必须突破陈旧的数据获取与分析手段，充分利用现代先进技术，将地面水文观测与空中遥感信息相结合，利用地理信息系统进行数值计算和模拟，并将现有水资源承载力数学模型方法与 GIS 集成，这是水资源承载力研究取得突破性进展的一个关键所在。

4）没有构建相应的决策支持系统

由前面的分析可知，在水库调度、防洪、水资源规划、管理等领域中得到大量应用的决策支持系统在水资源承载力中的应用几乎没有，更没有水资源决策支持系统中的人机交互可用性的系统性研究。而且，在决策支持系统的研究中，大多数研究集中于决策支持系统的功能和构架上，如人工智能、模型库、SOA 和人件服务等，对决策支持系统的可用性的研究不多，也没有把以用户为中心的设计理念运用到决策支持系统的开发过程中的相关研究。

应用复杂自适应的理论研究水资源承载力，其模型非常复杂，这也导致决策支持系统本身在复杂性上变得很高，因此需要在系统的可用性上做得更好，以满足用户需求。所以，把先进的水资源承载力研究理论应用于决策支持系统并使其可用性满足决策用户的需求的研究是十分有必要的。

总之，水资源系统是一个复杂性系统，必须从系统的角度研究水资源与其他资源的综合承载力，建立水资源系统—生态系统—社会经济系统耦合机制，进行水资源系统、生态系统和社会经济系统的相互作用和影响、相互依赖和制约关系的机理与量化研究。复杂自适应系统理论已开始在水资源配置理论中应用，清华大学的赵建世、河海大学的王慧敏走在前列，目前也只是开始进行相关的理论研究，把复杂自适应理论应用于水资源承载力研究的目前尚不多见，鉴于水资源承载力理论研究存在的缺陷，应用复杂自适应理论进行水资源承载力研究是一项有益的探索。

1.3　本书主要内容

本书共计 7 章，具体内容如下。

第 1 章是绪论。主要是对水资源承载力、决策支持系统方面的研究进行综述，指出目前研究中存在的问题及可行的研究方向，介绍研究的背景和意义，构建研究总体框架。

第 2 章是基于 CAS 的水资源承载力基本内涵。对将 CAS 方法应用于水资源系统研究进行可行性分析，从聚集（aggregation）、非线性（nonlinearity）、流（flow）、多样性（diversity）、标识（tagging）、内部模型（internal models）、积木（building blocks）等 7 个概念出发分析复杂自适应水资源系统的特征和机制；分析复杂自适应水资源系统的演化过程，包括执行系统、竞争机制与信用分派、基于遗传算法的规则发现；给出基于 CAS 的水资源承载力定义的界定准则，给出基于 CAS 的水资源承载力定义。

第 3 章是复杂自适应水资源系统的演化分析。分析复杂自适应水资源系统学习的特点和本质，建立复杂自适应水资源系统主体自我学习的动态模型和交互学习的动态模型。分析各主体用水的影响因素，构建工业主体、农业灌溉主体、牧业主体、渔业主体、第三产业主体、城镇生活主体、农村生活主体、供水主体自我学习演化的刺激—反应规则和主体间交互学习演化的刺激—反应规则。

第 4 章是基于 CAS 的水资源承载力的计算模型。基于 CAS 的水资源承载力的计算包含两层意义上的自适应：整体层在个体层刺激—反应规则作用下进行选择、交叉、变异的系统自适应演化，个体作为整体层的部分在整体的协调下根据自身的刺激—反应规则进行个体的自适应调整。建立基于 CAS 的水资源承载力二层复合自适应计算模型，对于个体层的刺激—反应规则，建立算法库，包括多元回归算法、带时间序列的多元回归算法、灰色关联神经网络模型；整体层构建基于 RWTS 的自适应并行遗传算法。

第 5 章是基于 CAS 的水资源承载力决策支持系统框架与技术架构。从多层分布式角度构建由业务处理层、信息资源管理层和网络数据服务层构成的系统总体架构，建立系统功能结构，分析各功能模块的需求，在可行性分析基础上构建基于 Flex/MVC/REST 的水资源承载力决策支持系统技术架构。

第 6 章是以用户为中心的基于 CAS 的水资源承载力决策支持系统实现。分析以用户为中心的设计的概念及其所依据的心理学理论，构建以迭代式开发为蓝本、加入以用户为中心的设计心理模式的水资源承载力决策支持系统的设计流程，建立基于改进型的 GOMS 模型的系统界面量化评估模型。系统个体层设计时要考虑刺激—反应规则图形化、关联规则计算公式处理、实现用水主体间相互影响的模拟等问题；整体层按基于 RWTS 的自适应并行遗传算法设计，体现二层交互自适应理念。最后，建立系统各功能的纸上原型，评价系统效率并进行改进，设计完成基于 CAS 的水资源承载力决策支持系统。

第 7 章是新疆哈密基于 CAS 的水资源承载力决策。在分析新疆哈密概况的基础上，构建新疆哈密第一产业主体、第二产业主体、生活主体和第三产业主体自我学习演化的刺激—反应规则和各主体的交互刺激—反应规则，应用决策支持系统进行分析，得出哈密可承载的各主体规模，并进行情景分析。

第 2 章　基于 CAS 的水资源承载力基本内涵

2.1　复杂自适应水资源系统的基本理论

2.1.1　复杂自适应系统理论

1. 复杂自适应系统理论的起源

对复杂系统的研究是 20 世纪的热点之一，历经了三代系统观。CAS 理论是几代科学家不断深入研究取得的成果之一。

（1）第一代系统观。20 世纪 30 年代，贝塔朗菲向片面强调还原论、忽视系统整体性的观点挑战，强调"整体大于其各部门之和"。此后，维纳打破了只注意分割、忽视综合的偏颇，以信息、反馈和控制的新观念研究系统行为，总结出跨越工程与生物界的一般性规律——控制论。控制论的迅速传播和在实践中的成功，使 20 世纪 50 年代成为"控制论的时代"，系统工程思想广为传播。然而到了 20 世纪 70 年代，这一系统思想出现了弊端，原因在于这一时期所说的"系统"，是以机器为背景的，部分是完全被动的、死的个体，其作用仅限于接收中央控制指令，完成指定的工作，这样虽然保证了它在工程领域的成功应用，但也决定了它在生物、生态、经济、社会这类以"活的"个体为组成部分的系统中必然遇到困难。

（2）第二代系统观。20 世纪 70 年代兴起的耗散结构理论和协同学提出第二代系统观，拓宽了控制概念，引申了随机性和确定性对立统一的思想，讨论了自组织涨落、相变等新的概念，对系统的理解深入了一大步，这时"系统"所隐含的背景已经不是人造机器，而是某种热力学意义下的系统。然而，第二代系统思想虽然强调个体（或元素）可以有"自己的"运动，这种运动在一定条件下对整个系统的进化起着积极的、建设性的作用，但这种运动仍然是盲目的、随机的，个体没有自己的目的、取向，不会学习和积累经验，不会改进自己的行为模式，不是真正的"活的"主体。

（3）第三代系统观。20 世纪 90 年代以来，系统科学的注意力集中到个体与环境的互动作用上。第三代系统思想的核心是强调个体的主动性，承认个体有其自身的目标、取向，能够在与环境的交流和互动作用中，有目的、有方向地改变自己的行为方式和结构，达到适应环境的合理状态。这方面的研究以圣菲研究所为代表，圣菲研究所是在许多著名科学家（包括诺贝尔经济学奖得主阿罗、诺贝尔物理学奖得主盖尔曼和安德森）的支持下，于 1984 年在美国新墨西哥州的首府桑塔菲市成立，是一个独立的非营利的研究所，依靠申请各种基金来支持跨学科的研究工作，被评为全美国最优秀的十个研究所之一。圣菲研究所在 20 世纪 80 年代中期提出并开始对复杂性进行研究，目前是复杂性科学研究的"圣地"，在 1994 年，霍兰（Holland）在其成立十周年时正式提出复杂自适应系统理论。圣菲研究所科学家认为，从物理学到化学、生物学、社会学、经济学等领域的复杂现象和行为来自于自组织、突变和适应诸过程，故它们是"复杂自适应系统"[266,267]。圣菲研究所关于复杂性研究的突出贡献表现在：从 1994 年开始举办一年一度的用以展示复杂性研究的最新成果的乌拉姆讲座；公开复杂系统软件平台 SWARM；出版杂志《复杂性》（*Complexity*）等。

2. 复杂自适应系统理论的主要内容

1）CAS 界定

复杂自适应系统就是指那些在系统的演化、发展过程中主体能通过学习（自适应）而改进系统本身的组织结构和行为特点，并且相互协调、相互适应、相互作用的复杂动态系统[268]。

复杂自适应系统由许多成分和行为主体组成，他们按既定规则相互作用，反映彼此行动，改进自我行为，进而改善系统的行为。换言之，这种系统的运行方式包含学习，并在创造和学习中走向未来。大脑[269,270]、免疫系统[271,272]、蚂蚁群体[273,274]、社会[275,276]经常被视为 CAS 例子。

（1）复杂自适应系统是平行适应主体网络，即是一个由许多平行发生作用的"作用者"组成的网络。在人脑中，作用者是神经细胞；在生态系统中，作用者是物种。

（2）复杂自适应系统具有基于学习的层次演化机制。复杂自适应系统都具有多层次组织，每一个层次的作用者对更高层次的作用者来说都起着建设砖块的作用。

例如，一组蛋白、液体和氨基酸会组成一个细胞，一组细胞会组成生理组织，一组生理组织会形成一个器官，器官的组合会形成一个完整的生物体，一群不同的生物体会形成一个生态环境。一组劳动者会形成一个企业、公司，然后形成经济部门、国民经济，最后形成全球经济。复杂自适应系统能够吸取经验，从而经常改善和重新安排它们的建设砖块。下一代的生物体会在进化的过程中改善和重新安排自己的生理组织；人在与环境的接触中不断学习，人脑随之不断加强或减弱神经元之间无数的相互关联；一个公司会提升工作卓有成效的个人，为提高效率而重新安排组织计划等[277]。

（3）复杂自适应系统具有预期反应机制。所有复杂自适应系统都会预期将来。例如，对一个持续很久的经济衰退的预期会使个人放弃消费计划，这样反过来又加深和延长了经济衰退。这种预期和预测的能力与意识并非只是人类才具有，从微小的细菌到所有生命的物体，其基因中都隐含了预测密码。更为一般性地说，每一个复杂自适应系统都经常在作各种预期，这种预期基于自己内心对外部世界认识的假设模型之上，也就是基于对外界事物运作的明确的和含糊的认识之上。而且，这些内心的假设模型远非被动的基因蓝图，它们积极主动，就像计算机程序中的子程序一样可以在特定的情况下被激活，进入运行状态，在系统中产生行为效果[277]。

（4）复杂自适应系统具有从属于适应主体的环境创造机制。复杂自适应系统总是会有很多小环境，每一个这样的小环境都可以被一个能够使自己适应在其间发展的作用者所利用。正因为如此，经济界才能够接纳工程师、工人、钢铁厂和商店，这就像森林里能够容纳小动物和昆虫一样。而且，每一个作用者填入一个小环境的同时又打开了更多的小环境，这就为新的寄生物、新的掠夺者、新的被捕食者和新的共生者打开了更多的生存空间。而这反过来又意味着，讨论一个复杂自适应系统的均衡根本就是毫无意义的。这种系统永远也不可能达到均衡状态，达到了稳定状态，它就变成了一个死系统。根本就不可能想象这样的系统中的作用者会永远把自己的适应性或功用性等作最大化的发挥。因为可能性的空间实在是太大了，作用者无法找到接近最大化的现实渠道。它们最多能做的是根据其他作用者的行为来改变和改善自己[278]。总之，复杂自适应系统的特点就是永恒的新奇性。

2）CAS 建模的基本思想——适应性造就复杂性

把系统中的成员称为具有适应性的主体。所谓具有适应性[268]，就是指它能够与环境以及其他主体进行交互作用。主体在这种持续不断的交互作用的过程中，不断地学习或积累经验，并且根据学到的经验改变自身的结构和行为方式。整个宏观系统的演变或进化，包括新层次的产生、分化和多样性的出现，新的、聚合而成的、更大的主体的出现等，都是在这个基础上逐步派生出来的。

适应性造就复杂性，可以理解为：①主体是主动的、活的实体，这点是 CAS 与其他建模方法的关键区别。②主体与环境（包括主体之间）的相互影响和相互作用，是系统演变和进化的主要动力。③把宏观和微观有机地联系起来，通过主体与环境的相互作用，使得个体的变化成为整个系统的变化基础，统一地加以考察。④运用遗传算法处理随机因素，既考虑状态的影响又考虑组织结构和行为方式的影响，明显地超越了以往的一般的随机方法。

3）CAS 理论的机制

在 CAS 理论中，最核心的概念就是主体，为了说明 CAS 理论的丰富内容，霍兰进一步提出研究适应和演化过程中特别要注意的 7 个相关机制[268]：聚集、非线性、流、多样性、标识、内部模型、积木。在这 7 个概念中，前 4 个是个体的某种特性，他们在适应和进化中发挥作用，而后 3 个则是个体与环境进行交流时的机制。

通过 7 个方面的表述，主体的特点就充分表现出来了：它是多层次的、和外界不断交互作用的、不断发展和演化的、活生生的个体。

4）CAS 的四大要素

Levin 指出，复杂自适应系统具有四大要素：异质性、非线性、等级结构和流，它们是系统产生自组织行为的根本原因[279]。也就是说，系统通常是通过异质成分间非线性作用而自组织成等级结构，这一结构又支配组成成分间的能量、物质和信息流，同时也受其影响。因此，复杂自适应系统最本质的特性是自组织性；通过自组织，系统的整体属性由局部成分间的非线性相互作用产生，而系统又能通过反馈作用或增加新的限制条件来影响成分间相互作用关系的进一步发展。因此，自组织过程包括旧约束的破除和新秩序的建立。在复杂自适应系统中，破除引发重建，有序出自无序。这种自组织性不是系统自上而下的预定目标，而是由于组成成分之间相互作用产生的自下而上的集体效应所不可避免的结果。

5）CAS 的系统演化描述

复杂自适应系统的一般适应过程描述如图 2-1 所示。

在复杂自适应系统中，主体包括对象和具有适应学习能力的个体。其中，对象是被动的个体，不能自主地适应环境变化，只能被动接收消息，如环境中的食物、障碍物等；只有具有适应学习能力的个体（智能主体），才能根据环境的变化，进行适应学习行为。因此，在适应过程开始阶段，首先要对智能主体进行选择，然后根据主体的主要属性和特征来确定智能主体状态。

接着在环境作用下，这些智能主体进入适应学习行为阶段。在这一阶段中，流，特别是信息流起到关键作用，它是主体间及主体与环境间相互作用的连接纽带，称为消息。在消息作用下，主体通过某种或多种刺激—反应规则（IF-THEN 规则）进行主体标识匹配，希望达到主体适应性预期。这时，主体适应行为分为两个过程：基本适应行为过程和系统适应演化过程。如果未达到适应预期，主体则根据上一阶段的匹配反馈信息，启动信用分派机制，对规则进行比较、选择，进而修改每条规则的信用程度（适应度），确定适应度高的规则为新规则，重新对主体进行标识匹配，如此循环下去……由于这一过程是针对主体单元进行的，故称其为基本适应行为过程。一旦主体标识匹配成功，就进入系统适应演化过程，首先主体按照一定的适应机制生成适应集合（积木），CAS 的演化本质就在于发现新的积木，进行积木重组；然后由于 CAS 主体间的趋同效应

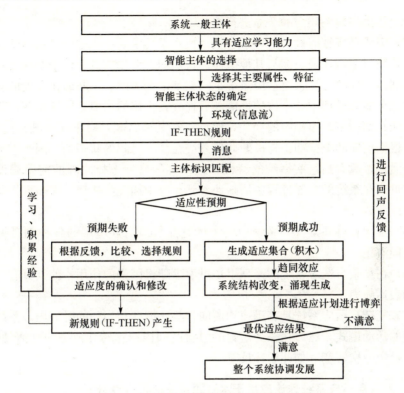

图 2-1　复杂自适应系统的一般适应过程

机制的存在，主体通过"黏着""聚集"等行为使系统结构发生改变，涌现得以生成；同时在适应计划的作用下，系统进行博弈选择，选择最优适应结果，如果结果不满意，则要进行回声反馈，重复上述适应行为，直到不断向整个系统协调实现的满意局面逼近。在系统适应演化过程中，回声反馈模型是实现由微观主体到系统宏观转变的关键。

3. 复杂自适应系统的特点

复杂自适应系统具有以下特点[268,280]。

(1) 复杂自适应系统具有自组织特性。系统主体之间的相互作用将会涌现出新的主体或稳定的组织行为模式，组织的每个新层次将具有新的关系和特性，也就是说，在某一层次上的一个复杂自适应系统是由低层次的复杂自适应系统组成的。并且，这种低层次的复杂自适应系统通过相互作用而产生更高层次的运行准则。

(2) 系统具有明显的层次性，各层之间的界线分明。

(3) 层与层之间具有相对的独立性，层与层之间的直接关联作用少，个体层的个体主要是与同一层次的个体进行交互。

（4）个体具有智能性、适应性、主动性。系统中的个体可以自动调整自身的状态、参数以适应环境，或与其他个体进行协同、合作或竞争，争取最大的生存机会或利益，反映出复杂自适应系统是一个基于个体的、不断演化发展的演化系统。在这个演化过程中，个体的性能参数在变，个体的功能、属性在变，整个系统的功能、结构也产生相应的变化，因此，在某一时间，对于任一既定的系统，是无法根据已知的全部知识来推断此后系统在某一时间的状态的，因为它无时无刻不在演化，只有当这些系统的特性和达尔文的自然选择原理的前提假设一致时，才可以在系统的发展过程中清晰地看到系统中涌现的法规，从而推知其演化的路线。

（5）个体具有并发性。系统中的个体是并行地对环境中的各种刺激做出反应，共同演化。

（6）在复杂自适应系统的模型里还可引进随机因素的作用，使其具有更强的描述和表达能力。

（7）复杂自适应系统具有迅速均衡的趋势，即在相当长的时间内，系统都保持稳定的活动模式，然后在一个短暂的过渡时间内迅速转变成另一种活动模式，然后又经历一次转变，如此循环反复。

2.1.2　复杂自适应系统理论应用于水资源系统的可行性分析

CAS 理论自问世以来已经在经济、生物、生态与环境以及其他一些社会科学与自然科学中得到不同程度的应用和验证。将 CAS 方法应用于水资源系统研究，其可行性分析如下。

可行性 1：水资源系统是一个复杂大系统，其复杂性主要体现在以下五个方面。①系统组成的多要素和大规模；②系统各要素之间或各子系统之间存在着各种各样的非线性关联形式，表现在内容上是物质、能量和信息的交换；③系统的开放性导致系统演化的复杂性；④系统的空间结构具有复杂性；⑤系统的复杂性与人类社会的复杂性密切相关。

可行性 2：CAS 理论最核心的概念是具有适应性主体，而水资源系统主体的确是主动的、活的实体。如在现有的市场经济体制作用下，各部门及用水单位不再像过去那样单纯地按照行政命令，自上而下地被动地接受配水方案，而是通过对水资源系统中各种流（包括物质流、信息流、资金流等）的规划、设计、分解与控制等，在满足自身利益基础上能够主动采取一些技术、政策和经济调节手段进行水资源再分配，如水权交易等，协调各主体利益，自下而上地进行水资源的有效利用。

可行性 3：CAS 方法把宏观和微观有机地联系起来。CAS 理论可从整个系统角度出发研究水资源系统演化行为。首先，水资源各主体之间、主体与环境之间，通过受限生成过程完成个体的演变，较传统地在一定约束条件下寻找最优解的静态算法比，它所展现的是一个动态的过程；其次，基于个体演化过程，在"回声"模型的作用下，整个水资源系统在性能和结构上得以涌现，可实现个体进化与整个系统演化的统一、微观与宏观有机结合。

可行性 4：CAS 可有效解决随机性和确定性统一的问题。面对瞬息万变的水资源系统，传统方法无法解决系统的不确定性、非线性等随机因素干扰问题。尽管有些学者提出在建模中加入随机过程方法、马尔柯夫链等方法解决随机干扰问题，在一定程度上也起到了作用，但这种处理方法仅仅是在系统的某一阶段或过程，不能完全作用于整个系统的演化过程，存在很大的局限性。相反，CAS 理论却对随机性充分考虑，尽量在演化机制的各个环节上，有规律地引入随机因素，并利用遗传算法对系统随机性和确定方向进行客观的描述和刻画。可见，采用 CAS 方法研究水资源系统在一定程度上可以克服传统方法在处理随机因素问题的不足。

可行性 5：复杂自适应的概念是和直接适应相对应的，它至少存在着以下三种不同层次的适应。①在短期内，组织将用一种固定策略来对那些以特定方式发生的变化做出反应，并且，由于这些策略是固定的，可以认为这个层次反应是直接反应。②在稍长时期内，组织的策略将是针对不同的变化而作用的，其产生的结果也不同。③在更长的时期内，组织对外界变化的反应将消亡或继续生存。例如，一群生活在河边的人，当洪水来临时，他们的直接反应是搬到高处；当这种策略失败时，他们将采用疏通河道、加高河堤、在上游泄洪等方式使村庄免于水灾；当这些策略都失败时，他们就开始放弃自己原来的栖息地，抢根木头随波逐流，以后散居他处，原来的村庄不复存在。可见，CAS 理论能有效地解释水资源系统的适应性。

综上所述，本书认为采用复杂自适应系统理论研究水资源系统问题是可行的。

2.1.3　复杂自适应水资源系统的特征和机制

复杂自适应系统理论采用了"具有适应能力的个体"这个词，是为了强调它的主动性，强调它具有自己的目标、内部结构和生存动力。但是单独用主体这个概念，是无法完全表达出 CAS 理论的丰富内容的，所以，围绕主体这个最核心的概念，霍兰进一步提出了研究适应和演化过程中特别要注意的 7 个有关概念：聚集、非线性、流、多样性、标识、内部模型、积木。

1. 聚集

在 CAS 研究中，聚集有两个含义。第一个含义是指简化复杂系统的一种标准方法。主要是把相似的事物聚集成类（物以类聚），然后把它们看成是等价的。人类很容易用这种方式分析那些相似的情形。在这个意义上，聚集是构建模型的主要手段之一：忽略细节的差异，把事物分门别类，类型成为构建模型的构件。第二个含义是指较为简单的主体的聚集相互作用，必然会涌现出复杂的大尺度行为，这样组成的聚集又可以成为更高一级的主体——介主体，在这个含义上，聚集能使简单主体形成具有高度适应性的聚集体，体现复杂性的特征。在复杂水资源系统的演变过程中，较小的、较低层次的个体（如农户）通过某种特定的方式结合起来，形成较大的、较高层次的具有高度适应性的个体（如农业部门），在新的更适宜自己生存的环境中得到发展，即通过与工业、农业、生活、环境等部门之间的各种活动，使本部门的用水行为更能适应整个水资源系统的特性。水资源系统聚集和聚集特性如图 2-2 所示。

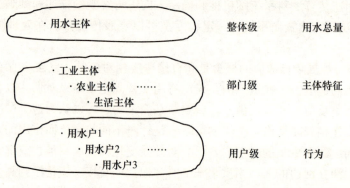

图 2-2　水资源系统聚集和聚集特性

2. 非线性

非线性指个体以及它们的属性在发生变化时，并非遵从简单的线性关系。水资源个体之间的相互影响不是简单的、被动的、单向的因果关系，而是主动的适应关系，以往的用水历史会留下痕迹，以往的用水经验会影响将来的行为，在这种情况下，线性的、简单的、直线式的因果链已经不复存在，实际的情况往往是各种反馈作用（包括负反馈和正反馈）交互影响的、互相缠绕的复杂关系。

3. 流

在个体与环境之间，以及个体相互之间存在着物质流、资金流和信息流。在水资源系统中，物质流涉及水的安全及时输送、水的输送过程中水质的保护等；信息流涉及水的需求预测、供需信息的传递、对水质水量的监控及预警等；资金流涉及水市场的研究、水价的制定以及收入分配问题等，这些流的渠道是否通畅，都直接影响水资源系统的演化过程，因此，这些流的顺畅是水资源系统正常运行的基本条件。

4. 多样性

个体相互作用和不断适应的过程，造成了个体向不同的方面发展变化，从而形成了个体类型的多样性，如用水主体、供水主体、水资源管理主体等，从整个系统来看，这事实上是一种分工，是系统从宏观尺度上看到的结构的涌现，即水资源系统的自组织现象。

5. 标识

在水资源系统中，各个主体的属性是不同的，他们在水资源系统中的作用也是不同的，各主体的行为选择将会通过一系列的信息来识别、分类、匹配，从而决策自己的行为。如工业主体、生活主体、农业主体等，他们各有其行为规则和属性，低层主体通过相似的信息（标识）来进行聚集和信息交流，标识就是水资源管理过程中的联系纽带，是个体在环境中搜索和接收信息的具体实现方法。

6. 内部模型

内部模型表明层次的观念，每个个体都是有复杂的内部机制的。对于整个系统来说，这就统称为内部模型。从整个流域来说，水资源系统是一个内部模型，具有一定的层次，对于每一层次来说，它仍然是一个内部模型，如地区，它仍然包括三个层次：用水户、部门和某地区。事实上，水资源系统是一个复杂自适应性系统，在这样一个系统中还包括无数个复杂自适应系统。就一个主体来说，它本身是这个系统中最小的复杂自适应系统，正是由于其与环境和其他主体的作用行为，其自身的结构与反应规则发生变化，使得主体朝着更加完善的方向发展。

7. 积木

积木指复杂系统常常是在一些相对简单的构件的基础上，通过改变它们的组合方式而形成的。

内部模型和积木的作用在于加强层次的概念。水资源系统的多样性不仅表现在同一层次中个体类型的多种多样，还表现在层次之间的差别和多样性。当跨越层次的时候，就会有新的规律与特征出现，内部模型和积木的概念就是用来回答诸如怎样合理区分层次、不同层次的规律之间怎样相互联系和相互转化等这样一些问题。概括地说，它们提供了这样一条思路，把下一层次的内容和规律，作为内部模型封装起来，作为一个整体参与上一层次的相互作用，暂时忽略或搁置其内部细节，而把注意力集中于这个积木和其他积木之间的相互作用和相互影响上，因为在上一层次中，这种相互作用和相互影响是关键性的、起决定性作用的主导因素。

2.2　复杂自适应水资源系统的演化过程

霍兰在《隐秩序——适应性造就复杂性》一书中认为分析复杂自适应系统的演化过程要分三步：第一步，找一个统一的方式来说明不同种类主体的性能，而不考虑由于适应所产生的变化，这一步的结果称为执行系统；下一步，根据主体的成功（或失败）对执行系统的相应部分赋以信用或给予责备，这个过程称为信用分派；最后一步，考虑对主体的性能进行变动，对新的选项分派信用，主体通过学习机制产生新规则，这一步称为规则发现。对水资源系统演化过程的分析同样按照这三步来进行。

2.2.1　执行系统

霍兰提出的执行系统的模型如图 2-3 所示，该模型涉及以下几个概念。

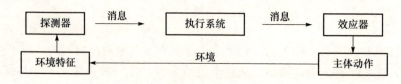

图 2-3　执行系统的探测器和效应器

输入：环境（包括其他个体）的刺激。

输出：个体的反应（一般是动作）。

规则：对什么样的刺激，做出怎样的反应，一般采用"IF 感知信息条件子句 THEN 行动"形式。这里的"IF-THEN"规则和一般的"IF-THEN"有所区别。一般的"IF-THEN"规则应当互相一致，既不重复（每一个刺激只有一种确定的反应）也不遗漏（每一个刺激必然有唯一的一条规则与之相对应），否则就是有矛盾，系统就会被认为是处于错误的状态。而 CAS 认为，应当把这些规则看成是有待于检验和认证的假设，进化的过程正是要提供多种多样的选择，因而需要有矛盾、冲突和不一致，而不是避免或消除它们。所以，这里的规则应当足够多而且有选择的余地，它们之间不但可以，而且需要有矛盾和不一致。

探测器：接受刺激的器官。主体通过探测器感知周围环境的各种状态变化，如水资源供需情况变化（如工业需水量、农业需水量、生活需水量、生态需水量以及可供水量的变化）、水市场的变化情况（如水资源利用率、水权交易、水价波动等情况）、水环境的变化情况（如地表水水质、地下水水质、水生态保护、污水处理及回用率等情况)、其他主体的反馈信息(如管理主体的各类经济指标信息、用水主体的反馈信息等)以及监测是否有其他主体发出的任务请求。

效应器:给出反应的器官。使主体能根据输入信息和当前状态,实时处理一些常规的情况和洪水、污染等突发事件以及实现一些政策性短期目标。它运用规则库中的条件规则,将来源于探测器中的反应型信息直接映射为动作(或预定义规则)。

图 2-4 是水资源系统消息传递执行系统的一个例子。用水户观察到缺水的消息,根据规则,IF 缺水 THEN 比较增加供水量与减少用水量策略,假如比较增加供水量与减少用水量策略后,反馈到消息录的消息是"减少用水量策略好",再到规则中找到相应的规则 IF 减少用水量策略好 THEN 减少用水量,反馈到消息录的消息是"减少用水量",再到规则中找到相应的规则 IF 减少用水量 THEN 节水和规则 IF 减少用水量 THEN 压缩生产规模,这两个规则经过选择比较,规则 IF 减少用水量 THEN 节水获胜,最后用水户的行动就是"节水"。

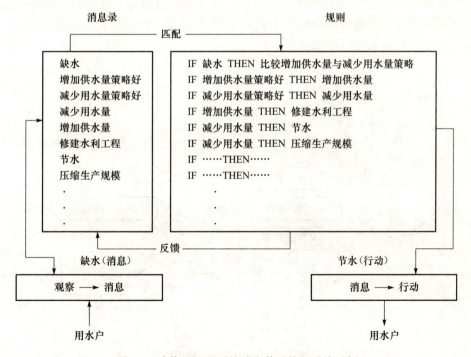

图 2-4　水资源配置系统消息传递执行系统示例

2.2.2　竞争机制与信用分派

在描述主体的执行系统及其在某个时刻的性能后可以考察主体获得经验时改

变系统行为的方式，这是复杂系统适应性的作用机制之一。

第一步就是查看规则在执行系统里的作用。一般认为，规则的总和就是描述主体环境的事实的集合，这样，所有的规则必须保持相互间的一致，如果一个发生了变化，或引入了一个新的规则，必须对它与其他规则之间的一致性进行检查。但是，霍兰认为规则可以被看成是正在进行检验和确证的假设。这样，一组规则可以提供可能的、相互竞争的假设，当一个假设失败了，与之竞争的规则就等在旁边准备尝试。竞争以经验为基础，也就是说，某个规则赢得竞争的能力，应该建立在该规则过去的有用性上，可以为每个规则分派一个强度，在经验的基础上，根据有用性修改强度的过程通常称为信用分派。

因此，系统的智能是由 IF-THFN 群落遵守共同的规则相互作用凸现出来的，当系统探测到一个刺激时，发出一个消息，内部各相关主体响应这个消息，发生竞争，得胜的规则可以发出消息，这样消息一级一级往下传递，直到产生系统动作。其中，每一条规则视为一个自适应个体，规则的 IF 部分相当于 CAS 个体的探测器，THEN 部分相当于效应器，强度等信息则相当于个体的状态，系统的环境是外部环境特征向量以及被激活的规则发出的消息所组成的消息的海洋。此竞争机制的系统模型如图 2-5 所示。

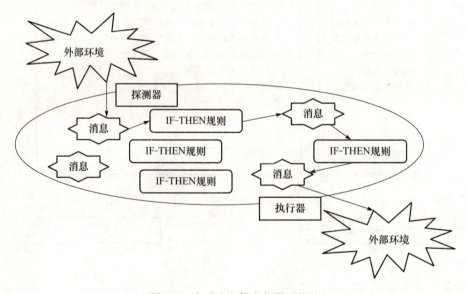

图 2-5　自适应主体内部模型描述

信用分派机制的意义在于，它提供了把定量研究与定性研究有机结合起来的途径。本来，所谓"好"和"坏"、"成功"和"失败"、"优势"和"劣势"都是定性的概念，它们虽然在适应过程中常常被使用，却带有很大的主观性和随意性，信用分派机制则提供了基于包含着不同的以至相互矛盾的规则集合的度量方法，通过定量的积累经验的过程，实现定性的规则筛选的目标。

图 2-6 演示了信用分派—改变规则强度的过程。规则 R 前面的规则发送消息，只有 IF 部分得到满足的规则才有资格行动，这时比较 IF 部分得到满足的规则的信用强度（图 2-6 中八角形框内数字表示信用强度），规则 R 的强度 75 比其他规则大，规则 R 获胜，给付强度 6 给前面的规则，规则 R 发送消息（它本身的 THEN 部分）给下一级规则，下一级规则接收消息，如能匹配采取行动，下一级规则给予规则 R 奖励 7，整个过程中的规则强度均得到增强，反之，如果下一级规则不能匹配采取行动，规则 R 的强度会下降（因为它只付出没有收到回报），并且会导致下一轮竞争时它的上一级规则将得到更少的强度补偿。就这样，在与环境的不断相互作用的过程中，有用的规则在不断加强，没有用的规则逐步退化，使系统向更高适应性迁移。

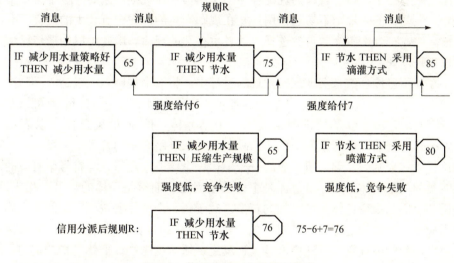

图 2-6　信用分派—改变规则强度

2.2.3　基于遗传算法的规则发现

经过与环境的对话和交流，已有的规则能够得到不同的信用。但为了提高个体适应环境的能力，需要发现或形成新的规则，其基本思想是，在经过检验后的较成功的规则的基础上，通过交叉、变异等手段创造出新的规则来，既让成功可能性比较高的规则产生出新的规则，再通过实际与环境交互的过程筛选出比较有效的规则和积木，进而产生更有效的规则，使个体更能适应环境。

规则发现是主体适应性的体现，主体通过学习系统更新信念、知识以及规则。霍兰利用遗传算法实现规则发现。

　　遗传算法是在 20 世纪 70 年代初期由美国密执根大学的霍兰教授发展起来的,是一种模拟生物界自然选择和自然遗传机制的随机搜索算法。

　　自然界的生物自有生命起,就开始漫长的生物进化历程。生物进化的原因有各种不同的解释,其中被人们广泛接受的就是达尔文的生物进化论。按照达尔文的进化论,生物种群从低级、简单的类型逐渐发展成为高级、复杂的类型。各种生物要生存下去就必须进行生存斗争,包括同一种群内部的斗争、不同种群之间的斗争,以及生物与自然界无机环境之间的斗争。具有较强生存能力的生物个体容易存活下来,并有较多的机会产生后代;具有较低生存能力的个体则被淘汰,或者产生后代的机会越来越少,直至消亡。达尔文将物种的起源和生物的进化现象称为“自然选择,适者生存”,即著名的自然选择学说。

　　自然选择学说与复杂自适应系统的信用分派、规则产生的过程比较一致,在信用分派过程中,强度较高的规则容易起作用,并在规则产生的过程中有较多的机会,强度较低的规则不易起作用,并在规则产生的过程中有较少的机会,有可能被淘汰,符合达尔文“自然选择,适者生存”的规律,因此可以用遗传算法来实现规则发现。

　　在利用遗传算法来实现规则发现的过程中,将一个规则,一般是 n 维的决策向量 $X = (x_1, x_2, \cdots, x_n)^T$,作为个体处理。决策向量的每一个分量 x_i 可以看成是一个基因,n 个分量的排列组成了一个染色体,即 X 的染色体可以表示为 $x_1 x_2 \cdots x_n$。例如,最简单的染色体编码方法为二进制表示的符号串,每一个二进制位代表一个基因,编码所形成的符号串代表个体的染色体,与符号串对应的决策变量的值是个体的解。染色体是个体的基因型,而解是个体的显型,相应地,编码和解码是指染色体与解之间的转换。对于每一个个体要按照一定的规则确定其适应度,个体的适应度与其对应的个体显型 X 的目标函数相关联。X 越接近于目标函数的最优点,其适应度越大;反之,适应度越小。群体是指选定的一组解(其中解的个数为群体的规模),种群是指通过适应选择,即根据适应函数值选取的一组解。交叉是指根据一定的交配原则产生一组新解的过程。变异指解的某一个分量发生变化的过程。适者生存指在每代循环过程中,适应值较高的解被留住。

　　与生物的自然进化过程类似,遗传算法是从代表问题可能潜在解集的一个群体开始的,一个群体由经过基因编码的一定数目的个体组成,每个个体实际上是染色体带有特征的实体。初始群体产生之后,计算每个个体的适应度函数,按照适者生存和优胜劣汰的原理,产生种群,种群借助遗传算子进行组合交叉和变异,产生出代表新的规则的群体。这个过程循环往复,逐代演化产生出越来越好的近似解。这个过程导致种群像自然进化一样的后生代种群比前代更加适应于环境,末代种群中的最优个体经过解码,可以作为问题近似最优解。

2.3　基于 CAS 的水资源承载力的基本概念

1. 基于 CAS 的水资源承载力定义的界定准则

水资源承载力的定义必须满足以下准则。

1) 符合水资源的定义与内涵

依据水资源的定义和内涵，水资源承载能力具有自然与社会双重属性的概念，其影响因素既有来自自然方面的，也有来自社会经济方面的。来自自然方面的主要因素有：水资源禀赋条件、生态环境条件、气候与自然地理条件。来自社会方面的主要因素有：社会发展水平、社会经济技术水平。这些因素从不同侧面与不同层面影响着水资源承载力，因而水资源承载力的定义应反映水资源的这一基本属性。

2) 符合复杂自适应系统个体具有智能性、适应性、主动性的特点

对复杂自适应水资源系统而言，其各类主体具有智能性、适应性、主动性的特点，能自动调整自身的状态、参数以争取最大的生存机会或利益，水资源承载力要能反映出复杂自适应水资源系统是一个基于个体的、不断演化发展的演化系统的特点。

3) 能体现复杂自适应水资源系统从个体的演化到系统的演化的特点

要把个体演化和整个系统演化联系起来，使宏观和微观有机地统一起来，体现"涌现"这种现象。

4) 水资源承载力是适度的，具有阈值

一定区域范围内所能获得的水资源量是有限的，包括本地水资源量和从外流域调入的水量，而且在一定经济技术条件下，水资源利用效率是有限的，因此一定地区的水资源在可利用水量和水环境容量方面具有自然限度，而且在社会经济方面有限度，表现为水资源管理技术和社会生产力的水平是有限的，在一定的历史时期，水资源系统对社会经济发展总有一个客观存在的承载阈值。水资源承载力的阈值一方面取决于当代技术能力、经济水平，而且呈正比例关系；另一方面取决于生态环境对水资源承载力的制约，呈反比例关系。

5) 水资源承载力具有时空的属性

水资源承载力具有时空属性，也就是说水资源承载力在不同时间、空间，以及不同的生态环境和社会经济状况下是不同的。水资源承载力总是与一定的社会发展阶段和经济技术水平相联系，因此水资源承载力具有阶段性；水资源承载力总是对某一地区、某一流域或一个国家而言的，因此具有区域性。

6) 体现模糊性的特点

由于水资源系统的复杂性、影响因素的不确定性和人类认识自然能力的局限

性，水资源承载力的承载指标和数量大小会有一定的模糊性。

7）体现可持续内涵

包括两个方面的内涵：一是水资源承载力必须以不破坏自然生态环境为约束，以保证实现人类可持续发展，使人与自然相协调，保障生态经济健康发展；二是水资源承载力的增强是持续的。刘昌明院士在《中国 21 世纪水问题方略》中提出需水量零增长的概念，即随着经济的发展，水资源的约束必然会导致需水量出现零增长甚至负增长，但是水资源承载力的增长是持续的，只是这种增长的形式不以资源量增加的方式表现出来，而是技术进步型承载增长。

2. 基于 CAS 的水资源承载力定义

由上述水资源承载力界定要点可以看出，水资源承载力既是体现可持续发展观念的一个宏观概念，又要对在社会经济发展实践中如何实现水资源可持续利用具有指导意义。因此，本书根据建立复杂自适应水资源承载力定义的准则，在凝练国内和国外文献中关于水资源承载力定义要点的基础上，建议采用的水资源承载力的定义为：在一定的时空范围内，在复杂自适应水资源系统中，水资源能够持续支撑社会经济发展，并维系良好生态环境的可承载的各主体规模。

该定义从可持续发展及其支持系统的角度，强调水资源与可持续发展的宏观关系，并且体现复杂自适应水资源系统的适应性和复杂性特点，关注如何实现一个地区的经济社会发展与本地区的水资源条件相协调。定义中对地区范围、经济社会发展阶段、科学技术水平、本地水资源条件等都有明确的界定，并强调维护本地区良好的生态环境。依据该定义可以进行某个具体区域或流域水资源承载力分析，给出可承载的各主体规模，因此，该定义具有很强的操作性。

第3章 复杂自适应水资源系统的演化分析

3.1 复杂自适应水资源系统的演化机制

3.1.1 复杂自适应水资源系统的受限生成过程

受限生成过程是 CAS 理论建模的基本方法。"过程"是指模型是动态的，描述的对象本身就是一个过程；"生成"是指过程是由各种主体通过相互作用产生的；"受限"是指系统具有一定的规则约束。受限生成过程可以概括为如下四个步骤。

（1）复杂自适应水资源系统主体根据信息做出反应，对输入进行处理并产生最终的输出行为。显然，对任何一个复杂自适应水资源系统主体来说，都存在多个输入和多个输出的可能。

（2）多个复杂自适应水资源系统主体通过相互作用而连接起来形成网络，这些网络就是所说的受限生成过程。任何系统主体在运行过程中，都存在约束条件，因此主体间的选择性相互作用就制约着网络的生成或消亡。

（3）复杂自适应水资源系统主体一旦连接起来（发生相互作用），就会遇到一些带有约束条件的相互作用着的主体产生的所有可能性的集合，这样一来受限生成过程就存在各种可能的状态。

（4）复杂自适应水资源系统主体的相互作用所产生的受限生成过程的相互作用生成更复杂的受限生成过程，从而涌现出系统的层次性。

3.1.2 复杂自适应水资源系统主体的演化动力因素分析

对于复杂自适应水资源系统的每一个主体来说，要通过学习来适应不断变化的环境。在论及学习对于复杂自适应水资源系统的功能时，新熊彼特主义的经济学家认为：现代经济中最重要的基础资源是知识，因而最重要的活动过程是学习。当水资源系统被认为是一个信息交流、渐进发展而不是一个均衡的系统时，从制度而不是新古典的观点出发，学习便成为水资源系统主体适应环境的源泉。

1. 复杂自适应水资源系统学习的特点和本质

对水资源系统而言，学习是以适应为核心的活动。因此，水资源系统的学习紧紧围绕经济效益的提高、生态环境的好转、缺水量最少为核心内容和关键目标，在此过程中，供水主体通过学习调整供水范围、供水价格、供水工程的投资建设等行为，用水主体通过学习调整单位产值用水量、调整产业结构、采取各种节水措施、进行污水治理等行为，来提高各自的适应性。学习的内容可以是那些可以言传的（明晰的）经验知识（如某主体采取了某种具体的节水措施提高了效益），也可以是那些不可言传的（隐含的）知识，可以言传的共性知识（可为人们所共同利用的知识）、区域专有知识和不可言传的知识构成水资源系统的知识基础。

水资源系统的学习包含多个层次，按照其智能属性划分，可分为：发现学习、归纳学习、连接学习。按照学习的来源划分，学习可分为自我学习、在与区域内其他主体交互作用中学习、从技术发展中学习、从历史和别国（其他区域）经验中学习。按照学习的方式划分，可分为：干中学、用中学、边干边学。

个体层次的学习是系统学习的基础，只有个体学习才会有系统的学习，而只有主体间受限生成过程的学习才会使系统形成和不断成长。

2. 复杂自适应水资源主体的学习动力因素分析

引发智能体行为的动力源于这个智能体的动机和一系列相关的激励。动机的产生有两个要素：①动机与需要有关，而需要又与主体的使命有关。在可持续发展的目标下，工农业主体的基本任务就是创造物质财富，满足人们不断增长的物质需要，同时把对环境和资源的损坏减少到最低程度；政府主体的任务则是代表全社会公众的根本利益和基本价值取向，对各种公共资源行使管理的权利，以推动全社会实现可持续发展的目标；生活主体的需要是满足生存、安全、自我实现的需要。在这些大的动力背景下，各类主体在水资源系统中选择自己的学习内容和方向、控制自己的学习强度。②动机与系统内部各种主体的相互作用有关，即与水资源势能有关。势能的作用是驱动物质运动的力从高势能点指向低势能点，因此在水资源系统中，不论是在空间范畴还是在时间范畴，水资源势能驱动水资源主体的学习进化方向与水资源势能的梯度方向一致。水资源势能可以表述为

$$dH = f(dG, dF, dM)$$

式中，dH 为水资源势能的变化；dG 为水资源地理势能的变化，距离水源越近、直接引水越便利，地理势能越低；dF 为水资源利益势能的变化，用水效益越低，利益势能越低；dM 为水资源管理势能的变化，与法律法规确定的水资源量相差越大，管理势能越低。

另一个影响学习的因素是系统的激励结构。激励结构，一方面是制度与政策

方面的内容，主要与技术政策与法规、自然资源管理制度、环保制度、产业技术政策、税收制度、财政制度等一系列制度安排有关；另一方面是系统环境变化的外因，如人口增加、气候变化、水资源量的调入调出等。

3.2　复杂自适应水资源系统主体自我学习演化的刺激—反应规则

3.2.1　系统主体自我学习演化的动态模型

水资源主体的自我学习是复杂自适应水资源系统演化的一种重要形式，通过自我学习，水资源主体不断提高自身的适应度，其主要的作用就是为系统学习提供原动力和基本条件并为系统学习奠定良好的基础。

水资源主体的状态是由主体的输入和主体在上一时刻的状态共同决定的，其在一定的输入下，通过自主学习过程使主体从一个状态演化为另一个状态。主体的状态函数（学习函数）主要与六个因素密切有关：一是主体的需要，二是主体的水资源势能，三是学习的激励，四是主体已有的学习能力，五是所学知识的难度和复杂度，六是主体的知识基础。如果用 dK 代表主体的需要，dH代表主体的水资源势能，dJ 代表学习的激励，dN 代表主体已有的学习能力，dF 代表所学知识的难度和复杂度，dB 代表主体的知识基础，那么，学习函数（状态函数）$S(t)$ 为

$$S(t) = g(A_{dK}(t), A_{dH}(t), A_{dJ}(t), A_{dN}(t), A_{dF}(t), A_{dB}(t))$$

在 $t+1$ 时刻主体的状态 $S(t+1)$ 由其转换函数 $F：S(t) \times I(t)$（$I(t)$ 为 t 时刻的输入）来决定。

显然，学习函数能够推动主体状态变化（转换函数变化）是六个因素共同作用的结果，但是知识的复杂度和难度与这种变化成反比，即所学知识的难度越大，函数变化的可能性越小，而学习能力与系统的知识基础成正比，水资源势能越大，函数效应越强，主体的需求与学习激励越强，状态变化越有可能。

当学习动力不变时，系统的学习能力和系统知识能够加速系统从一种状态向另一种状态的转变过程，而所学知识的复杂度和难度则遏制这种转变。当所学知识的难度和复杂度不变时，由于系统在某一时刻的学习能力和知识基础也是一定的，那么，系统的演化就由动力所决定，动力越强越能推动水资源系统的演化。综合前面的讨论，给出基于复杂自适应水资源主体自我学习过程的系统演化的动态模型（图 3-1）。

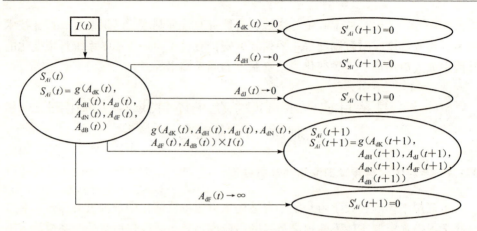

图 3-1　基于复杂自适应水资源主体自我学习过程的动态演化模型

3.2.2　工业主体的刺激—反应规则

系统的演化由动力决定，动力主要为需要、激励、水资源势能。当主体感受到周围环境的变化，受到"刺激"后，根据演化动力会从一种状态转变为另一种状态，表现为"反应"。具体分析个体针对每个刺激会有的反应，可形成刺激—反应规则集。根据复杂自适应水资源系统受限生成过程的要求，刺激—反应规则是建模的基础，所以本小节分析系统各主体的刺激—反应规则。

在复杂自适应水资源系统中，主体一般分为以下几类：用水主体、生态环境主体、水资源主体。用水主体又包括工业用水主体、农业用水主体、第三产业用水主体、生活用水主体。这些主体通过刺激—反应规则相互适应或与环境适应，因此，主体的刺激—反应规则决定了系统的演化过程。

1. 工业主体用水量主要影响因素分析

工业用水一般是指工、矿企业在生产过程中，用于制造、加工、冷却、空调、净化、洗涤等方面的用水，其中也包括工、矿企业内部职工生活用水。

工业用水是城市用水的一个重要组成部分。在整个城市用水中，工业用水不仅所占比重较大，而且增长速度快、用水集中，现代工业生产尤其需要大量的水。工业生产大量用水，同样排放相当数量的工业废水，又是水体污染的主要污染源，世界性的用水危机首先在城市出现，而城市水资源紧张主要是工业用水问题所造成。

工业用水的影响因素包括以下几个方面。

（1）工业发展水平。工业用水量的大小与工业产值有直接关系，生产的工业产品越多，其消耗的水资源也越多，因此，工业发展水平是工业用水量的决定因素之一。

（2）万元产值用水量。万元产值用水量是衡量企业生产用水的重要指标，不同的企业，由于生产产品的差异和工艺流程的差异，其万元产值用水量也有很大的不同。万元产值用水量与产值一起，共同决定了企业的用水量。

（3）行业类别。在工业系统内部，因生产性质和产品的不同，各行业之间用水情况差异很大，电力、化工、造纸、冶金等工业是用水大户，在轻工系统中，酿造、食品等企业的万元产值用水量比日用品企业的万元产值用水量要小，因此企业所属行业严重影响了其用水水平。工业企业一般可分为：电力、冶金、机械、化工、煤炭、建材、纺织、轻工、电子、林业加工等。同时在每一个行业中，根据用水特点和需水不同，又可分为若干亚类，如化工可分为石油化工、一般化工和医药工业等，轻工还可分为造纸、食品、烟酒、玻璃等，纺织可分为棉纺、毛纺、印染等。

（4）企业规模和管理水平。工业生产用水的数量，不仅行业相差悬殊，即使同一种产品，由于生产规模、生产工艺、设备类型、管理水平以及地区条件等不同，其用水量差异也很大。如生产同一种化肥的工厂，大企业与小企业单耗用水量相差很多，生产同一种铁的炼铁厂，中央直属的大企业与小规模企业，每生产一吨铁的用水量也不同，因此考虑工业用水既要考虑各部门生产和用水特点，又要考虑企业规模和管理水平。

（5）工业结构。一个区域的工业结构决定了该地区各种行业的企业的数量，不同行业企业的万元产值用水量的差异，导致工业结构成为区域工业用水量的决定因素之一，通过调整区域的工业结构，就能调整工业用水量的大小，因此，工业结构的调整成为区域水资源可持续发展的重要措施之一。

（6）重复利用率。在工业生产过程中，二次以上的用水，称为重复用水，重复用水量包括循环用水量和二次以上的用水量。水的重复利用率就是指重复利用的水量占总用水量的百分数。万元产值用水量和重复利用率，是衡量工业用水水平的两个综合指标。一般来说，一个地区或一个工矿企业单位，工业结构不发生根本变化时，万元产值用水基本取决于重复利用率，随着重复利用率的不断提高，万元产值用水量将不断下降。

（7）水价。水价越低，企业节水的愿望越低，万元产值用水量就不会下降，只有合理的水价才能诱发企业的节水热情。

（8）节约用水的程度。同样的产品生产用水量差异大，因此通过采用新技术、新工艺，提高管理水平，节水的潜力很大。例如，一座装机容量 100 万千瓦的火电厂，采用直流式冷却，每年需水 12 亿～16 亿立方米，若采用循环式冷却则仅需水 1.2 亿立方米，可节水 90％以上；又如炼 1 吨原油需冷却水 20～30 立方米，若采用气冷，则不需要用水。因此，节水措施的采取能减少用水，提高重复利用率，使工业生产在用水减少的情况下得到发展。节水程度是工业用水量多少的重要影响因素之一。

（9）气候。有些产业的用水会随气温、水温变化而变化，如空调用水主要随气温变化而变化，一些工厂一般从五月中旬至九月中旬开空调，另有部分工厂有特殊要求，生产车间需长年开空调，其用水量也是高温季节用水量大，低温季节用水小。对于棉纺厂，生产车间有一定的温度要求，需要长年送含有一定水分的空气，高温度的季节送冷风，空调用水较大，当在气温低的季节，只需送含有一定湿度的风，用水量就小。因此，气候也影响了工业总用水量。

（10）水资源情况。如果区域的水资源比较紧张，企业要么压缩生产规模，要么采取节水措施，加强管理，减少跑、冒、滴、漏，改革工艺，改进设备等，提高重复利用率，减少工业用水量，使工业生产在用水减少的情况下得到发展。不同的水资源条件，其适合的工业结构也不同，特别对于水资源特别紧张的地方，有必要对工业的结构进行调整，尽量向耗水量小的方向发展，以缓解供需矛盾，使工业结构与水资源条件相适应。

（11）人口。人口的变化影响着工业品的需求量，影响着工业产值，间接影响着工业用水量。

（12）收入。收入水平的变化，影响了工业产品的消费结构，从而影响工业结构，间接影响着工业用水量。

（13）污水处理率和水环境容量。经过一次或多次使用后排出的水，因其受到污染，失去了直接使用的价值，因而称之为废水或污水。我国废水排放量在逐年增加，这些废水如果不经任何处理就直接排入环境，会造成环境污染，造成水质型缺水，因此，污水要经过处理才能排入环境，污水处理率反映了企业污水处理的程度。经过处理后的废水是有一定的标准的，如果排入环境的废水超过一定的数量，水中的各种成分就会超过水环境容量的限制，生态环境还是会恶化。因此，水环境限制了排入环境的废水数量，间接限制了企业的用水量。

（14）供水条件。如果本地水资源紧张，但调水条件好，采用调水措施引入水资源，企业的生产能得到保证，企业的生产规模和区域的工业结构与没有调水工程时会有所不同，因此，供水工程影响着区域的工业用水量。除了供水工程的建设以外，工程的管理水平也会影响着运行，不同的调度方案也会影响可供水量的多少。

（15）企业经营效益。企业经营的目标是生存和发展，如果企业的经营效益良好，企业生产的边际效益为正，企业就会扩大生产规模，其用水量就会上升；如果企业的经营效益不好，企业就会压缩生产规模，其用水量就会减少。因此，企业经营效益使区域的产业结构得到调整，从而影响着整个区域的用水水平。

（16）利率。供排水工程的建设需要投资，企业节水工程、污水处理工程也需要投资，如果利率水平能使投资效益为正，就会促进这些工程的建设，从而影响企业的用水量。另外，由于企业一般是负债经营，利率水平对企业经营效益的影响非常大，而企业经营效益影响了企业的发展规模，从而影响企业的用水量。因此，利率是工业用水量的间接影响因素之一。

（17）政府行为的影响。主要包括水价的确定、利率水平的制定、节水投资和节水激励措施的实行、关于产业布局的宏观调控、供水投资、污水排放的控制等行为，这些都会影响相应的供水工程的建设、区域产业结构的调整、企业节水行为的选择、污水处理的程度，进而影响工业用水量。

2. 工业主体自我学习演化的刺激—反应规则

通过工业主体用水影响因素的分析，可以归纳出工业主体的刺激—反应规则，如图 3-2 所示。

3.2.3　农业主体的刺激—反应规则

农业主体根据用水特点可分为农业灌溉主体、畜牧业主体和渔业主体。

1. 农业灌溉主体用水量主要影响因素分析

农业灌溉用水包括种植业灌溉用水和林、牧业灌溉用水，是通过蓄、引、提等工程设施抽送给农田、林地、牧地以满足作物需水要求的水量。农业灌溉用水是农业用水的主体，与城市工业、生活用水比较，具有面广量大、一次性消耗的特点，其受气候地理条件的影响，地区上和时间上的变化较大；同时，还与作物品种、组成、灌溉方式，技术、管理水平、土壤、水源以及工程设施等具体条件有关。因此，影响灌溉用水量的因素十分复杂。

农业灌溉用水的影响因素如下。

1）灌溉制度

农作物的灌溉制度是指作物播种前和整个生育期内合理地进行灌溉的一整套制度，包括灌水次数、每次灌水时间、灌水定额和灌溉定额。灌水定额是指一次灌水单位面积上的灌水量，灌溉定额是指播前和全生育期各次灌水定额之和。灌溉用水量与灌溉制度有直接关系，灌溉制度决定了农作物灌溉用水量的大小。

2）灌溉水利用效率

进行灌溉需要修建灌溉系统，以便把灌溉水输送、分配到各田块，一般的灌溉系统主要由各级渠道连成的渠道网及渠道上的各类建筑物所组成。一个灌溉系统由渠首将水引入后，在各级渠道的输水过程中有蒸发、渗漏等水量损失，水到田间后，还有深层渗漏和田间流失等损失，因此，灌溉水利用效率的大小影响了

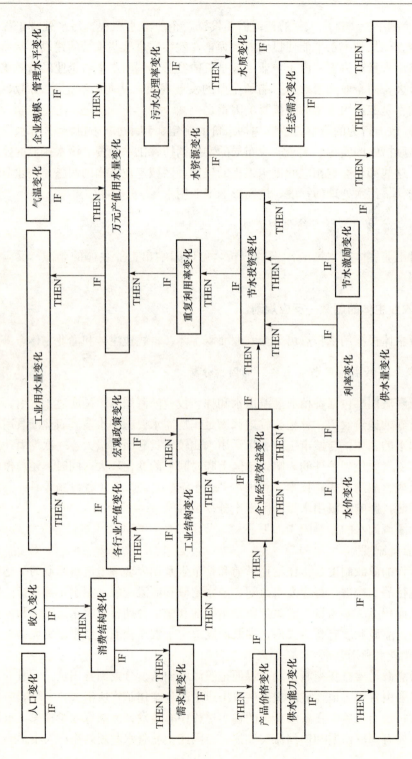

图 3-2 工业主体自我学习演化的刺激—反应规则

灌溉引水量的大小。

灌溉水利用效率，通常用以下四个系数来表示：①渠道水利用系数，是指某一条渠道在中间无分水的情况下，渠道末端放出的净流量与进入渠道首端的毛流量比值。②渠系水利用系数，是指整个渠道系统中各条本级固定渠道（农渠）放出的净流量与从渠首引进的毛流量的比值，反映了从渠首到农渠的各级渠道的输水损失情况。③田间水利用系数，是指田间所需要的净水量与末级固定渠道（农渠）放进田间工程的水量之比，表示农渠以下（包括临时毛渠直至田间）的水的利用率。④灌溉水利用系数，是指灌区灌溉面积上田间所需要的净水量与渠首引进的总水量的比值。因此，这四个指标是灌溉用水量大小的影响指标。

3）灌溉方式

灌溉方式的改变不但影响到灌溉效率，甚至影响到灌溉定额。不同的灌溉方式灌溉需水量相差很大。

（1）灌溉方式一：地面自流灌溉（漫灌、沟灌和畦灌）。自古以来，主要的灌溉方法是地面灌溉或称重力灌溉。世界上 95％的灌溉土地都用地面灌溉。地面灌溉就是把水流从地势高处引进沟渠，水借助重力向坡降方向流动。优点：①一个灌区所需要的基本投资相当低，在各种灌溉方式中需要输入的总能量最少。②受教育少的地区和人员易学易掌握。③能够大水洗盐。缺点：①灌溉效率仅为 34％～70％，平均约为 47％。②单位面积需要的水量多，少量的水几乎不可能用于灌溉。③过量灌水，易造成土壤次生盐渍化。④费工费时，整地费用高，要求有人经常性地调整水头并连续看管。⑤占地大，地面灌溉时，灌水与排水干渠占耕地面积的 5％～10％。

（2）灌溉方式二：喷灌。喷灌就是喷洒灌溉，是利用一套专门设备将灌溉水加高压（或者利用地形高差自压），并通过管网输水至喷头，喷射到空中，分散成细小水滴，降落到田间，而后渗入土壤内的灌溉方法。

喷灌与地面灌溉方法相比，具有以下优点：①具有明显的增产、节水作用。由于喷灌可以控制灌水量和均匀度，不会产生深层渗漏和地表流失，灌水比较均匀，并可根据作物需水状况灵活调节喷洒水量，从而大大节省了灌溉水量。②能节省灌溉用工，少占用耕地，对地形和土质适应性强，能改善田间小气候。③用喷灌几乎可以完全避免过量灌水导致的渍水和盐碱化（除了需要洗盐的情况外），一般也可以避免深层渗漏。④可按作物的需要、土壤质地和土层厚度来规定灌水时间、灌水量。⑤适应性强。喷灌的适应范围相当广，几乎所有作物都可以采用喷灌，而且都可以获得很明显的经济效果。

喷灌的缺点如下：在各种灌溉方式中，喷灌需要的总能量最大；受风和空气湿度的影响很大，风不仅影响喷洒的均匀度，还会使飘移、蒸发损失增多；喷灌要设备和大量管材，基础建设投资较高，对水质也有一定的要求。

（3）灌溉方式三：滴灌。滴灌是将水源水增压（或利用地形落差自压）后，通过低压管道将灌溉水送至滴头，以点滴的方式注入作物根部附近，使主根区周围的水分保持在最佳含水状态的一种灌水方法。

滴灌是当今世界上最先进的灌水技术之一，具有节水、增产、适应性强等优点。滴灌系统全部由管道灌水，很少有沿程渗漏和蒸发损失；灌水时绝大部分水灌在作物根部，基本上不产生地表径流和深层渗漏，水的利用率较其他灌溉方法高；因滴灌比地面灌省水，对提水灌溉而言，意味着节约了能耗。滴灌能适时适量地向作物根区供水施肥，有利于产量和品质的提高；滴灌系统的溶水速度可快可慢，因此适用于各种类型土壤。

滴灌的突出问题是灌水器易堵塞，严重时会使整个系统无法正常运行，甚至报废，因此滴灌用水一般都要作净化处理。

（4）灌溉方式四：渗灌。渗灌是利用修筑在地下的专门设施（管道或者鼠洞）将灌溉水引入田间耕作层，借毛细管作用自下而上湿润作物根区附近土壤的灌水方法，也称地下灌水方法。

渗灌灌水质量高，能很好地保持土壤结构，避免地表板结，蒸发损失少，能较稳定地保持土壤水分，节约灌溉水量，少占耕地，便于机耕，并可减少杂草和害虫繁殖，灌水效率高，还可利用地下管、洞加强土壤通气或者排除土壤中的多余水分。但是，它湿润表层土壤较差，对幼苗生长不利；在底土透水强的土壤上，渗灌容易产生深层渗漏，使水量损失多，并抬高了地下水位；在盐碱地上容易助长土壤盐碱化；渗灌管道或鼠洞容易淤实，且管理检修困难，造价较高。目前，我国推广应用尚不普遍，仅有个别地方进行试点研究。

（5）灌溉方式五：低压管道灌溉。低压管道灌溉（简称低压管灌）技术是利用低耗能机泵，或者由地形落差所提供的自然压力水头，将灌溉水加低压，然后通过低压管网，把灌溉水输送到农田，进行灌溉，以满足作物对水分的需求。

同传统地面灌溉相比，低压管道畅水具有下列优点：①节水、节能。由于采用管道输水，输水损失较沟渠大大减少，输水利用系数可达 95%～97%，同时，由于田间水流路径缩短，灌水比较均匀，故可减小每次灌水的水量，从而减少灌溉时的深层渗漏。在机械提水灌区，节水即节能。②少占用耕地。管道埋入地下可节约沟渠占地。③省时、省工。管道输水速度快、不跑水、渗漏小、浇地快，日灌溉速度提高 30%以上。管道输水灌溉一般不用巡水人员，比土渠输水少用人工 1/3 以上。④适应性强。低压管道输水技术在机井灌区、扬水灌区和自流灌区均适用。对不同作物、不同土壤有较好的适用性。

低压管道输水也存在一些缺点，如无法解决田间灌水过程中的浪费水问题；需要较多的建筑材料；自流灌区改管道后需加压；管件、设备较多；等等。

（6）灌溉方式六：渠道防渗。灌溉渠道在输水过程中，必然有部分水量由于渠道渗漏、水面蒸发等，在沿途损失掉了，从而不能引入田间为作物所利用。渠道防渗，通常指的就是要采取技术措施，防止渠道的渗水损失和漏水损失。

渠道防渗的优点主要在于减少渗漏损失，提高渠系水利用率。未采取防渗措施的土质渠道，其渗漏损失水量一般占总灌溉引水量的 30%～40%，有些甚至高达 50%以上，采用防渗措施后，渗漏损失水量可大幅度减少；渠道防渗能够稳定渠道边坡，提高抗冲刷能力；同时，可以减少渠道输水阻力，加大了流速，增加渠道的输水能力；在保持相同输水能力的前提下，防渗可减小渠道断面，降低开挖工程量；对于存在盐碱化威胁的地区，采取渠道防渗后，可减少渗漏对地下水的补给，有利于控制地下水位，防止盐碱化的发生；对于机电提水灌区，采取渠道防渗还可通过节水节约大量能源。

4）有效灌溉面积

灌溉用水量与有效灌溉面积呈正相关关系，需要灌溉的面积越大，用水量越大。

5）作物种类

不同种类作物的需水模式和绝对数量有很大差异。一是不同作物的生育过程所处的时期不同，如有的主要在冬春生长，有的则主要在夏秋生长。不同的环境条件使得需水量出现较大差别。二是不同作物生存所要求的水分环境不同，有的作物耐旱，可以在缺水条件下生长，有的作物喜湿，要求在较湿润的条件下种植，这会造成需水量的很大不同。三是不同作物的需水特性有明显的差异，如小麦、大豆等与玉米、谷子相比，日需水过程就具有较大的差异。

6）种植结构

农业种植结构的调整会大幅度地改变某一区域的灌溉用水量，如果一个地区种植水稻等高耗水作物比例较大，则整个区域的用水量就会提高，在水资源缺乏的北方地区，通过改变种植结构，压缩高耗水作物种植面积，灌溉用水量也会相应减少。

7）自然地理条件

我国水资源时空分布不均，不同地区的水资源丰缺程度不同，同一农作物的灌溉需水量也不同，因此农作物的灌溉用水量大小受所处区域的影响。

8）水价

水价过低，会造成灌溉用水无计划，节水没有措施，从而严重地浪费水资源；而且，水价低会致使农田灌溉基本建设投资无法收回，管理单位财务亏损严重，不能及时进行水利工程的维修和更新改造，影响灌溉效率。因此，水价影响灌溉用水量。

9）供水条件

供水条件是限制灌溉面积发展的主要因素。不同保证率的来水与可供水量是不同的，某一枯水年的可供水量在不能同时满足工业、生活和灌溉用水需要时，一般优先满足生活和工业用水需要，限制灌溉面积的发展。

另外，不同的供水条件影响农户的灌溉方式。在水资源丰富区域，农户开展节水灌溉的积极性不高；在水资源越短缺的区域，经常受旱，农户参与农业节水的意愿就越高。

10）人口

人口的增长，对粮食生产提出了任务，而粮食的增长除了要提高粮食单产还要相应地增加灌溉面积，这就对灌溉有了新的要求，因此人口与灌溉用水是正相关的关系。

11）农产品消费需求

随着社会经济的发展，人口的年龄结构、城市化水平、收入水平、居民消费行为发生变化，中国农产品消费需求变化总的趋势是：粮食消费水平趋于稳定，食油、食糖消费将会有很大程度的增加；棉花消费需求有所增长；肉类消费总量将进一步提高，消费结构有所改变，其中，猪肉消费比例下降，牛羊肉、家禽消费量将进一步增加；蛋类消费量还将保持较高的增长速度；奶类消费有较快增加，水果消费总量继续增长，品种更加丰富；水产品消费量也将保持较高的增长速度。这样，随着消费需求的变化，农产品的生产结构也在发生变化，导致灌溉用水的变化。

12）单位灌溉面积产量、农产品价格

由于科技进步和作物品种的改良、农业耕作栽培技术的改善、灌溉排水等农田水利基础设施的建设以及田间灌溉效率的提高，单位灌溉面积上的产量发生变化，当产量、价格综合考虑后某种农产品有明显的经济效益，农户会倾向于该种农产品的生产，导致农产品结构的变化，进而影响灌溉用水量。

13）生态环境

在进行农业灌溉用水时，必须考虑保障生态环境不继续恶化或力争稍有改善这个前提。

14）政府行为

政府行为主要包括水价的确定、利率水平的制定、节水投资和节水激励措施的实行、关于农产品的宏观调控、供水投资等行为，这些都会影响相应的供水工程的建设、灌溉方式的选择、农作物种类的选择，进而影响灌溉用水量。

另外，村干部带头示范很能影响农户的种植结构和灌溉行为。例如，在一般情况下，各种政策措施的实施都是从上往下传达的，村干部对农业节水政策的关注度高，对农业节水政策的认识要比农户早、比农户深，并带头实行。因此，村干部参与农业节水的意愿比农户强，村干部带头节水的示范作用有助于提高农户的节水意愿。

15）农村土地管理体制

现行的农村家庭联产承包责任制是以农户为单元，在划分责任田时，根据土地好坏搭配，同一个农户的土地也是不连片的。而高效的农业节水技术，如喷滴灌设施主要布置在田间，不需要留田埂，适宜大面积耕种，既节约土地，又节省劳力。而靠农民一家一户地进行管理，不仅费力，而且收效明显降低。

16）家庭收入水平

高效节水初期投资大约 700 元/亩（1 亩≈666.7 平方米），运行期间需要一定的动力设备、管材和较高的管理技术。因此，发展高效节水灌溉，需要具备资金、技术和投资效益等条件。农户收入水平既代表了农户的支付能力，也代表了农户投资于节水技术的能力。因为农户收入水平越高，采用资本密集型节水技术的积极性就越大，参与农业节水的意愿就越高。农户收入水平高的地区的灌溉水有效利用系数和农业用水毛定额明显优于农户收入水平低的地区。

17）家庭收入类型

农户家庭总收入一般由家庭经营收入、工资性收入、转移和财产性收入三部分组成，其中家庭经营收入包括种植业、养殖业、服务业收入，工资性收入包括外出务工、以工代赈劳务收入，转移性收入包括粮食直补、良种补贴、农机补贴、社会保险、居民最低生活保障、农业保险等。对于家庭经营收入主要来源是种植业的农户，有意愿改变灌溉方式，采取节水灌溉。

18）灌区用水管理水平

如果灌区用水管理粗放，主要表现在灌区计量设施不到位，不能做到按计划用水、按亩配水、按方收费，无法对灌区各种作物的实际用水量和灌溉效果做出准确评价，长期实行按人头分水的方式，农户就会采取大水漫灌、串灌等方式。

19）受教育程度

受教育程度越高的人群，接受新事物的速度就越快，运用新技术的能力就越强。农户文化水平越高，其节水意识和环保意识就越强，对农业节水的认知程度就越高，参与农业节水的意愿就越高，能够主动地节约用水，减少水资源浪费。

2. 农业灌溉主体的刺激—反应规则

通过灌溉用水影响因素的分析，可以归纳出农业灌溉主体自我学习演化的刺激—反应规则，如图 3-3 所示。

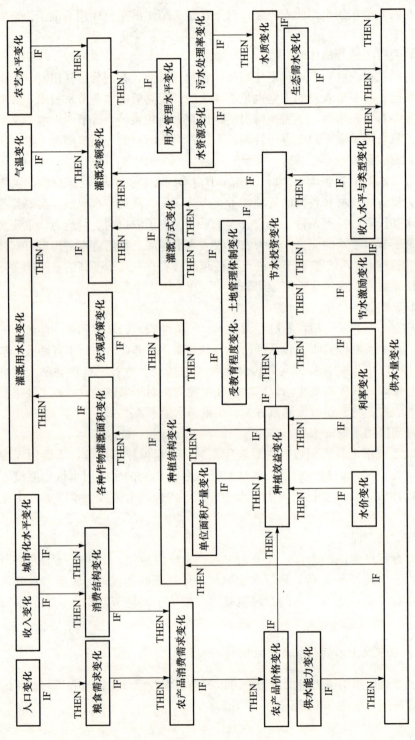

图 3-3　农业灌溉主体自我学习演化的刺激—反应规则

3. 畜牧业主体自我学习演化的刺激—反应规则

除了农业灌溉用水之外，农村中还有其他一部分用水，包括牲畜用水、渔业用水，这些用水在整个农村用水中虽然所占比重不大，但一般都要求保证供水。

畜牧业用水主要受以下因素的影响：①各种牲畜或家禽头数或只数。②各种牧畜或家禽用水定额。③牧畜或家禽的饲养结构。饲养结构受牧畜或家禽的饲养效益、水价、人口、城镇化水平、消费者消费结构的影响。④政府的扶持政策。

畜牧业主体自我学习演化的刺激—反应规则如图 3-4 所示。

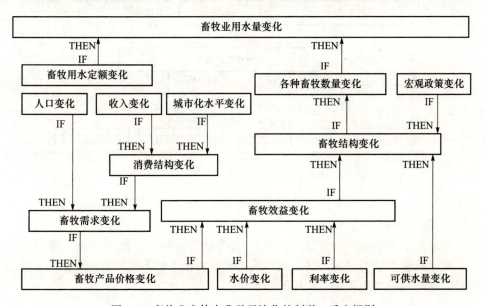

图 3-4　畜牧业主体自我学习演化的刺激—反应规则

4. 渔业主体的刺激—反应规则

渔业用水仅指养殖水面蒸发和渗漏所消耗水量的补充值，其影响因素为：①养殖水面面积；②水面蒸发量；③年降雨量；④消费者消费结构。

渔业主体自我学习演化的刺激—反应规则如图 3-5 所示。

3.2.4　第三产业主体的刺激—反应规则

1. 第三产业主体用水主要影响因素分析

第三产业主体用水的主要影响因素包括以下几个方面。

1）第三产业发展水平

第三产业用水量的大小与第三产业产值有直接关系，产值越高，其消耗的水

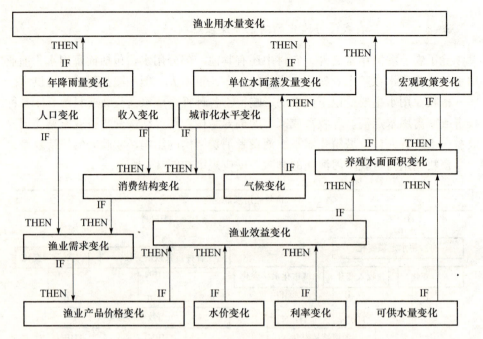

图 3-5　渔业主体自我学习演化的刺激—反应规则

资源也越多，因此，第三产业发展水平是第三产业用水量的决定因素之一。

2）万元产值用水量

万元产值用水量是衡量第三产业用水的重要指标，不同的企业、部门、行业，由于提供产品的差异，其万元产值用水量有很大的不同。万元产值用水量与产值一起，共同决定了第三产业的用水量。

3）产业结构

我国第三产业包括流通和服务两大部门，具体分为四个层次：一是流通部门，包括交通运输业、邮电通信业、商业饮食业、物资供销和仓储业；二是为生产和生活服务的部门，包括金融业、保险业、地质普查业、房地产管理业、公用事业、居民服务业、旅游业、信息咨询服务业和各类技术服务业；三是为提高科学文化水平和居民素质服务的部门，包括教育、文化、广播、电视、科学研究、卫生、体育和社会福利事业；四是国家机关、政党机关、社会团体、警察、军队等。

不同地区第三产业发展的重点不一样，有的是金融中心，有的是教育中心，有的是物流中心等，由于不同部门的用水量不同，第三产业的内部结构影响着用水量的多少。

4）工业发展水平

在工业化前，不少第三产业活动已经出现，并随社会经济活动的发展而发展，但大多数属于传统的生活第三产业。工业化促使了生产第三产业快速发展，并推动生活第三产业向现代化发展，随着工业化的发展，第三产业在国民经济中的比重不断上升，并在一定阶段开始占主体地位。按照钱纳里的划分，产业结构变化分为三个阶段：第一阶段，经济增长主要由初级产业和传统第三产业支撑；第二阶段，工业化阶段，经济增长主要由急速上升的第二产业支撑，第三产业在此阶段的贡献是先升后降；第三阶段，后工业化阶段，经济进入发达状态，第三产业比重的增加对国民经济增长的贡献进入相对稳定的持续上升阶段。可见，第三产业的发展是工业化发展的产物，并随工业化的发展快速发展。

5）城市人均收入水平

一方面，随着人均收入水平的提高，居民储蓄倾向呈上升趋势，社会储蓄水平随之提高，可用于投资的资金增加，对社会间接资本产生更多的需求，客观上要求提供大量的生产资料、基础设施和各种生产型服务，从而促进与社会生产紧密联系的服务业的发展。

另一方面，居民消费结构随着收入水平的提高发生明显变化，消费层次从吃、穿、用向住、行方面上升，并且进一步发展到文娱、旅游、保障、教育等领域。商品进入消费过程中对服务的要求不仅在数量上持续增加，而且在质量上将显著提高；服务性消费的内容将不断丰富，形式日益增多。

6）城镇化水平

经济发展的一般规律表明，在城市化进程中，会极大地促进产业结构向高级化发展。第三产业发展水平的提高是产业结构高级化的具体表现。在城市化进程中，人口向城镇集中，导致对第三产业需求的扩大，有效地促进了第三产业的发展。

首先，城市化是第三产业发展的需求基础。第三产业提供的产品具有非储存性，生产、交换和消费具有同时性，这就要求这种产品需求也必须具有聚集特性。而城市化使得生产要素和人口呈现聚集，因而对第三产业的需求出现聚集，使第三产业的发展有了必要的需求基础。其次，城市化过程诱发了第三产业新兴行业的出现和推动传统产业的发展。城市化的发展使得如交通、通信、金融、保险等各种新兴的需求得以出现，从而使得第三产业有了新行业的加入，而这些新行业本身又为传统产业进行必要的服务，使传统产业快速发展。

7）社会商品零售总额

城市消费水平越高，对第三产业需求越大；城市消费水平越低，对第三产业的需求越小。零售商品总额能够在一定程度上反映一个城市的城市消费水平。

8）水价

水价越低，各单位节水的愿望越低，万元产值用水量就不会下降，只有合理的水价才能诱发单位的节水热情。

9）人口

人口的变化影响着第三产业产品的需求量，影响着第三产业产值，间接影响着第三产业用水量。

10）财政支出水平

财政支出水平表示政府的消费份额，如果政府对第三产业产品支出较多，表明对第三产业的需求较大，根据消费需求理论，政府对第三产业产品消费越多越带动第三产业的发展。

11）建设资本投入水平

一般认为建设资本投入水平反映了城市对产业的重视程度和投资水平，建设资本投入水平越高，越能促进第三产业的发展。

12）科技进步水平

20世纪80年代以来，以信息技术为突出代表的新技术革命浪潮在全世界迅速兴起，逐步渗透到社会经济的各个领域。进入20世纪90年代后，科技与经济在市场中求得结合的趋势越来越明显，适应科技发展，传统产业的改造以及高技术产业的发展进程有所加快，特别是以信息基础设施和信息服务为重要组成部分的信息产业正在迅速崛起，电信服务业、信息服务业、计算机应用服务、综合技术服务、科学研究等第三产业的发展具有广阔的前景。

13）经营效益

经营效益好，用水单位就会扩大规模，一方面直接使用水量上升，另一方面使区域的产业结构得到调整，从而影响着整个区域的用水水平。

14）社会体制和经济体制

适应社会主义市场经济发展的需要，与社会保障、社会化服务、社会管理和实施再就业工程相关的第三产业将在实践中有新的发展。建立社会主义市场经济体制，要求建立健全统一的市场体系，特别是新兴社会保障体系、有效的社会管理体系和再就业工程体系，这些都与多层次第三产业的发展息息相关。可以预见，随着经济体制、政治体制改革的不断深化和社会主义市场经济的逐步发育，国内外贸易业、金融业、房地产业、各种经济代理业、保险业、社会保障及福利业、社会服务业以及与社会管理有关的一些行业，将在客观需求、发展探索、社会规范等方面相结合的基础上不断向前发展。

另外，同工业主体、农业主体一样，水环境容量、供水条件、利率、政府政策等因素也影响第三产业的用水量。

2. 第三产业主体自我学习演化的刺激—反应规则

通过第三产业主体用水影响因素的分析，可以归纳出第三产业主体自我学习演化的刺激—反应规则，如图3-6所示。

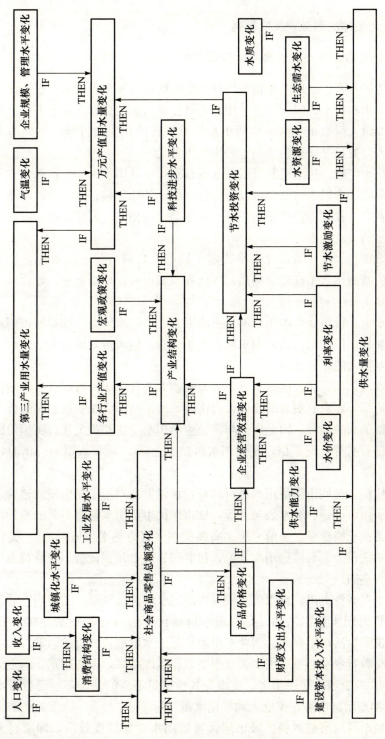

图 3-6　第三产业主体自我学习演化的刺激—反应规则

3.2.5　生活主体的刺激—反应规则

1. 城镇生活主体用水主要影响因素分析

城镇居民日常生活用水是指维持日常生活的家庭和个人用水，包括饮用、洗涤等室内用水和洗车、绿化等室外用水，其影响因素包括以下几个方面。

（1）城镇人口数量。城镇生活用水是城镇居民在生活过程中用到的水，因此，城镇人口数量是城镇生活用水的决定因素之一。

（2）用水定额。用水定额常以每人每日平均生活用水量作为指标，它是将生活用水总量除以居民人数所得的综合指标。由于各地气候、生活习惯以及居民室内卫生设备完善程度等条件不同，用水量标准也不相同。因此，用水定额也是城镇生活用水的决定因素之一。

（3）城镇化水平。城镇化水平决定了城市人口的数量。随着社会经济的发展，我国的城镇化水平在逐渐提高，因此我国城市人口增长迅速，导致城市生活用水量稳步上升。

（4）水价。价格是影响用水的最主要因素之一，水价高，则对城市用水起抑制作用，如果水价太低，人们用水则会大手大脚。但水价对城市生活用水的作用不如对工业用水的作用明显。

（5）收入。如果居民收入上升，其消费能力上升，居民可以有更多的钱用于舒服的水消费，要求有更好的水质，淋浴器、抽水马桶、洗衣机、洗碗机等的使用，更是增加水的消耗，因此收入与城镇生活用水呈正相关关系。美国曾做过分析，结论是若水费提高 2 倍，室内用水可减少 20%；而收入增加一倍时，用水量增加 30%。

（6）住房。对城市生活用水进行调查，可以发现对于不同房屋或建筑、不同的室内生活用水设施、装水表与否等，城市居民生活用水量有显著的差异。住房可分为三类：一般楼房、一般平房、高级住宅（有冷热水设施），这三类住房的生活用水差别很大。对楼房用水来说，包费制、装单元表计费、分户装表计费的用水又有所不同。

（7）个人消费支出。日本曾对城市生活用水量进行分析，结果当人的消费支出增长 2 倍时用水量也增加 2 倍，而水价增长 2 倍用水量只不过减少 10%～20%，这说明生活水平提高、消费支出增长是用水量增长的直接因素。

（8）受教育水平。城市用水人口中受教育程度越高，人均用水量越多。陈晓光分析北方 28 个城市居民用水，发现在其他变量不变的情况下，受教育水平上升 10%，期望增加的城市家庭人均年用水量约为 7%。

（9）城市居民家庭规模。城市居民家庭用水存在规模效应，即家庭人口越多，在一定程度上就会显著减少人均用水量，因为某些用水是全家共有的，如洗衣机一次洗三口之家的衣服和一次洗五个人的衣服用水量是一样的。

（10）冲洗汽车用水量。随着居民收入的增长，目前我国城市汽车发展迅速，造成冲洗汽车用水量的增长迅速。冲洗汽车用水量主要受以下因素影响：汽车数量、冲洗汽车用水定额、冲洗车辆占总数的百分比。

（11）浇洒道路和绿化用水。根据路面种类、绿化、气候和土壤条件，这部分用水各城市有很大差异，道路浇洒用水一般可以按洒水车的车数、每车一年大约装洒次数来估算。

（12）给水普及率。城市生活用水的主体供水系统是自来水。自来水要求供水水源可靠，供水保证率高，水质要符合生活饮用卫生规定，其供水范围随着供水设施的不断完善而扩大。给水普及率的提高，意味着城市自来水用水人口的增加，造成用水量的增加。

（13）气候。气温越高，城市生活用水越多，两者是正相关关系。

2. 城市生活主体自我学习演化的刺激—反应规则

通过城市居民生活用水影响因素的分析，可以归纳出城市居民生活主体自我学习演化的刺激—反应规则，如图 3-7 所示。

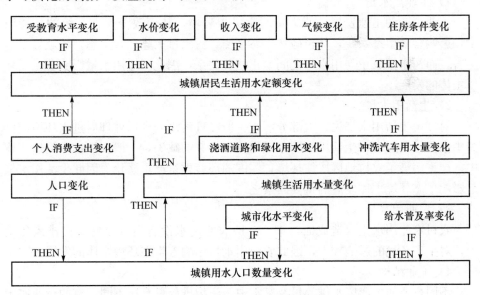

图 3-7　城镇生活主体自我学习演化的刺激—反应规则

3. 农村生活主体自我学习演化的刺激—反应规则

农村居民生活用水标准与各地水源条件、用水设备、生活习惯有关。南方与北方用水标准相差较大，应进行实地调查拟定用水标准。

农村生活主体自我学习演化的刺激—反应规则如图 3-8 所示。

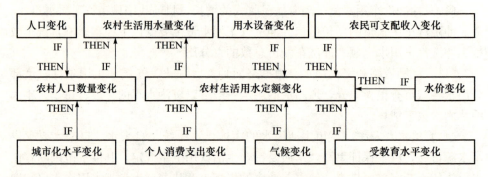

图 3-8　农村生活主体自我学习演化的刺激—反应规则

3.2.6　生态环境主体的刺激—反应规则

1. 生态环境主体主要影响因素分析

影响生态环境发展的因素主要有以下几方面。

1）工业用水量

工业生产的迅速发展，使大量污水进入环境，从而改变生态系统的环境因素，影响整个生态系统，甚至破坏生态平衡，污水排放越多，生态环境破坏得越厉害，而污水排放量与用水量之间呈正相关关系，因此工业用水量影响着生态环境主体的发展。

2）生活用水量

对城镇生活用水来说，大部分污水一般经过污水处理厂处理后进入环境或作为中水回用，而农村生活用水因基础设施和管制的缺失，一般直接排入周边环境中，严重污染了农村地区居住环境，周围的环境质量严重恶化。因此生活用水量是影响生态环境主体发展的重要因素之一。

3）农业用水量

农村农业用水主要造成面污染，一般农业废水没有经过处理直接排入环境中，对生态环境的影响较大，因此农业用水量影响着生态环境主体的发展。

4）工业结构

不同行业的生产废水排放量及废水中污染物排放量有所不同，有的行业属于重污染行业，如造纸行业，有的行业排放的水中污染物含量较小，如冷却用水。因此工业结构影响区域的生态环境，要保证区域生态环境的健康发展，可能要进行产业结构调整，改变高投入、高消耗、高排放、不协调、难循环的粗放式的资源利用方式和发展模式，提高产品产出过程中每个环节的资源利用率，实现资源的再循环利用，减少污染物的排放，缓解对环境污染的压力。

5）化肥、农药使用数量

我国人多地少，土地资源的减少使化肥、农药的施用成为提高土地产出水平的重要途径，使得我国成为世界上使用化肥、农药数量最大的国家。由于在化肥施用中各种肥料之间的结构不合理，化肥利用率低、流失率高，这不仅导致农田土壤污染，还通过农田径流造成了对水体的有机污染、富营养化污染甚至地下水污染和空气污染。因此，化肥、农药使用数量是农村生态环境发展的影响因素之一。

6）污水处理率

污水处理率上升，表明有更多的污水是经过处理后排入环境的，污水处理有一定的标准和规范，处理后废水中污染物含量大大减少，有利于生态环境的发展。

7）水环境容量

水功能区不同，允许的水环境容量也不同。相同的废水排入不同的水功能区，对生态环境的影响差别很大。

8）自然资源

自然资源是生态环境的基础。如果区域的水资源充沛，草木森林资源好，生态环境的先天条件就好；如果水资源短缺、水生态平衡失调、江河断流、湖泊萎缩和地下水位下降，则生态环境恶化。如西北地区降水量少，蒸发量大，水资源总量贫乏，源头森林植被不断萎缩，涵养水源、稳定江河径流的能力明显较弱，因此，西北地区的生态环境总体比较恶劣。

9）水利工程

兴建水利工程的目的是为了更好地利用水资源，但水利工程的修建改变了区域生态环境的天然属性，或多或少地影响了生态环境的状态。如对于调水工程，资源调出区由于调出一定的水量，改变原有河床的冲淤条件，影响河流对地下水的补给，减少了河流对污水的稀释，降低了河流的自净能力，加重了河流的污染程度；如果调水过多，会减少河道最终流入海洋的淡水量，使海湾污染加重，海水入侵影响沿海城市的地下水水质，影响河流入海口的河岸和河口的稳定。对于调入地区来说，水文和径流状态改变，进而改变水质、水温和泥沙输送条件，地下水补给条件的改变，影响土地利用。因此，在进行水利工程项目的规划、设计、施工及管理运行中，生态环境问题必须引起足够的重视，应当在充分考虑水资源的生态功能、环境功能和景观功能等综合的开发模式下进行，真正体现生态效益、经济效益和社会效益的统筹兼顾。

10）利率

利率不仅影响污水处理企业的经营效益，使得污水处理投资变化，而且影响其他各行各业的经营效益，改变产业结构，还会造成企业对本身污水排放控制的变化，如是否进行污水处理建设、污水处理设备是否正常运行等。

11) 国民经济发展水平

国民经济发展形势好，国民生产总值高，国家有更多的投入进行生态环境的改善；企业的发展形势好，也会加大污水处理的投入，以符合国家的有关政策。

12) 国家政策

国家宏观政策影响地区的产业结构，如我国以 1986 年的《国民经济社会发展第七个五年计划》为标志，全面实施了优先发展东部地区的非均衡发展战略，结果东部地区经济社会、生态环境综合性发展，取得了举世瞩目的成就。

各种税率的不同也影响着企业的效益，有优惠政策的行业更能得到发展，产业结构有时非常具有区域色彩，产业结构是影响生态环境的因素之一，因此税率和各项优惠政策也是生态环境的间接影响因素。

在生态环境遭到破坏的现在，国家会进行生态环境修复的专项投资，这些投资直接改善了当地的生态环境。

生态环境方面的有关法律法规，会直接影响生态环境，如企业为了避免罚款，会按规定进行污水的排放。

2. 生态环境主体自我学习演化的刺激—反应规则

通过生态环境主体影响因素的分析，可以归纳出生态环境主体自我学习演化的刺激—反应规则，如图 3-9 所示。

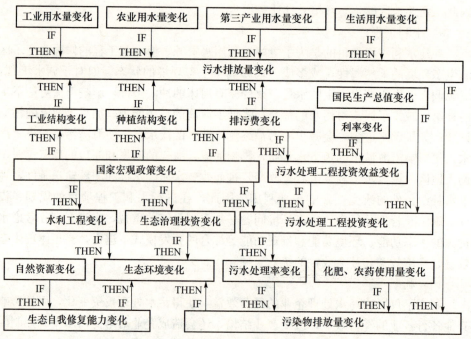

图 3-9　生态环境主体自我学习演化的刺激—反应规则

3.2.7　供水主体的刺激—反应规则

1. 供水主体可供水量主要影响因素分析

从工程情况分类，供水系统包括蓄水工程（水库、塘坝）、引水工程、提水工程和调水工程。目前在全国趋近统一的理解是："可供水量是指不同水平年、不同保证率或不同频率，考虑需水要求，工程设施可提供的水量"，有别于工程的实际供水量，也有别于工程的最大供水能力。

从可供水量定义出发，其影响因素有以下几方面。

（1）来水条件。随着不同年的来水变化，以及年内的时间和空间变化，供水主体的可供水量不同。

（2）用水条件。不同年的用水特性（用水结构、分布、性质、要求、规模等）、合理用水、节约用水情况等不同，供水主体可以提供的水量是不同的。另外，用水条件往往也相互影响，如河道的冲淤、河口生态用水要求，可能直接影响河道外直接供水的可供水量；河道上游的用水要求可能影响下游的可供水量等。

（3）水质条件。不同年的水源泥沙和污染程度等情况，影响可供水量的大小。高矿化度地下水，未经改良和处理，不能供工农业使用，更不能供城乡人畜饮用。

（4）工程条件。现有工程参数的变化、不同的调节运用方式以及不同发展时期新增工程设施等情况，都会影响可供水量。

（5）供水工程单位面积造价。供水工程单位面积造价提高，相同投资的供水工程建设量就会减少。

（6）水价。水价影响了供水工程的供水效益，从而影响供水工程的投资额，影响供水工程的维修、管理，影响工程的供水能力的发挥。

（7）利率。利率水平影响了供水工程的效益，从而影响供水工程的投资额。

（8）国民经济发展水平。国民生产总值影响了供水工程的投资额，进而影响供水量。

（9）区域水资源开发程度的约束。由于客观自然规律与经济规律的制约，任何一个流域的水资源不可能得到百分之百的利用。一方面，由于生态环境的要求，总要留一定的水量；另一方面，由于径流量的时空分布不均，要全部调蓄利用不但是不经济的，而且是不可能的。因此，随着开发利用程度的提高，进一步开发利用的增长率必将逐步降低，利用率达到 $60\% \sim 70\%$ 以后，进一步发展是困难的。

2. 供水主体自我学习演化的刺激—反应规则

通过供水主体可供水量影响因素的分析，可以归纳出供水主体自我学习演化的刺激—反应规则，如图 3-10 所示。

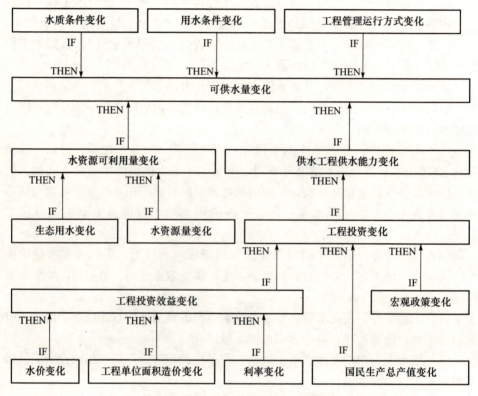

图 3-10　供水主体自我学习演化的刺激—反应规则

3.3　复杂自适应水资源系统主体交互学习演化的刺激—反应规则

3.3.1　系统主体交互学习演化的动态模型

根据 CAS 理论的基本观点，系统主体间的相互作用中所产生的受限生成过程是产生"涌现"现象的根本原因。因此，主体的相互作用学习过程能够促进水资源系统的演化。

任意给定两个主体 A_i，A_j，且两者的关系为 R_{ij}。根据伦德瓦尔的思想，R_{ij} 受到以下三类因素的影响：双方各自与对方建立关系的动力、各自的可选择

性、建立交互作用关系的信息通道和信息代码的成本，因此有

$$R_{ij} = f(M_i, M_j, S_i, S_j, C_{ij})$$

其中，M_i，M_j 分别为 A_i，A_j 建立关系的动力，$M_i \geqslant 1$，$M_j \geqslant 1$，M_i，M_j 越大，R_{ij} 越密切；S_i，S_j 分别为 A_i，A_j 的选择性，$S_i \geqslant 1$，$S_j \geqslant 1$，与 A_i 建立关系的主体越多，S_i 可能越大，与 A_j 建立关系的主体越多，S_j 可能越大；C_{ij} 为 A_i，A_j 建立交互关系需要的信息通道和信息代码成本，$C_{ij} \geqslant 0$。S_i，S_j，C_{ij} 为制约 A_i，A_j 交互作用的关键因素，S_i，S_j，C_{ij} 确定时交互作用双方的关系 R_{ij} 就由 M_i，M_j 来决定了，即较短的空间距离、相同或相似的用水水平、适当的政府干预，会使 R_{ij} 变得较小，A_i，A_j 交互作用变得更加容易。因此有

$$R_{ij} = q \times (M_i, M_j)/(S_i, S_j, C_{ij})$$

其中，q 为一比例数。

对于水资源系统的两个主体 A_i，A_j 来说，在 t 时刻的状态函数为 $S(t)$，输入为 $I_{A_i}(t)$，输出为 $O_{A_i}(t)$，在主体间存在一个交互作用的动力因子 M_{A_i}，当另一个主体把 M_{A_i} 和 S_{A_i} 作为自己的输入并产生 M_{A_j} 和 S_{A_j} 时，就建立了一个有效的 R_{ij}，即产生了一个受限生成过程。

3.3.2　系统主体交互学习演化的刺激—反应规则

由于水资源的有限性，复杂自适应水资源系统主体对于水资源的利用存在竞争关系，当系统中某主体感受到某因素发生变化时，为了适应周围环境变化，其状态或行为会发生变化，造成系统中其他因素发生改变，从而影响其他主体的生存环境，使其他主体为适应环境改变自身。例如，政府政策如水价、利率、投资政策、人口政策变化，会影响产业效益，从而影响产业结构，影响用水量，影响污染物排放量，影响水质，影响供水量，可见用水主体、生态环境主体、供水主体之间互相适应。又如供水变化影响产业结构，影响国民生产总值，影响人均收入和投资，投资包括水利投资、生态环境改善投资、生产部门投资等，集中体现在系统的供水主体供水量的改变、生态环境主体状态的改变、各主体的用水量的改变，也表明用水主体、生态环境主体、供水主体之间互相适应的过程。

综合考虑影响各主体的因素，可得系统主体交互学习演化的刺激—反应规则，如图 3-11 所示，具体为：

（1）IF 供水变化 THEN 生产用水主体产业结构变化。

（2）IF 供水变化 THEN 生产用水主体用水方式变化。

（3）IF 供水变化 THEN 生活主体行为方式变化。

（4）IF 供水变化 THEN 人口变化。

（5）IF 供水产业效益变化 THEN 供水变化。

(6) IF 水资源变化 THEN 供水变化。

(7) IF 生态变化 THEN 供水变化。

(8) IF 水质变化 THEN 供水变化。

(9) IF 政府政策变化 THEN 供水变化。

(10) IF 科技水平变化 THEN 供水变化。

(11) IF GDP 变化 THEN 政府政策变化。

(12) IF 人口变化 THEN 政府政策变化。

(13) IF 政府政策变化 THEN 生产用水主体用水方式变化。

(14) IF 政府政策变化 THEN 生活主体行为方式变化。

(15) IF 政府政策变化 THEN 人口变化。

(16) IF 政府政策变化 THEN 生产用水主体产业结构变化。

(17) IF 政府政策变化 THEN 投资变化。

(18) IF 政府政策变化 THEN 收入变化。

(19) IF 政府政策变化 THEN 产业效益变化。

(20) IF 政府政策变化 THEN 科技水平变化。

(21) IF 投资变化 THEN 科技水平变化。

(22) IF 科技水平变化 THEN 生产用水主体用水方式变化。

(23) IF 科技水平变化 THEN 生活主体行为方式变化。

(24) IF 科技水平变化 THEN 水质变化。

(25) IF 科技水平变化 THEN 产业效益变化。

(26) IF 生产用水主体产值变化 THEN GDP 变化。

(27) IF GDP 变化 THEN 收入变化。

(28) IF GDP 变化 THEN 投资变化。

(29) IF 收入变化 THEN 生活主体行为方式变化。

(30) IF 人口变化 THEN 生活主体行为方式变化。

(31) IF 水价变化 THEN 生活主体行为方式变化。

(32) IF 生活主体行为方式变化 THEN 产业效益变化。

(33) IF 生活主体行为方式变化 THEN 用水量变化。

(34) IF 生活主体行为方式变化 THEN 水质变化。

(35) IF 政府政策变化 THEN 水质变化。

(36) IF 人口变化 THEN 用水量变化。

(37) IF 水价变化 THEN 产业效益变化。

(38) IF 产业效益变化 THEN 投资变化。

(39) IF 投资变化 THEN 生产用水主体产业结构变化。

(40) IF 生产用水主体产业结构变化 THEN 生产用水主体产值变化。

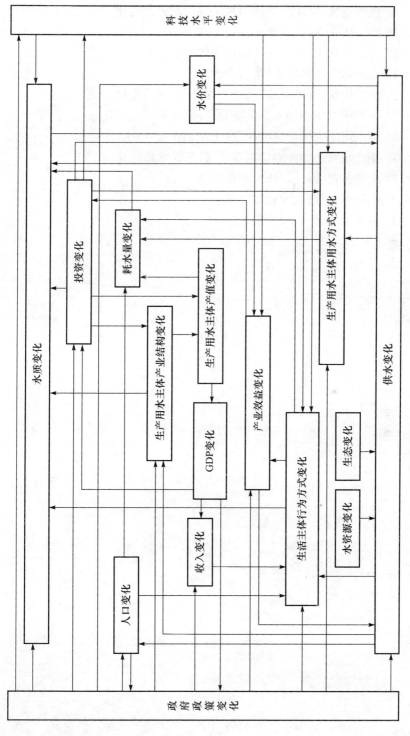

图 3-11 系统主体交互学习演化的刺激—反应规则

（41）IF 投资变化 THEN 生产用水主体用水方式变化。

（42）IF 投资变化 THEN 水质变化。

（43）IF 投资变化 THEN 生产用水主体产值变化。

（44）IF 用水量变化 THEN 水质变化。

（45）IF 生产用水主体用水方式变化 THEN 水质变化。

（46）IF 生产用水主体用水方式变化 THEN 用水量变化。

（47）IF 生产用水主体产值变化 THEN 用水量变化。

（48）IF 生产用水主体产业结构变化 THEN 水质变化。

（49）IF 政府政策变化 THEN 水价变化。

（50）IF 投资变化 THEN 供水变化。

（51）IF 供水变化 THEN 水价变化。

第4章　基于 CAS 的水资源承载力计算模型

4.1　基于 CAS 的水资源承载力计算逻辑框架

根据第 2 章的分析,复杂自适应系统的适应学习过程有三步:第一步建立刺激一反应模型。第二步进行信用分派,向系统提供评价和比较规则的机制。当每次应用规则之后,个体将根据应用的结果修改强度或适应度,进行学习或经验积累。第三步通过交叉、变异等手段创造出新规则,让成功可能性比较高的规则产生出新的规则,再通过实际与环境交互的过程筛选出比较有效的规则和积木,进而产生更有效的规则,使个体更能适应环境。在这三步中,规则发现是主体适应性的体现,主体通过学习系统更新信念、知识以及规则。霍兰利用遗传算法实现规则发现。因此,构建水资源承载力计算框架,如图 4-1 所示。该框架体现了基

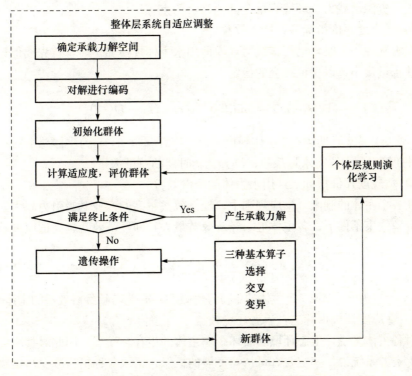

图 4-1　基于 CAS 的水资源承载力计算流图

于 CAS 的水资源承载力计算的两层意义上的自适应：整体层在个体层刺激—反应规则作用下进行选择、交叉、变异的系统自适应演化；个体作为整体层的部分在整体的协调下根据自身的刺激—反应规则进行个体的自适应调整。

4.2 水资源承载力整体层数学模型

4.2.1 模型适应度函数

整体层采用改进的遗传算法进行计算，对承载力解进行评价时主要计算各主体对环境的适应度。对复杂自适应水资源系统来说，适应度评价指标主要包括三方面：经济效益指标、社会效益指标、生态环境效益指标，其一般模型形式为

$$Z(X) = f(f_1(x(t)), f_2(x(t)), f_3(x(t)))$$
$$X \in G(x(t)) \qquad\qquad (4\text{-}1)$$
$$X \geqslant 0$$

其中，X 为决策向量；$f_1(x(t))$，$f_2(x(t))$，$f_3(x(t))$ 分别为社会效益、经济效益、生态环境效益目标，也可以在此基础上具体细分；$G(x(t))$ 为约束条件集，表示资源承载力、环境容量及其他社会约束等。

1）适应度评价指标一：社会效益

当水资源一定时，进行承载力规模即用水主体规模界定时，首先要保证供水系统缺水量最小，以保证社会的稳定。

$$f_1(x(t)) = \min\left(\sum_{i=1}^{n} q_i(t)x_i(t) - D(t)\right) \qquad\qquad (4\text{-}2)$$

其中，$x_i(t)$ 为 t 时期第 i 个主体规模，$i=1, 2, \cdots, n$，n 为主体总个数；$q_i(t)$ 为 t 时期第 i 个主体需水量系数；$D(t)$ 为 t 时期的总供水量。

2）适应度评价指标二：用水主体的经济效益

在各个主体的刺激—反应规则中，经济效益越高的产业其吸引力越大，在一定的资源约束条件下，各主体追求经济效益最大，即经济效益越高适应度越好。

$$f_2(x(t)) = \max \sum_{i=1}^{n_1} a_i(t)x_i(t) \qquad\qquad (4\text{-}3)$$

其中，$a_i(t)$ 为 t 时期第 i 个主体的单位经济效益；n_1 为考核经济效益的主体个数。

3）适应度评价指标三：生态环境效益

对各主体来说，生态环境的破坏影响主体的生存与发展，因此对整个复杂自适应水资源系统说，一定要有可持续发展的概念，采取各种措施减少污染物排放量，使污染物排放量最小，即废水、废气、废固排放最小。另外，主体所消耗的

环境资源主要包括水资源及能源，消耗的资源越少即表示环境效益越高，因此可用用水量及能源消耗量最小表示环境效益。

$$f_3(x(t)) = f\{\min g_3(x(t)), \min h_3(x(t))\}$$

$$g_3(x(t)) = \sum_{i=1}^{n}(w_i(t) + g_i(t) + s_i(t))x_i(t)$$

$$h_3(x(t)) = \sum_{i=1}^{n}(q_i(t) + e_i(t))x_i(t) \tag{4-4}$$

其中，$\min g_3(x(t))$ 为最小污染物排放量，即废水、废气、废固排放最小；$w_i(t)$ 为 t 时期第 i 主体的废水排放量系数；$g_i(t)$ 为 t 时期第 i 主体的废气排放量系数；$s_i(t)$ 为 t 时期第 i 主体的固体废物排放量系数；$\min h_3(x(t))$ 为最小资源消耗；$e_i(t)$ 为 t 时期第 i 主体的能源消耗系数。

4.2.2　模型约束条件

1）水源可供水量约束

$$\sum_{i=1}^{n}q_i(t)x_i(t) \leqslant Q(t) \tag{4-5}$$

其中，$Q(t)$ 为最大可供水量。

2）取水量约束

t 时期分配给 i 主体的水量应满足各主体的最大、最小需水量限制范围，即

$$Q_i(t)^{\min} \leqslant \alpha_i q_i(t)x_i(t) \leqslant Q_i(t)^{\max} \tag{4-6}$$

其中，$Q_i(t)^{\min}$，$Q_i(t)^{\max}$ 分别为 t 时期 i 主体的最小、最大需水量；α_i 为各主体供水保障系数。

3）产能约束

$$E(t)^{\min} \leqslant \sum_{i=1}^{n}e_i(t)x_i(t) \leqslant E(t)^{\max} \tag{4-7}$$

其中，$E(t)^{\min}$，$E(t)^{\max}$ 分别为 t 时期能源产量最小、最大值。该约束条件用来稳定产业的增长速度。

4）各主体增长率上下限约束

$$r_i^{\min} \leqslant \frac{x_i(t+1) - x_i(t)}{x_i(t)} \leqslant r_i^{\max} \tag{4-8}$$

其中，$r_i^{\min}$，$r_i^{\max}$ 分别为第 i 主体规模不同水平年增长率控制水平。

5）污染控制约束

$$\sum_{i=1}^{n}w_i(t)x_i(t) \leqslant W_i^{\max}(t)$$

$$\sum_{i=1}^{n} g_i(t) x_i(t) \leqslant G_i^{\max}(t)$$

$$\sum_{i=1}^{n} s_i(t) x_i(t) \leqslant S_i^{\max}(t) \tag{4-9}$$

其中，$W_i^{\max}(t)$，$G_i^{\max}(t)$，$S_i^{\max}(t)$ 为 t 时期可持续发展环境容量可承载的废水、废气及固体废物量。

6）变量非负约束

$$x_i(t) \geqslant 0 \tag{4-10}$$

4.3　个体层刺激—反应规则演化学习过程的计算方法

4.3.1　多元回归算法

传统的多元回归分析能够综合多个自变量对因变量综合影响，因此可用多元回归算法描述主体变量受各种环境变量的影响程度。

设 X_1，X_2，$\cdots$，X_n 分别表示多个影响因变量变动的基本因素，建立多元线性回归模型为

$$Y = B_0 + B_1 X_1 + B_2 X_2 + \cdots + B_n X_n \tag{4-11}$$

其中，B_1，B_2，$\cdots$，B_n 为待估参数，参数估计方法采用最小二乘法。

1. 基于最小二乘法的参数估计

设观察值与估计值的残差为 E，则

$$E = Y - \hat{Y} \tag{4-12}$$

其中，$\hat{Y} = XB$。 \hfill (4-13)

根据最小平方法要求，有

$$\min E^T E = \min (Y - \hat{Y})^T (Y - \hat{Y}) = \min (Y - XB)^T (Y - XB)$$

由极值原理，根据矩阵求导法则，对 B 求导，并令其等于零，则得

$$\frac{\partial E E^T}{\partial B} = \frac{\partial (Y - XB)^T (Y - XB)}{\partial B}$$

$$= \frac{\partial (Y^T Y - 2Y^T XB + B^T X^T XB)}{\partial B}$$

$$= -2(Y^T X)^T + 2(X^T X)B = 0$$

整理得回归参数向量 B 的估计值为

$$\hat{B} = (X^T X)^{-1} X^T Y \tag{4-14}$$

2. 回归模型的检验

1）复相关系数检验

第一步，计算复相关系数，即

$$R = \frac{\sqrt{\sum (\hat{y}_i - \bar{y})^2}}{\sqrt{\sum (y_i - \bar{y})^2}} \qquad (4\text{-}15)$$

其中，y_i 为观测值；$\hat{y}_i$ 为回归值；$\bar{y}$ 为平均值。

第二步，根据回归模型的自由度 $n-p$ 和给定的显著性水平 α 值，得相关系数临界值 $R_a(n-p)$。

第三步，判断。若 $|R| \geqslant R_a(n-p)$，表明变量之间线性关系显著，检验通过。若 $|R| < R_a(n-p)$，表明变量之间线性关系不显著，检验不通过。

2）R^2 检验

复可决系数 R^2 是检验多元线性回归模型拟合优度的度量指标，R^2 越接近 1，表示拟合得越好；反之，则拟合得不好，必须调整自变量，删去一些或更换一些，重新进行拟合。

3）F 检验

第一步，计算统计量 F 的值。

$$F = \frac{\sum (\hat{y}_i - \bar{y})^2 / p}{\sum (y_i - \hat{y}_i)^2 / (n-p-1)} \qquad (4\text{-}16)$$

第二步，对给定的显著性水平 α 值，得临界值 $F_a(p, n-p-1)$。

第三步，判断。若 $F > F_a(p, n-p-1)$，则认为回归方程有显著意义；反之，则认为回归方程不显著。

4）t 检验

第一步，计算估计标准误差，即

$$S_y = \sqrt{\frac{\sum (y_i - \hat{y}_i)^2}{n-p-1}} \qquad (4\text{-}17)$$

第二步，计算样本标准差，即

$$S_{b_i} = \sqrt{c_{ii}} S_y \qquad (4\text{-}18)$$

其中，c_{ii} 为矩阵 $(X^{\mathrm{T}} X)^{-1}$ 主对角线上的第 i 个元素。

第三步，计算 t 统计量，即

$$t_i = \frac{\hat{b}_i}{S_{b_i}} \qquad (4\text{-}19)$$

第四步，根据回归模型的自由度 $n-p$ 和给定的显著性水平 α 值，得

$t_{a/2}(n-p)$。

第五步，判断。若$|t_j| \geqslant t_{a/2}(n-p)$，则回归系数$\hat{b}_j$与零有显著差异，必须保留对应变量$x_j$在原回归方程中，否则应重新建立回归方程。

4.3.2　带时间序列的多元回归算法

时间序列预测法的特点是影响变量变化的各种因素，综合反映在变量随时间变化的数据中，它以时间序列为依据，分析数据的动态发展趋势或变动规律，建立数学模型并据以预测，而传统多元回归分析则是只考虑同一时间阶段的多个因素与因变量的关系。

在考察个体应对环境的刺激—反应规则时，经常有部分环境变量长期对主体有刺激的情况，因此可采用带时间序列的多元回归算法，即将相邻的连续几年中每年的特定因素数据均作为对本年度影响的变量来考虑，建立如下模型：

$$Y = b_0 + b_1 x_{1t} + \cdots + b_{n+1} x_{1(t-n)} + c_1 x_{2t} + \cdots + c_{n+1} x_{2(t-n)} + \cdots \quad (4\text{-}20)$$

其中，$x_{1t} \sim x_{1(t-n)}$为当年到前n年的某影响因素的历史数据；$b_1 \sim b_{n+1}$，$c_1 \sim c_{n+1}$为回归系数；x_1，x_2，…为影响因素；$t \sim t-n$为当年到前n年的时间序列。

4.3.3　灰色关联神经网络模型

人工神经网络方法是20世纪80年代后期迅速发展的人工智能技术，由大量简单的基本元件——神经元相互联结，是模拟人的大脑神经处理信息的方式、进行信息并行处理和非线性转换的复杂网络系统。神经网络模型的特点是：各层神经元仅与相邻神经元之间有连接；各层内神经网络之间无任何连接；各层神经元之间无反馈连接。通过调整BP神经网络中的连接权值及网络的规模，可以以任意精度逼近任何非线性函数。在确定BP网络的结构后，通过对输入输出样本集进行训练对网络的权值和阈值进行学习和调整，以使网络实现给定的输入输出映射关系。通过找出输入与输出之间的内在联系求取问题的解，而不是完全依据对问题的经验知识和规则，因而具有自适应功能。

灰色系统理论是以"部分信息已知，部分信息未知"的"小样本数据""信息贫"和不确定系统为研究对象[281]，进行分析、建模、求解、预测的一门横断面大、渗透性强的新兴学科。利用差分方程与微分方程之间的互换实现了通过离散的数据序列建立连续的动态微分方程的想法[282]，因此，即便是在关系随机分布、变量关系未知的少量历史数据中，也能得到较高的预测精度，辨识残差。近几十年来，在各学科领域都得到广泛应用，前景广阔。

灰色理论中的灰色关联分析是研究系统影响因子间的不确定性关联，对系统动态过程发展态势进行量化分析，计算系统中各影响因素关联程度，描绘因素间灰关联顺序的一种方法。通过比较关联度，找出影响系统发展结果的主要因子[283]。灰色关联与神经网络相结合，能解决 BP 神经网络输入变量的优化问题，应用灰色关联分析，选取变量时可以尽量全面、广泛，从而避免输入变量的主观筛选，增强 BP 网络的适应能力，使之更能有效地应用于个体的刺激—反应规则的建模。

1. 基于灰色关联的输入层确定

1) 经过均值化的参数序列和比较序列

为了方便将不同量纲和数量级的影响因子进行比较，需对原始数据进行无量纲化的均值处理，记 $\eta_0(i)$（$i=1, 2, \cdots, n$）为标准输出序列，即参数序列；$\eta_k(i)$（$k=1, 2, \cdots, m$；$i=1, 2, \cdots, n$）为 m 个影响因子的标准输入序列，即比较序列。

2) 求出关联系数

记原始数据序列 $X_0(i)$ 和 $X_k(i)$ 在 $i=r$ 点的关联系数为

$$\delta_{0k}(r) = \frac{\min\limits_{k}\min\limits_{r}\{|\ \eta_0(r) - \eta_k(r)\ |\} + \varphi \max\limits_{k}\max\limits_{r}\{|\ \eta_0(r) - \eta_k(r)\ |\}}{\{|\ \eta_0(r) - \eta_k(r)\ |\} + \varphi \max\limits_{k}\max\limits_{r}\{|\ \eta_0(r) - \eta_k(r)\ |\}}$$

(4-21)

其中，$r=1, 2, \cdots, n$；φ 为分辨系数，是为削弱最大绝对差值太大而失真的影响，提高关联系数间的差异显著性，$0 < \varphi < 1$，此分辨系数越小表明分辨率越大，通常取 0.5。

3) 计算关联度

各比较序列的关联度 ξ_k：

$$\xi_k = \frac{1}{n}\sum_{r=1}^{n}\delta_{0k}(r)$$

(4-22)

4) 选择比较

在 m 个影响因子中选取关联度 $\xi_k > 0.6$ 的因子，作为关键影响因子，作为神经网络的输入变量。

2. 隐含层的确定

隐含层神经元个数[284]可按式（4-23）进行试凑，从而确定网络的总均方误差最小时对应的隐节点数。

$$s = \sqrt{t + l} + c \qquad \cdot$$

(4-23)

其中，s 为隐层节点数；t 为输入层节点数；l 为输出层节点数；c 为 1 至 10 之间的常数。

3. 基于附加动量法的权值调整

附加动量法又称冲量法，是通过增加一个阻尼项来减少学习过程中的振荡。该方法是在反向传播的基础上在每一权值的变化上加上一项正比于上次权值变化量的值，并根据反向传播来更新权值的变化，不仅考虑误差在梯度上的作用，而且可以降低网络对于误差曲面局部细节的敏感性，滑过可能存在的局部极小值，有效抑制网络限于局部极小，这种方法保证了网络训练的稳定性[285]。第 k 次循环中的权值的调节公式为

$$\Delta W_{ij}(k+1) = (1-\alpha)\eta\delta_i + \alpha\eta\Delta W_{ij}(k) \tag{4-24}$$

$$\alpha = \begin{cases} 0, & E(k) > 0.14 \times E(k-1) \\ 0.95, & E(k) < E(k-1) \\ \alpha, & 其他 \end{cases} \tag{4-25}$$

其中，k 为训练次数；α 为动量因子，$0 \leqslant \alpha \leqslant 1$，一般取 0.95 左右；$\delta_i$ 为节点误差；η 为学习速率。

4. 基于自适应学习速率的调整

局部学习率的自适应调整较传统的全局学习率调整，可最大限度地保证网络总是以最大的学习速率进行训练，提高神经网络的稳定性，缩短学习时间，使得学习速率随着误差曲面的梯度而变化，有效避免局部极小值的出现[286]，其调整公式如下：

$$\eta(k+1) = \begin{cases} 1.05\eta(k), & E(k+1) < E(k) \\ 0.7\eta(k), & E(k+1) > 1.04 \times E(k) \\ \eta(k), & 其他 \end{cases} \tag{4-26}$$

4.4　整体层算法——基于 RWTS 的自适应并行遗传算法

4.4.1　基本遗传算法

1. 遗传算法的基本原理

遗传算法是在 20 世纪 70 年代初期由美国密执根大学的霍兰教授发展起来的，是一种模拟生物界自然选择和自然遗传机制的随机搜索算法。

自然界的生物自有生命起，就开始漫长的生物进化历程。生物进化的原因有各种不同的解释，其中被人们广泛接受的就是达尔文的生物进化论。按照达尔文

的进化论，生物种群从低级、简单的类型逐渐发展成为高级、复杂的类型。各种生物要生存下去就必须进行生存斗争，包括同一种群内部的斗争、不同种群之间的斗争，以及生物与自然界无机环境之间的斗争。具有较强生存能力的生物个体容易存活下来，并有较多的机会产生后代；具有较低生存能力的个体则被淘汰，或者产生后代的机会越来越少，直至消亡。达尔文总结认为生物进化发展主要有三个因素，就是遗传、变异和选择。

遗传是指子代和父代相似，它是生物进化的基础。遗传性是一切生物所共有的特性，正是这种遗传性，使得生物能够把它的特性、性状遗传给后代，在后代中保持相似性。

变异是指子代和父代有某些不相似的特性，即子代永远不会和父代完全一样。变异是生物个体之间相互区别的基础。变异为生物的进化和发展创造了条件。

选择是指保留和淘汰的意思。选择决定生物进化的方向。选择分为人工选择和自然选择。人工选择是指在人为条件下，把对人有利的生物个体保留下来，对人不利的生物个体淘汰掉。自然选择是指生物在自然界的生存环境中，适者生存，不适者被淘汰掉。巨大的自然力以及生物的竞争等都是选择的力量。世界上所有的形形色色的生物，都是在自然选择的影响下，在悠久的岁月中形成的。

因此，生物就是在遗传、变异和选择三种因素的作用下，不断地向前发展。遗传巩固和发展选择的结果，变异为选择提供依据，选择是通过遗传和变异发挥作用，并控制变异和遗传的方向，使变异和遗传朝着适应生存环境的方向发展，这样，生物就会从简单到复杂、从低级到高级不断地向前进化和发展。

2. 基本遗传算法的特点

1）基本遗传算法的优势

（1）遗传算法具有自组织和自适应性。应用遗传算法求解问题时，在编码方案、适应度函数及遗传算子确定后，算法将利用进化过程中获得的信息自行组织搜索。基于自然选择、适者生存的策略，适应度大的个体具有较高的生存概率，从而产生更适应环境的后代。自然选择消除了算法设计过程中的一个最大障碍，即需要事先描述问题的全部特点，并要说明针对问题的不同特点算法应采取的措施。因此，可以利用遗传算法来解决那些复杂的非结构化问题。

（2）遗传算法在搜索过程中使用的是基于目标函数值的评价信息，这个特点使其成为具有良好普适性和可规模化的优化方法。

（3）遗传算法具有显著的隐式并行性，由于遗传算法采用种群的方式组织搜索，因而可同时搜索解空间内的多个区域，并相互交流信息。

（4）遗传算法在形式上简单明了，不仅同求解问题的其他启发式算法有较好的兼容性，而且非常适合于大规模并行计算机运算，因此可以有效地用于解决复杂的适应性系统模拟和优化问题。

（5）遗传算法具有很强的鲁棒性，即在存在噪声的情况下，对同一问题的遗传算法的多次求解中得到的结果是相似的。遗传算法的鲁棒性在大量的应用实例中得到了充分的验证。

（6）遗传算法的搜索过程是从一群初始点开始搜索，而不是从单一的初始点开始搜索，这种机制意味着搜索过程可以有效地跳出局部极值点。

（7）遗传算法使用概率搜索技术，属于一种自适应搜索技术，其选择、交叉、变异等运算都是以概率方式进行的，从而增加了搜索的灵活性。

2）基本遗传算法的不足

（1）早熟现象。早熟现象是指在遗传算法的循环过程中，适应度较高个体急剧增加，使得种群失去了多样性，尚未成熟就提前收敛于局部最优解，停止进化过程。主要表现为种群中所有的个体都陷于同一极值点附近而停止进化，或接近最优解的个体总是被淘汰，使进化过程不收敛。

（2）局部寻优能力较差。当遗传算法搜索到最优解附近时，很难对最优解进行精确定位，即遗传算法对局部空间的搜索能力不具备微调能力。

（3）参数选择缺乏标准。遗传算法有关控制参数如交叉、变异算子概率、种群规模等的选择是个比较棘手的问题，目前还无理论上的指导依据，往往靠实验或经验来确定，这给遗传算法的推广带来一定的不便。

为了克服遗传算法存在的收敛速度慢、易陷入局部极值点等缺陷，提高遗传算法的性能和运行效率，本书采用基于 RWTS 的自适应并行遗传算法来求解水资源承载力。

4.4.2　基于 RWTS 的自适应并行遗传算法

遗传算法在进行计算时有三个基本的操作：编码、选择、交叉和变异，本书从这三个方面对传统遗传算法做了改进。

1. 实数编码

传统简单遗传算法通常采用二进制编码，在计算时需要频繁地编码和解码，而且只能产生离散点阵，同时二进制编码还可能产生额外的最优点[287]。而水资源承载力模型中需要进行遗传算法优化的变量为连续性的实数变量，如果采用二进制编码将会产生的巨大的计算量。基于上述原因，在本系统的模型中采用实数编码，利用如下线性变换[288]：

$$x(j) = a(j) + y(j)(b(j) - a(j)) \quad (j = 1, 2, \cdots, p)$$

把初始变化区间为 $[a(j), b(j)]$ 区间的第 j 个的变量 $x(j)$ 转化为 $[0, 1]$ 区

间上的实数 $y(j)$。经过这种实数编码，所有变量的取值范围都统一为 $[0,1]$ 区间，下面描述的算法中将直接对经过转化后的变量的基因型进行各种遗传操作。

2. RWTS 选择法

选择是用来从种群确定要进行重组或交叉的个体以及被选择的个体将产生的子代个体数目。在进行选择时，首先要对种群中所有个体的适应度进行计算，然后，根据适应度对个体进行选择。常见的选择方法有：轮盘赌选择法（roulette wheel selection）、锦标赛选择法（tournament selection）、随机遍历抽样选择法（stochastic universal sampling）、局部选择法（local selection）、截断选择法（truncation selection）等。

轮盘赌选择法中个体的适应度比例转化为选择的概率，适应度越高被选中的概率就越大，然后通过产生在 $[0,1]$ 区间内的随机数来决定选择哪个个体。整个选择过程与博彩游戏中的轮盘赌类似，因此把这种选择方法称为轮盘赌选择法。随机遍历抽样选择法同轮盘赌法一样，依据个体的适应度大小确定他们被选中的概率，X 为需要选择的个体数目，第一个被选择的个体的位置根据随机产生的大小在 $[0,1/X]$ 区间内的数决定，然后以 $1/X$ 为长度距离选择个体。在局部选择法中，每个个体仅与其局部邻集中个体产生交配。生成邻集的方法为：首先可以随机均匀地从种群中选择一半个体进行交配，然后对被选个体定义局部邻集，在邻集内部选择交配个体。在截断选择法中首先按照适应度对个体进行排序，只有适应度高的个体才能作为下一代的亲代，通常选取适应度排在前 10%～50% 的个体作为亲代。在锦标赛选择法中，从种群中随机地挑选出一定数目的个体，然后这些被选中的个体去参加"比赛"，适应度相对较高的个体将会赢得"比赛"成为下一代个体的父代，然后不断重复进行"比赛"直到选择到足够父代个体，其竞赛规模为每次随机挑选的参加"比赛"的个体数目，其取值范围为 $[2,n]$。

上述方法可以分为两类：随机方法和人工方法。在遗传算法中直接使用上述方法，可能会出现一些问题。首先，当种群中的个别个体的适应度远远高于其他个体的适应度时，上述选择方法中的选择机制就有可能导致早熟现象。另一种情况，当种群中个体适应度非常接近时，个体被选作为父代个体的概率也相当，所以子个体的基因也不会发生很大的变化，这样搜索过程就和随机搜索一样，难以找到全局最优解，导致遗传代数增加计算时间变长[289]。Soak 等于 2004 年提出了真实世界锦标赛选择法[290-292]。实验表明，这种选择方法有效地提升了遗传算法的性能。Lee 等在 2007 年使用统计学的方法说明了真实世界锦标赛法相对于传统选择方法有更大的选择压力和较小的多样性损失（loss of diversity），同时具有更好的选择精准度（sampling accuracy）。

真实世界锦标赛法中，每一个个体都会随机地与其他一个种群中的个体匹配进行"比赛","比赛"中适应度较高的个体赢得"比赛"进入下一轮"比赛"，适应度较低的个体则被淘汰不会进入到下一轮的"比赛"中，这样的过程一直进行下去直到选择到足够的个体，如图4-2所示。方框上"勾号"表示给个体被选中。每轮"比赛"中如果最后的个体没有相应的"竞争者"，则随机地从参加本轮"比赛"的其他个体重随机地复制一个作为"竞争者"和它进行比较，如图4-3所示，虚线框表示个体是从同一轮的其他个体中随机选出的。

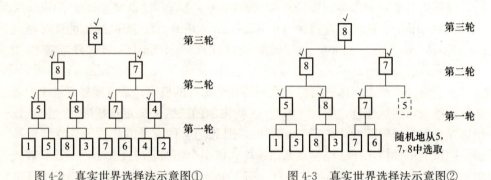

图 4-2　真实世界选择法示意图①　　　　图 4-3　真实世界选择法示意图②

3. 自适应的交叉、变异概率选择

遗传算法的遗传操作交叉和变异都是基于概率进行的，所以交叉概率 p_c 和变异概率 p_m 的选择影响遗传算法的行为、收敛性和性能。p_c 的取值越大，遗传算法就以更快的速度去产生新的个体。但是，p_c 取值过大，就会很快地打乱较高适应度的个体的基因结构；而 p_c 取值过小，遗传算法产生新个体的速度就会变慢从而使搜索速度变慢。对于变异概率 p_m，如果 p_m 取值过小，遗传算法就难以通过变异生新的个体；如果 p_m 取值过大，那么遗传算法就和随机搜索算法类似，会变得难以收敛。所以，在解决不同问题时常规的做法是通过反复地实验来确定 p_c 和 p_m 的取值，这是一件繁琐的工作，而且很难找到适应于每个问题的最佳交叉概率和突变概率的取值[293]。针对这个问题，Srinvivas 和 Patnaik 于 1994 年在他们发表的论文中提出了一种自适应遗传算法[294]。在该算法中 p_c 和 p_m 的取值会根据种群中个体适应度的分布状况而进行自动调整。当种群中的个体的适应度分布比较集中时，增大 p_c 和 p_m 的取值，这样就可以使遗传算法在一定的区域内加速搜索，达到加快收敛的目的；而种群个体适应度的分布比较离散时，算法会减小 p_c 和 p_m 的取值，这可以使算法在较大的范围内进行搜索而不会陷入局部极值点附近。在对整体的交叉和变异概率进行自动调整的同时，对于高于种群平均适应度的个体，在进行遗传操作时使用相对较小的 p_c 和 p_m 取值，这样可以使这些个体的基因（解）更容易进入下一代；而对于低于种群适应度平均水平的

个体，在进行遗传操作时则会使用相对较大的 p_c 和 p_m 取值，这就可以使这些不具有良好适应度的基因（解）更容易被淘汰。因此，在自适应遗传算法中能够根据个体适应度的情况提供相对较好的交叉和变异概率。

在自适应遗传算法中，p_c 和 p_m 如图 4-4 和图 4-5 所示，其遵循如下公式进行自适应调整

$$p_c = \begin{cases} \dfrac{k_1(f_{\max} - f')}{f_{\max} - f_{\mathrm{avg}}}, & f \geqslant f_{\mathrm{avg}} \\ k_2, & f < f_{\mathrm{avg}} \end{cases} \tag{4-27}$$

$$p_m = \begin{cases} \dfrac{k_3(f_{\max} - f')}{f_{\max} - f_{\mathrm{avg}}}, & f \geqslant f_{\mathrm{avg}} \\ k_4, & f < f_{\mathrm{avg}} \end{cases} \tag{4-28}$$

其中，$f_{\max}$ 为种群中最大的适应度；f_{avg} 为种群的平均适应度；f' 为要进行交叉变异两个体之中的较大适应度；f 为当前进行遗传操作的个体的适应度；k_1，k_2，k_3，k_4 由算法使用者进行设置，这 4 个值的取值空间为 $[0,1]$。

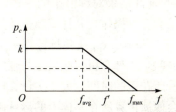

图 4-4　自适应交叉概率（$k=k_1=k_2$）

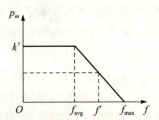

图 4-5　自适应变异概率（$k'=k_3=k_4$）

由式（4-27）、式（4-28）可以看出，当种群平均适应度高于当前个体适应度时，表明该个体的适应度不够好，在对它进行遗传操作时就使用相对较大的交叉和变异概率，这样可以使该个体更加容易地被淘汰；如果种群平均适应度值低于当前个体适应度值，说明该个体的适应度很好，在对它进行遗传操作时就使用相对较小的交叉和变异概率。所以，当种群适应度值都接近最大适应度值时，交叉率和变异率就变得越小，这对于进化后期的种群比较合适；但对于进化初期，初期种群中的具有较高适应度的个体不多，而此时的较高的适应度不一定是全局最优的适应度，这就有可能使遗传算法陷入局部最优点附近。为了解决这一问题，学者们对上述自适应交叉变异概率公式做了进一步改进。改进的方法是：使当前种群中具有最高适应度的个体的交叉和变异概率不为零，而是 p_{c2} 和 p_{m2}，这就使具有最高适应度的个体不会停止交叉和变异。改进后的 p_c 和 p_m 计算表达式如下：

$$p_c = \begin{cases} p_{c1} - \dfrac{(p_{c1} - p_{c2})(f' - f_{\mathrm{avg}})}{f_{\max} - f_{\mathrm{avg}}}, & f \geqslant f_{\mathrm{avg}} \\ p_{c1}, & f < f_{\mathrm{avg}} \end{cases} \tag{4-29}$$

$$p_m = \begin{cases} p_{m1} - \dfrac{(p_{m1} - p_{m2})(f_{max} - f')}{f_{max} - f_{avg}}, & f \geqslant f_{avg} \\ p_{m1}, & f < f_{avg} \end{cases} \tag{4-30}$$

其中，$p_{c1}=0.9$；$p_{c2}=0.6$；$p_{m1}=0.1$；$p_{m2}=0.001$。

4. 并行式计算

遗传算法中需要花费大量的时间进行适应度的计算，除此之外，每次进化会产生新一代种群，而每一代种群中又有若干个体，所以整个遗传算法的计算量很大。特别是当复杂的模型中有大量变量需要进行优化时，计算量也会随之增大。由于遗传算法的内在并行机制，研究者很自然地想到了研究并行遗传算法（parallel genetic algorithm，PLA）来提高遗传算法的运行速度。

并行遗传算法的实现方案在目前大体上可分为以下三类。

1）全局型——主从式模型（master-slave model）

在该模型中把并行系统分为一个主计算机和若干个辅助计算机。主计算机的任务是对整个种群进行监控，并根据全局种群的统计结果对种群中的个体进行选择；各辅助计算机则会对种群中的个体进行交叉和变异操作，并计算新个体的适应度，再把适应度计算结果传给主计算机。1992年，Abramson在并行计算机上实现了主从式并行遗传算法。主从式模型在进行计算时，主计算机要频繁地与辅助计算机进行通信，所以该并行模型只有在适应度评价所花费的时间远大于主计算机与辅助计算机之间的进行通信消耗时间的情况下才会使遗传算法在整体上的运算速度变快，否则通信时间大于计算耗时，反而对遗传算法的计算速度产生不好的影响。

2）独立型——粗粒度模型（coarse-grained model）

该模型在计算时会将整个种群分成若干个子种群，并把它们在各自对应的计算机上进行遗传操作，每个计算机独立进行选择、交叉和变异操作，并计算个体适应度。同时，为了加快算法的收敛速度，这些子种群会定期相互传送适应度最好的个体。粗粒模型也被称为孤岛模型（island model）或分布式遗传算法（distributed genetic algorithm）。Pettey等专家已经证明粗粒度模型是有效的。同时，实现该并行遗传算法模型不需要配置很高的并行计算式系统平台，甚至可以是松散的并行计算机系统，而且计算的效果很好。

3）分散型——细粒度模型（fine-grained model）

该模型也被称为邻域模型（neighborhood model），该模型为种群中的每个个体都分配了一个计算机（或处理器），每个个体的计算机（或处理器）只对自己的个体的适应度进行计算，而选择、交叉和变异这些遗传操作则在与之相邻的个体的计算机（或处理器）中进行。

水资源承载力的遗传算法是基于JGAP实现的基于粗粒度模型的并行遗传算

法。在该并行遗传算法中，参与计算的计算机分为三种：客户机（client）、服务器（server/master）和工作站（work）。在计算时，客户机把定义好的遗传算法问题发送给服务器，服务器把问题中的种群分割为易于处理的子种群并把这些子种群分发给各个工作站。工作站在接收到这些子种群之后会独立对这些种群进行遗传操作，在整个遗传算法完成之后把结果返回给服务器。服务器在得到各工作站传回来的计算结果之后进行整理，最后把整理后的计算结果发送给客户机。

在模型整体层根据本系统的需求对遗传算法和相应的程序进行改进之后，基于复杂自适应系统的水资源承载力模型的实现方案如图 4-6 所示。

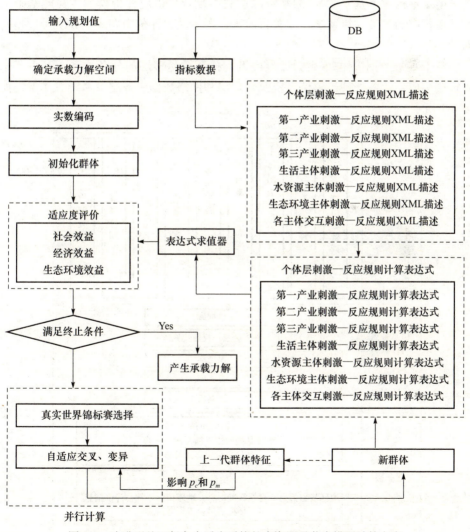

图 4-6　改进型基于复杂自适应系统的水资源承载力模型计算方案

第5章　基于 CAS 的水资源承载力决策支持系统框架与技术架构

5.1　系统架构

第4章构建了基于 CAS 的水资源承载力复合自适应评价模型，在此基础上可开发相应的决策支持系统，改善目前水资源承载力评价中有效性和实用性差的问题。

基于 CAS 的水资源承载力评价决策支持系统是多层的分布式系统，由三个逻辑层构成：业务处理层、信息资源管理层和网络数据服务层。系统总体架构如图 5-1 所示。

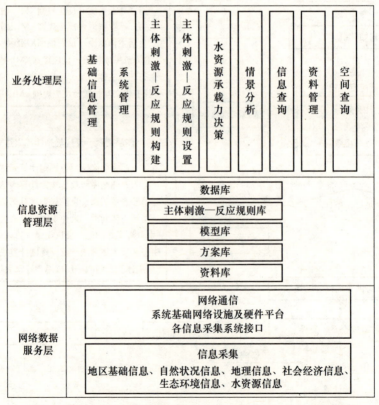

图 5-1　基于 CAS 的水资源承载力评价决策支持系统总体架构图

业务处理层作为整个决策支持系统的核心，功能包括基础信息管理、系统管理、主体刺激—反应规则构建、主体刺激—反应规则设置、水资源承载力决策、情景分析、信息查询、资料管理和空间查询。

信息资源管理层是平台的后台运行部分，主要包括数据库、主体刺激—反应规则库、方案库、模型库、资料库等。

网络数据服务层提供系统运行的支持平台，主要包括网络通信层和信息采集层。

5.2　系统功能模块

5.2.1　系统总体功能结构

系统总体功能结构如图 5-2 所示。主要有九大功能模块：基础信息管理、系统管理、主体刺激—反应规则构建、主体刺激—反应规则设置、水资源承载力决策、情景分析、信息查询、资料管理和空间查询。

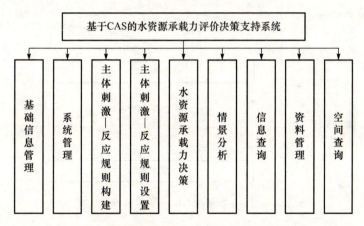

图 5-2　水资源承载力评价决策支持系统功能结构图

5.2.2　基础信息管理

1. 总体目标

该模块可实现指标管理、数据管理和地区信息管理功能。

2. 具体要求

（1）该模块包括 6 个二级模块："指标管理""数据录入""数据修改""数据校核""数据审核"和"地区信息管理"，不同权限用户进行相应权限功能的操作。

（2）二级模块"指标管理"可实现本系统相关模型涉及指标的增、删、改功能。

（3）为保证数据的权威性，数据录入采用三级校核流程，如图 5-3 所示。其中"数据录入员"角色用户录入数据，具有数据录入、对未校核数据进行修改和删除的功能；"数据校核员"角色用户对录入员录入的数据进行校核；"数据审核员"角色用户对"数据校核员"已校核数据再审核，只有通过审核的数据才是有效数据，否则无效。审核以后的数据不允许再被修改。

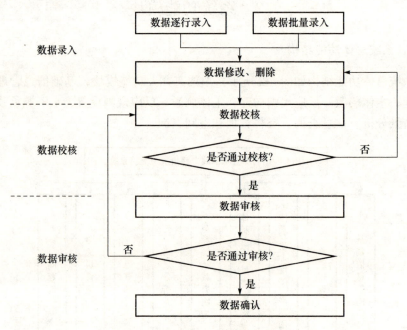

图 5-3　数据录入的三级校核流程

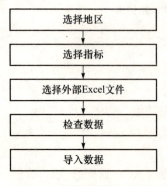

图 5-4　数据批量导入流程

（4）数据录入有两种方式：数据逐行录入和数据批量录入，数据逐行录入可通过录入界面录入数据，数据批量导入提供把规定格式的 Excel 表中的数据直接导入数据库的功能。数据录入的角色只能为"数据录入员"。

（5）数据批量录入的功能是把外部数据批量导入数据库中，其采用导航操作方式，流程如图 5-4 所示。导入文件后缀为 xls 的 Microsoft Office Excel 97/2003 文件，应包含两列数据，第一列为指标年份，第二列为其对应指标值，首行为标题。

（6）选择 Excel 文件后，Excel 中的数据应出现在页面数据表格中，可检查相应数据是否为需要导入数据库中的数据。

（7）系统应有"检查数据"功能，其作用为检查数据的有效性，检查是否有重复年份数据及数据的合法性。

（8）系统应有重新导入功能，其作用为清除前一步的操作结果，重新导入数据。

（9）数据修改可让数据录入员对未通过校核的数据进行修改或删除操作。

（10）地区信息管理的功能主要为根据登录用户具备的区域管理权限进行区域管理，主要是对数据库中各地区的坐标、区域名称、区域行政编码等的维护。

5.2.3　系统管理

1. 总体目标

主要实现用户管理功能，包括用户的增加、删除和用户信息的修改，还包括各种操作权限的设置。

2. 具体要求

（1）有 3 个二级功能，分别为"用户基本信息管理""角色权限管理"和"用户权限配置"。

（2）二级功能"用户基本信息管理"实现"新增用户""修改用户"和"删除用户"的功能。

（3）用户具有角色，而角色对应着权限，二级功能"角色权限管理"建立各种角色所应具有的权限。本功能可按不同的需求创建角色，主要包括"新增角色""修改角色"和"删除角色"功能。

（4）用户角色一般有：管理员、数据录入员、数据校核员、数据审核员、决策员，其中管理员主要进行系统管理，数据录入员主要进行基础指标数据的录入，数据校核员对数据录入员录入的数据进行校核，数据审核员再对校核过的数据进行审核，决策员的功能是进行水资源承载力决策工作。

（5）用户级别有：国家级、省级、地区级、市（县）级之分。

（6）只有"管理员"用户才能进行本模块的操作。

（7）"用户权限配置"功能完成对每一个角色权限的配置，如数据录入员的角色具有数据逐行录入、数据批量录入和数据修改的权限，则在进行权限配置时勾选这三项功能，实际操作时，该角色就不会有其他的功能。

5.2.4　主体刺激—反应规则构建

1. 总体目标

该模块根据基于 CAS 的水资源承载力相关模型在界面上用图形方式表示出

生活用水主体、第一产业主体、第二产业主体、第三产业主体的自适应刺激—反应规则和各主体的交互刺激—反应规则。

2. 具体要求

（1）采用图形表示方式，相互关系用有向线段表示。
（2）能实现图形指标节点的增加、删除。
（3）能实现指标相互关系的表示、修改、删除。
（4）有 5 个二级功能，分别为"生活用水主体的刺激—反应规则构建""第一产业主体的刺激—反应规则构建""第二产业主体的刺激—反应规则构建""第三产业主体的刺激—反应规则构建"和"各主体交互刺激—反应规则构建"。
（5）供水主体、生态环境主体的刺激—反应模型在"各主体的交互刺激—反应规则构建"模块中构建。
（6）"生活用水主体的刺激—反应规则构建""第一产业主体的刺激—反应规则构建""第二产业主体的刺激—反应规则构建""第三产业主体的刺激—反应规则构建"相关模块中的三级模块"新建规则"实现各地区生活用水主体、第一产业主体、第二产业主体、第三产业主体的自适应刺激—反应规则的初次设计。其相关流程如图 5-5 所示。

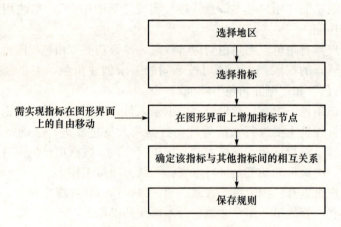

图 5-5　主体刺激—反应规则构建总体流程

（7）"各主体交互刺激—反应规则构建"的"新建规则"模块的流程如图 5-6 所示，其先选择生活用水主体的刺激—反应规则、第一产业主体的刺激—反应规则、第二产业主体的刺激—反应规则、第三产业主体的刺激—反应规则，目的是要把分开的各主体自适应刺激—反应规则联系起来形成一个整体。
（8）新建规则时，每个模块有必须包含的标准指标，在程序中固定。"生活

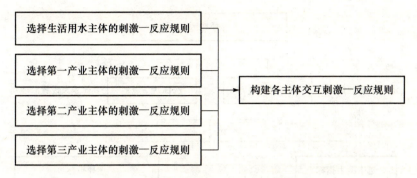

图 5-6　新建主体刺激—反应规则构建流程

用水主体的刺激—反应规则设置"的固定指标包括城镇生活需水量（czshxsl）、农村生活需水量（ncshxsl）和生活需水量（shxsl）。

"第一产业主体的刺激—反应规则构建"的固定指标包括农业灌溉需水量（ggxsl）、牧业需水量（myxsl）、渔业需水量（yyxsl）和第一产业需水量（dycyxsl）指标。

"第二产业主体的刺激—反应规则构建"的固定指标包括工业需水量（gyxsl）、建筑业需水量（jzyxsl）和第二产业需水量（decyxsl）指标。

"第三产业主体的刺激—反应规则构建"的固定指标包括第三产业需水量（scxsl）指标。

"各主体的交互刺激—反应规则构建"的固定指标包括生活需水量、第一产业需水量、第二产业需水量、第三产业需水量、生态环境需水量（stxsl）、总需水量（zxsl）、总供水量（zgsl）、水资源总量（szyzl）、水资源利用率（szylyl）、用水紧张度（ysjzd）指标。

（9）三级模块"修改规则"可实现对已有规则的修改，包括对操作者自建的规则和其他专家创建的可共享规则的修改，其流程如图 5-7 所示。

（10）保存规则时要与操作者关联，同时询问是否"共享"。

5.2.5　主体刺激—反应规则设置

1. 总体目标

实现对构建的刺激—反应模型中指标间具体关系的设置。相关关系可通过算法自动计算，也可通过界面输入函数关系式。

2. 具体要求

（1）有 5 个二级功能，分别为"生活用水主体的刺激—反应规则设置""第一产业主体的刺激—反应规则设置""第二产业主体的刺激—反应规则设置""第

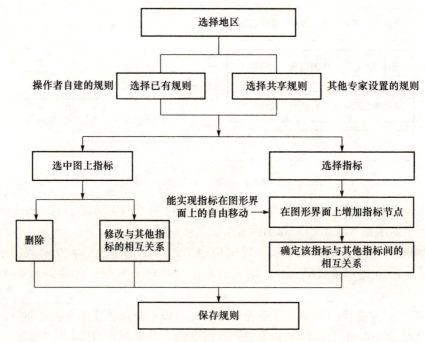

图 5-7　主体刺激—反应规则修改流程

三产业主体的刺激—反应规则设置"和"各主体交互刺激—反应规则设置"。

（2）规则的设置在图形界面上操作，可实现设置和修改功能。流程如图 5-8 所示。

（3）系统提供多元回归算法、带时间序列的多元回归算法、灰色关联神经网络算法、自定义函数功能。对带时间序列的多元回归算法，需要输入时间设置；如设置规则时选择"自定义函数"功能，可人工输入相关指标间的函数关系式，并能进行修改。

5.2.6　水资源承载力决策

1. 总体目标

对已构建的水资源承载力模型采用基于 CAS 的水资源承载力计算算法进行计算得到相应的承载力计算结果，其流程如图 5-9 所示。

2. 具体要求

（1）有 5 个二级功能，分别为"输入规划约束方案""适应度评价指标确定""决策变量选择""约束条件输入"和"承载力计算"功能。

（2）对于"输入规划约束方案"二级模块，其功能是输入、修改决策变量的

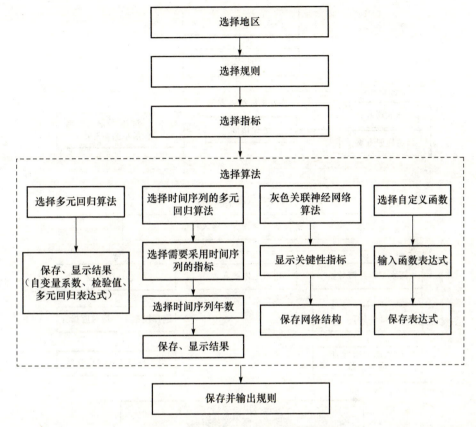

图 5-8   主体刺激—反应规则设置流程

发展规划和上、下约束值。

（3）对于"适应度评价指标确定"二级模块，其功能是选择进行承载力计算时要考虑的目标，包括用水主体经济效益最大原则、用水主体社会效益原则、生态环境效益原则，其中用水主体社会效益原则（缺水量最小原则）默认必选。

（4）如果在"适应度评价指标确定"二级模块中选择"用水主体经济效益最大原则"，需要进行用水主体经济效益输入。

（5）如果在"适应度评价指标确定"二级模块中选择"生态环境效益"指标，该指标需要确认模型中对应的生态环境指标，并输入相应指标的参数。

（6）二级模块"决策变量选择"的功能为选择本次承载力计算需要决策的相关指标。

（7）二级模块"约束条件输入"的功能包括硬约束条件输入和软约束条件的输入，硬约束条件是指必须满足的条件，软约束条件是指尽量满足的目标。

（8）二级模块"承载力计算"包括两方面：可计算在规划情况下的需水量，

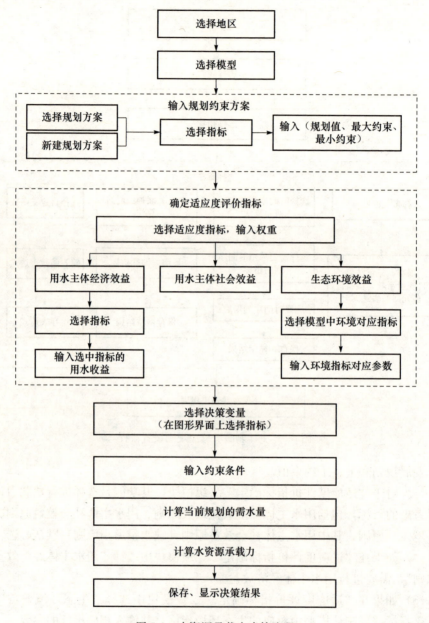

图 5-9　水资源承载力决策流程

对现有规划有一个初步概念，主要功能为进行承载力的计算，计算模型为两层自适应的复合计算模型。

（9）二级模块"决策结果显示"主要功能为显示承载力计算结果，并可和相应规划进行比较。

5.2.7　情景分析

1. 总体目标

设置不同的方案，计算不同的承载力结果。这些仿真方案包括四大功能：产业结构调整、节水水平调整、供水能力调整，最后还可进行多方案组合调整。

2. 具体要求

（1）有 4 个二级功能，分别为"产业结构调整""节水水平调整""供水能力调整""自定义调整"。

（2）二级功能以"产业结构调整"为例，其流程如图 5-10 所示。"节水水平调整""供水能力调整""自定义调整"的流程同图 5-10 类似。

（3）三级功能"产业结构调整时相关指标规划约束输入"主要输入影响产业结构调整决策的相关变量的规划约束值。

（4）三级功能"产业结构调整时决策变量选择"主要是确定产业结构调整的目标变量，如可调整三次产业结构、某产业中的结构（如第一产业中的种植结构等）。

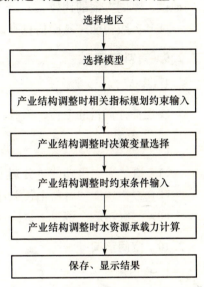

图 5-10　产业结构调整时水资源承载力计算流程

（5）三级功能"产业结构调整时约束条件输入"主要是输入相应的约束条件。

（6）三级功能"产业结构调整时水资源承载力计算"主要是在前面调整的基础上计算产业结构调整时水资源承载力。

5.2.8　信息查询

1. 总体目标

查询系统相关信息，包括查询基础信息、模型信息、决策信息等。

2. 具体要求

（1）有 5 个二级功能，分别为"主体刺激—反应规则查询""规划约束方案查询""情景方案查询""水资源承载力决策结果查询"和"基础信息查询"。

（2）二级功能"主体刺激—反应规则查询"可查询自己创建的规则和其他专家共享的规则。

（3）二级功能"规划约束方案查询"可查询自己建立的规划约束方案。

（4）二级功能"情景方案查询"可查询自己建立的情景方案。

（5）二级功能"水资源承载力决策结果查询"可实现 3 个三级功能："按地区查询决策结果""按方案查询决策结果"和"决策结果组合查询"。其中，"按地区查询决策结果"可实现不同地区承载力水平的展现，"按方案查询决策结果"可实现同一地区不同决策方案下承载力的比较，"决策结果组合查询"可实现不同地区、不同方案的比较。

（6）二级功能"基础信息查询"可实现各项指标值历史数据的查询。

5.2.9　资料管理

1. 总体目标

实现各种资料的上传、下载功能，资料包括文档、图片等。

2. 具体要求

（1）有 2 个二级功能，分别为"资料上传"和"资料下载"。

（2）二级功能"资料上传"可实现资料的上传和删除。

（3）二级功能"资料下载"可实现资料的下载。

5.2.10　空间查询

1. 地图浏览

系统提供两种形式的放大、缩小操作。一种是点击放大按钮（或缩小按钮）后按照默认的倍数进行放大（缩小），另一种是在地图上拉出一个矩形框，按照矩形框的范围大小进行缩放。同时，系统能对多级数据自动无缝集成，利用比例尺对图层显示状态进行控制。例如，在用户进行交互式放大的过程中只有当比例尺大于或者小于某个特定的比例尺寸时才显示其特定数据。

2. 空间属性查询

本功能模块提供两种空间查询的方式，一种方式是直接在地图中各区域上展现该地区某一指标值的年度变化曲线图；另一种方式是用户在地图上某地区点击图元，系统弹出浮动窗体，用户可进行该地区的多指标以及自定义查询。

3. 空间定位

本功能是为方便用户通过输入或选择行政区域名称或流域名称等查询项对不同图层的信息进行查询。本功能采用的查询方式是通过查询输入框和指标项下拉选框进行组合查询。用户只需输入少量关键字，输入框就会通过 Google Suggest 的方式提示空间数据库中匹配的行政区域或流域的名称，指标项下拉选框的作用则是可以按照不同指标在地图中按照主题图的方式显示更加直观的信息。

5.3 基于 RIA 的水资源承载力评价决策支持系统技术框架

5.3.1 基于 Flex 的 RIA 技术可行性分析

1. RIA 技术可行性分析

1）RIA 的产生背景

2001 年因特网泡沫破灭成为因特网发展的一个转折点。当时 O'Reilly 的 D. Dougherty 和 MediaLive 的 C. Cline 在共同合作的头脑风暴会议上提出了 "Web 2.0" 的概念，与此相对应，之前的因特网模式可以被称为 Web 1.0。

Web 1.0 模式信息量过大，难于进行信息检索，只能依靠人工主动在众多的网站中寻找需要的信息，检索的结果还伴有很多不需要的垃圾信息，降低了信息共享效率，因此不能满足因特网用户的要求。

针对 Web 1.0 这种传统的中心化的信息共享方式的缺点，因特网出现了一些新的应用模式，产生了 Web 2.0 的概念。Web 2.0 倡导个性化，在其中，个人不是作为被动的客体而是作为一种主体参与到因特网中，个人在作为因特网的使用者之外，还成为了因特网主动的传播者和生产者。

由 Web 1.0 单纯通过网络浏览器浏览超文本标记语言（hyper text markup language，HTML）网页的模式，向内容丰富、联系性强、工具性强的 Web 2.0 因特网模式的转变已经成为因特网的发展趋势。这种转变，具体地说：从模式上，是由单纯地 "读" 转变为 "写" "共同建设"，由 "被动地接收因特网信息" 转变为 "主动创造因特网信息"；从基本构成单元上，是由 "网页" 转变为 "发表/记录的信息"；从工具上，是由简单的 "因特网浏览器" 转变为 "嵌入多媒体内容浏览器" "RSS①阅读器" 等；从架构上，是由 "client/server" 转变为 "web services"；从内容作者上，是由 "程序员" "网站编辑" 等专业人士转变为 "全部因特网用户"。

2）RIA 定义

与 Web 1.0 只能进行简单的浏览不同，在 Web 2.0 下，用户可以进行丰富的交互操作，从技术的角度上看，富因特网应用程序（rich internet application，RIA）技术的发展是 Web 2.0 模式的主要推动力量。

RIA 是集桌面应用程序的最佳用户界面功能与 Web 应用程序的普遍采用和快速、低成本部署以及互动多媒体通信的实时快捷于一体的新一代网络应用程

---

① RSS 是基于文本的格式，是可扩展标记语言的一种形式，可以是 rich site summary（丰富站点摘要）或 RDF site summary（RDF 站点摘要），也可以是 really simple syndication（真正简单聚合）。

序。RIA 中的富客户端（rich client）提供可承载已编译客户端应用程序的运行环境，客户端应用程序使用异步客户/服务器架构连接现有的后端应用服务器，其不仅展示页面，还可以在后台异步地对用户请求进行计算、传送和检索数据、重新绘制部分屏幕以及无缝集成声音和图像，是一种安全、可升级、具有良好适应性的新的面向服务模式。

3）RIA 的主要特点

（1）富客户端化的互联网应用。RIA 客户端介于 C/S 结构的"重客户端"与 B/S 结构的"瘦客户端"之间，其引擎虽然仍依赖 B/S 结构中的后台服务器业务处理能力，但它更多地负担起了快速响应客户端操作、页面生成渲染和客户端数据分析处理等工作，降低了向服务器端的请求频率，使得在相同硬件条件下，服务器释放的资源能够负担更多的并发控制。

（2）丰富的数据模型。RIA 技术提供了多种数据模型用于处理客户端复杂的数据操作，从而可以实现一个比基于 HTML 的响应速度更快、数据往返于服务器的次数更少、具有丰富交互性的用户界面。

（3）丰富的界面元素。RIA 界面的用户体验得到全面提升，HTML 只提供了非常有限的界面控制元素，而 RIA 提供了灵活多样的界面控制元素，这些控制元素可以很好地与 RIA 数据模型相结合。

（4）异步数据通信。RIA 不再局限于传统 Web 应用的数据同步模式，而是采用异步数据通信模式，该模式使得用户不需要在每次点击链接后忍受漫长的等待，在发送请求之后，用户仍然能够继续操作，甚至不会觉察到调用了远程服务。对用户来说，应用体验更加平滑，而对服务器和网络带宽来说，也降低了负载。

总体来说，本系统采用 GIS 开发平台，界面需要丰富的图形表达形式，需要进行大量的数据交互，采用 RIA 技术是可行且必要的。如系统需要的各种专题图，传统的 GIS 通常是由 GIS Server 进行处理，然后将处理结果生成一张图片，通过虚拟目录地址返回，当有数万个 Web 服务并发的时候服务器端肯定无法承受，然而基于 RIA 技术，需要的数据传回客户端，压力较大的渲染工作放到客户端交由 Flex 容器进行处理，这样就极为有效地减轻了服务器的压力，用户体验更佳，视觉效果更好。又如对于各主体的刺激—反应规则构建，几百个变量指标在页面上布局、拖曳，只有采用 RIA 技术才能快速实现。

2. 主流 RIA 技术

1）Flex

Flex 最初由 Macromedia 公司在 2004 年 3 月发布，是基于其专有的 Macromedia Flash 平台的一系列技术组合，目的是解决传统的程序员动画开发应用方面的困难。2005 年 Adobe 收购 Macromedia，同年 10 月推出 Adobe Flex 2.0 Alpha，2006 年 6 月 28 日 Flex 2.0 正式版推出。

Macromedia Flex 是一套完整、强大的 RIA 开发解决方案，采用基于组件的开发框架，交付的程序可由 Flash Player 运行。Flex 将基于标准的语言和各种可扩展用户界面及数据访问组件结合起来，使开发人员能够快速构建具有丰富数据演示、强大客户端逻辑和集成多媒体的应用程序。

Flex 的特点以及优势包括以下几点。

（1）可以确保在 Flex 支持的所有操作系统中，应用程序在执行阶段产生一致的效果。

（2）可以将应用 Web 技术和设计模式开发的应用程序直接移植到桌面上，而不需要了解每个操作系统复杂的底层应用程序编程接口（application programming interface，API）。

（3）基于标准的体系结构。Flex 中设计的 MXML［Macromedia 公司创造的一种可扩展标记语言（extensible markup language，XML）］符合 XML 标准，ActionScript 可以面向对象编程。

（4）通用的部署环境。Flex 可以在多种硬件平台上方便地进行部署、跨平台操作，采用逐步下载来检索内容和数据以及可以充分利用 Internet 标准，特别是可以在标准的 J2EE 平台上或 Servlet 容器中执行。

（5）在不刷新页面的情况下，提供迅速界面响应，有效地减少服务器负载和网络带宽的占用。

（6）具有很强的扩展性，既可以调用多种中间层服务以及后端数据存储服务，也可以以 Web Services 形式提供动态高效的前端应用。

（7）可以为用户提供高度互动的界面，无缝地利用声音、视像、图像和文本。

（8）组件设计实现方式多样化，有利于功能的扩展与系统集成；通过引入数据模型等机制，可以减弱系统软件的聚合度，有效地平衡服务器与客户端应用的负载，体现出模型—视图—控制器（model-view-controller，MVC）设计模式的优势。

2）AJAX

AJAX 是 Asynchronous JavaScript and XML 的简称，即异步 JavaScript 和 XML，是一种新的 Web 应用程序开发模型，其由 Adaptive Path 的 J. J. Garret 最早创造，J. J. Garret 在他的文章 "AJAX: A New Approach to Web Application" 中，讨论了如何消除胖客户端（或桌面）与瘦客户端（或 Web）应用之间的界限，并提出使用 "XMLHttpRequest" 对象来执行异步通信，至此，"AJAX" 这个词开始广泛地传播开来。

AJAX 其实并不是一种全新的技术，而是多种其他相关技术的综合，包括

Javascript、可扩展超文本标记语言（extensible hyper text markup language，XHTML）和层叠样式表单（cascading style sheets，CSS）、文件对象模型（document object model，DOM）、XML 和可扩展的样式表语言转换（extensible stylesheet language transformation，XSTL）、XMLHttpRequest，其中：使用 XHTML 和 CSS 标准化呈现，使用 DOM 实现动态显示和交互，使用 XML 和 XSTL 进行数据交换与处理，使用 XMLHttpRequest 对象进行异步数据读取，使用 Javascript 绑定和处理所有数据，采用客户端脚本与服务器端交换数据，因而不必采用会中断交互的完整页面刷新，就可以动态地更新 Web 页面。

AJAX 的工作原理相当于在用户和服务器之间加了一个中间层，使用户操作与服务器响应异步化。在 AJAX 的客户端中，并不是所有的用户请求都提交给服务器，像一些数据验证和数据处理等都交给 AJAX 引擎自己来执行，只有确定需要从服务器读取新数据时再由 AJAX 引擎代为向服务器提交请求。在传统的 Web 应用中，客户端发出请求之后，将一直等待服务器端处理完并发送回响应之后才能继续发送请求；而在 AJAX 的客户端中，在发送的请求被服务器端处理的同时，客户端可以继续发送新的请求，即客户端不需要阻塞在这里等待服务器端完成处理。这种异步化的通信方式大大提高了客户端的用户体验。

3）SilverLight

SilverLight 是微软公司 2007 年推出的 RIA 开发平台，简单来说就是一个浏览器插件，它通过安装插件提供下一代媒体体验和丰富的用户交互框架，具备跨浏览器（IE，Firefox，Chrome，Safari 等）、跨平台（Windows，Mac，Linux 等）等特性。SilverLight 最初称为 WPF/E（WPF Everywhere），是微软公司基于 Windows Vista 的用户界面框架（Windows presentation foundation，WPF）的子集，后者是随 .NET Framework 3.0 推出的展示层开发框架技术，被广泛应用于 Windows Vista，Windows 7 等操作系统界面的开发。2007 年 4 月微软将其定名为 SilverLight，作为微软 RIA 策略的主要应用程序开发平台之一，同时也是微软用户经验（user experience，UX）策略中的一环，也是微软试图将美术设计和程序开发人员的工作明确切分与协同合作发展应用程序的尝试之一。

创建 SilverLight 技术的目的是使其能够在各种平台上运行。该技术支持创建丰富的、具有绚丽视觉效果的交互式体验，能够开发出具有专业图形、音频和视频的 Web 应用程序，增强了用户体验，所以 SilverLight 吸引了设计人员和开发人员的眼球。同时，SilverLight 还提供灵活的编程模型，支持 JavaScript、.NET 和其他的语言，并集成到现有的 Web 应用程序中，提高了他们的工作效率。

4）JavaFX

JavaFX 是由 Sun 公司提供的用于进行 RIA 开发的工具，它包括 JavaFX 脚本语言与 JavaFX Mobile。通常所说的 JavaFX 指的就是 JavaFX 脚本语言，

JavaFX 脚本语言是一种声明式、静态类型的脚本语言，它能够使内容开发者建立 RIA 应用程序并在 Java 环境中完成内容部署，能够直接调用平台上的 JavaA-PI，其优势在于：JavaFX 脚本语言适宜在脱离了编程工具的环境中编写，其语言相当简短，具有结构化代码、重用性和封装性，这些特性使得使用 Java 技术创建和管理大型程序成为可能。

Sun 公司推出 JavaFX 的最大目的是给 Java 程序员一个相对熟悉的语境，能高效率地开发程序的用户界面（user interface，UI）。除了在 Web、桌面、手机上可以使用 JavaFX 程序外，由于现在主流的蓝光 DVD 播放器、数字电视的标准里面的中间件也是由 Java 程序编写的，所以 JavaFX 有希望在更多的平台上进行应用。

3. Flex 技术的可行性分析

RIA 技术的主要特征是将各种脚本下载到客户端的浏览器中，让浏览器去解释执行这些脚本，从而充分利用客户端机器资源，执行部分计算任务，提高用户体验，降低服务器端的压力。

在具体设计过程中，本系统采用 Flex 技术来进行开发。

（1）在用户体验方面，Flex 可以无缝集成到桌面和网络。

SilverLight 提供和 Flex 类似的丰富用户体验，但只支持少数几个浏览器，不同类型的浏览器对 JavaScript 脚本的解释可能会存在差异，由于系统的用户类型具有多样性，因此无法保证使用相同类型的浏览器。而 Flex 和 JavaFX 可以无缝集成到桌面和网络，它与浏览器类型无关。

（2）在 UI 丰富程度方面，Flex 更胜一筹。

AJAX 使用 CSS 控制外观，但是缺乏风格和感觉的概念，并且在浏览器和桌面之间的互动能力有限；Flex 和 SilverLight 对主题、互动等提供了强大的支持，并且提供了标准的组件，在这些方面 Flex 更胜一筹；JavaFX 提供了对外观和风格的支持，在浏览器和桌面之间可以无缝接合，但是对个性化和主题开发缺乏工具的支持。

（3）在程序兼容性方面，全世界有 98% 的浏览器支持 Flash 播放。

判断一个程序好坏的一个很重要的标准就是兼容性。一个程序开发出来，即使在功能上很出色，但对运行环境要求很苛刻，这无疑会对程序的实施、运行带来诸多不便，会使系统的实施、维护费用大大提高。

SilverLight 只有少数浏览器适用；Flex 的兼容性良好，能很好地实现跨平台、跨浏览器运行，只要客户端浏览器上安装 Flash Player 就可以。根据 Adobe 公司的数据，在全世界有 98% 的浏览器安装了 Flash Player，这就为 Flex 程序的兼容性打下了良好的基础。所以使用 Flex 不但能够提供良好用户的体验和节约开发成本，还能大大提高程序的兼容性，大大降低系统实施和维护成本。越来越多的智能手机将会支持 Flash 播放，以后在掌上设备上访问系统也是没有问题的。

（4）在对开发的支持方面，Flex 有完美的设计工具可以加快开发进度。

AJAX 有许多开发工具，但是针对不同的平台；SilverLight 可以用 . NET 开发，但是缺乏开源的工具；JavaFX 缺乏图形制作工具，但是提供了后端编程工具和脚本语言；而 Flex 有完美的设计工具可以加快开发进度。

（5）在加载时间方面，Flex 可以立即启动。

SilverLight 需要加载链接库和资源文件，加载时间较长；JavaFX 为浏览器和桌面提供启动支持，但是它的一个明显的缺点是启动进程包含很多的步骤并且依旧很慢；AJAX 和 Flex 的明显优势是可以立即启动的，且 Flex 的启动屏幕可以定制。

（6）在与 GIS 集成方面，GIS 应用公司推出的 Flex API 有利于 Flex 的应用。

目前，很多 GIS 应用公司推出了各自的 Flex API，其具有开放的 DBMS 支持，ArcSDE 允许开发者在多种数据库管理系统（database management system，DBMS）中管理地理信息：Oracle、Oracle with Spatial or Locator、Microsoft SQL Server、Informix 以及 IBM DB2；多用户 ArcSDE 为用户提供大型空间数据库支持，并且支持多用户编辑，直至 DBMS 的上限。

综上所述，Flex 技术无论从市场占有率或者是技术的成熟度来说都要远优于其他技术，因此，本书采用 Flex 技术开发系统。

5.3.2　基于 Flex/MVC/REST 的水资源承载力技术架构可行性分析

1. MVC 架构概述

MVC 设计模式源于 Smalltalk-80 语言，早期它主要用于设计用户界面，由于使用该模式设计的界面具有多窗口、交互式等特点，在 20 世纪 80 年代初期被许多系统采纳，如 Macintosh 和 Windows。随着软件设计模式的出现和完善，以及面向对象技术的成熟，MVC 设计模式逐渐成为一种较完善的面向对象设计模式，它所应用的范围也不再局限于界面设计。

MVC 模式的关键是实现了表示、控制和数据的分离。图 5-11 显示了 MVC 设计模式的三个组成部分：模型（model）、试图（view）和控制器（controller）。

1）视图

视图表现用户界面，包括用户提交的表单信息以及所获得的返回结果信息。在基于 Web 的应用系统中，视图元素通过浏览器展示给用户，这些视图元素可能是一个 List 控件、一个 DataGrid 控件，也可能是一个 Panel 面板，里面包括了按钮、输入新的表单或其他任何种类的组件，所有这些可视化的界面部分都被归于 View 部件中。

MVC 一个大的好处是它能处理很多不同的视图，它可以访问模型的数据，

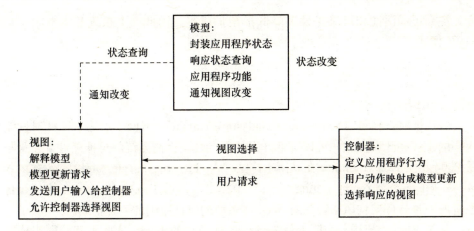

图 5-11　MVC 框架组成部分

却不需了解模型的情况，同时也不需了解控制器的情况。当模型发生改变时，视图会得到通知，它可以访问模型的数据，但不能改变这些数据。一个模型可以由多个视图关联，而一个视图理论上也可以同不同的模型关联起来。视图把表示模型数据及逻辑关系和状态的信息以特定形式展示给用户，它从模型获得显示信息，对于相同的信息可以有多个不同的显示形式或视图，显示从模型中提取的数据。

2）模型

主要通过封装应用程序状态来处理业务逻辑和数据访问，即业务流程和业务规则都属于模型部分，它负责装载数据和数据的行为。模型接受视图的请求数据，然后将处理的结果返回给视图。在 MVC 中，模型是应用的核心，它封装了业务数据、逻辑和功能的计算关系，包含完成任务所需要的所有行为、数据以及对象的状态等，维护数据并提供数据访问方法。被模型返回的数据是中立的，就是说模型与数据格式无关，这样一个模型能为多个视图提供数据。应用于模型的代码只需写一次就可以被多个视图重用，所以减少了代码的重复性。

3）控制器

控制器接受用户的输入并调用模型和视图去完成用户的需求。所以当单击Web 页面中的超链接和发送 HTML 表单时，控制器本身不输出任何东西和做任何处理，它只是接收请求并决定调用哪个模型构件去处理请求，然后确定用哪个视图来显示模型处理返回的数据。

总之，MVC 的处理过程为，首先控制器接收用户的请求，并决定应该调用哪个模型来进行处理，然后模型用业务逻辑来处理用户的请求并返回数据，最后控制器用相应的视图格式化模型返回的数据，并通过表示层呈现给用户。

MVC 设计模式被证明是有效的处理方法之一，它将模型、视图和控制器三部分分离，采用该设计模式，简化了应用程序的设计，降低了各部分之间的耦合，提高了灵活性和可维护性，降低了维护成本。因此，本系统基本框架采用 MVC 模式。

2. REST 架构概述

1）REST 概述

表述性状态转移（representational state transfer，REST）是一种针对网络应用的设计和开发方式，可以降低开发的复杂性，提高系统的可伸缩性。它最早是 2000 年由 R. T. Fielding 在其博士论文"Architectural styles and the design of network-based software architectures"中提出，是适于现代 Web 分布式超媒体系统的一种软件架构风格，是对 Web 体系结构设计原则的一种描述。

基于 Web 的架构，实际上就是各种各样规范的集合，这些规范共同组成了 Web 架构，如超文本传输（hypertext transfer protocol，HTTP）协议、客户端服务器模式等。REST 不是一个协议，它是结合了一系列的规范而形成的一种新的基于 Web 的架构风格。

REST 从资源的角度来观察整个网络，分布在各处的资源由通用资源标志符（universal resource identifier，URI）确定，客户端的应用通过 URI 来获取资源的表现形式，从而转变其状态，随着不断获取资源的表现形式，客户端应用在不断地转变着其状态。

REST 是一种轻量级的 Web Service 架构风格，其实现和操作明显比简单对象访问协议（simple object access protocol，SOAP）和 XML 远程调用方法（XML remote procedure call，XML-RPC）更为简洁，可以完全通过 HTTP 协议实现，还可以利用缓存 Cache 来提高响应速度，性能、效率和易用性上都优于 SOAP 协议。

2）REST 的设计准则

REST 架构是针对 Web 应用而设计的，其主要目的是降低开发的复杂性，提高系统的可伸缩性。REST 有如下设计准则。

（1）网络上的所有事物都被抽象为资源。REST 是一种面向资源的架构，这里的资源是数据和表现形式的组合，如数据上可能有重叠或者完全相同，但如果它们的表现形式不同，就要被归为不同的资源。

（2）每个资源对应一个唯一的资源标识符。资源需要能够被用户访问，它必须至少有一个 URI，URI 既是资源的名称也是资源的地址。

（3）通过通用的连接器接口对资源进行操作。任何对资源的操作行为都是只要通过 HTTP 协议就可以实现。

（4）要给不同的需求提供不同的资源描述。

（5）对资源的各种操作不会改变资源标识符。REST 式架构中，资源和 URI

是一一对应的，执行这些操作的时候 URI 始终没有变化，这使得 URI 可以被设计成更为直观地反映资源的结构，这种 URI 的设计被称为 RESTful 的 URI。

3. 基于 Flex/MVC/REST 的系统技术架构可行性分析

1）传统 MVC 的不足

如果本系统按照传统 MVC 方法进行设计，会存在以下明显不足。

（1）本系统是采用 Flex 技术开发的 RIA，其优点之一即为充分利用客户端的资源，减少服务器负担。如果采用传统模式，以 Servlet 为控制层，通过 Servlet 基于请求转发或响应重定向的传统交互方式根本无法体现 Flex 作为富客户端中的高度封装的 AJAX 技术具有的异步通信的流畅性的优点。相反地，后台服务器因通过非异步通信方式处理大量的业务逻辑，频繁的交互方式增加了后端模型层持久化的复杂维度。

（2）Flex 向 Servlet 提交请求必须使用 HTTPService 对象实现交互，本系统复杂的决策功能若采用传统方式，系统数量众多的 Servlet 控制层对象无法满足现有系统的异步的并发的且数据量大的多模型运算需求。

（3）本决策支持系统与后端交互的对象，除了传统的按值传递和列表结构的数据类型外，还有高度封装的业务对象、模型层持久化对象、自定义规则的XML 对象，传统的 HTTP 请求中的 Get/Post 方式无法实现现有复杂类型数据的序列化过程。

2）Flex 技术能与 MVC 有效结合

Flex 应用程序框架由 MXML（基于 XML 的语言）、ActionScript（ECMA脚本语言）及 Flex 类库三部分组成。

（1）MXML（Flex 标记语言）。MXML 是 Flex 基于 XML 的标记语言，主要用来设置 Flex 的用户界面，其比 HTML 有更强的结构、更少的语法歧义，同时引入了更丰富的标签集。例如，MXML 既包含了一些可视组件如 Tree、Data Grid、Accordions 和 Menu，也包含 Web Service 连接、数据绑定、动画效果等不可视的组件，同时用户可以通过定制组件来扩展 MXML 标签，创建自己的组件。

另外，MXML 可将表示与业务逻辑彻底分开，以实现最大限度地提高开发人员的生产率及应用程序的重复使用率。

所以，MVC 框架中的视图层可采用 Flex 的 MXML 开发，能够实现丰富的用户体验。

（2）ActionScript 3.0。ActionScript 是一种类似 JavaScript 和 ECMA 规范的面向对象的脚本语言，语法与 Javascript、Java 或者 C# 等面向对象的语言非常相似，是一种完全面向对象的语言，该语言包括内置对象和函数，允许开发人员创建自定义的对象和函数，提供控制和操作对象的能力。

ActionScript 还有一个很好的特性，即它可以携带任意的数据。在 MVC 架构中，业务逻辑和界面是分开的，所以势必要求消息能够把界面上的数据携带到处理界面事件的业务逻辑中，而 ActionScript 事件的数据携带特性满足了这个要求。

所以，MVC 控制层中的部分功能可以用 Flex 的 ActionScript 开发，实现 Flex 与 MVC 的对接。

（3）Flex 的类库。Flex 的类库中既包含控制和容器等可见的组件，也包括了远程服务对象和数据模型等不可见组件。MXML 与 ActionScript 都具备访问 Flex 类库的能力，在开发中可混合使用。

总体而言，系统利用 MXML 定义 MVC 的视图层，用 MXML 和 ActionScript 编写 Flex 应用程序，利用 ActionScript 定义客户端逻辑及程序控制，即定义 MVC 的控制层，将 Flex 类库中包含的大量的组件、管理器及行为等作为辅助，来完成整个开发的进程。

3）REST 能与 ArcGIS、Flex 有效结合

ESRI 公司在 2008 年年底推出 ArcGIS 9.3 版本时同时发布了 ArcGIS Server REST API，提供了 REST 风格的开发接口，它是面向 ArcGIS Server 发布的简单开放接口，REST 暴露的所有资源和操作都可以通过对应的 GIS 服务的端点或统一资源定位器获得，因此，本决策支持系统在 GIS 服务中采用 REST 开发框架是可能和有效的。

由于 ArcGIS Server REST 已经将地理信息系统中如地图展示、图层信息访问、空间几何查询、高级分析功能等基础和核心功能全部进行了封装，并以 Web 服务的方式提供给客户端，所以 REST 将表现层与模型层实现完全解耦，这样可以很容易与 Flex 这类客户端技术结合，因此，在本系统的地图服务的视图层中采用 Flex 技术时不必关注 GIS 功能的实现，只需专心于人机交互和用户 UI 设计。

4）MVC 与 REST 的混合设计

从软件架构上说，到现在为止，MVC 仍然是 Web 开发最普遍的软件架构模型。首先，MVC 设计模式由于具有分离业务逻辑与表现层、提高代码可重用性以及松耦合等优点，目前依然是 Web 系统开发中最普遍的模式，绝大多数的公司和开发人员开发 Web 应用也都优先采取该类型架构，并且其思维方式也停留于此。更重要的是，REST 的思维方式是把所有用户需求都抽象为资源，而这在实际开发中是比较难做到的，虽然可以借助软件实现资源的抽象，但并不是所有的需求都能被抽象为资源，导致了不是整个系统的结构都能按照 REST 来设计。

所以在本系统中混用 REST 和 MVC，对比较容易就能够抽象为资源的 GIS 需求采取 REST 的开发模式，而对其他需求采取 MVC 开发，这样混合使用可以更快更好地构建系统。

5.3.3　基于 Flex/MVC/REST 的水资源承载力决策支持系统技术架构

1. 系统总体架构

本系统架构图如图 5-12 所示。

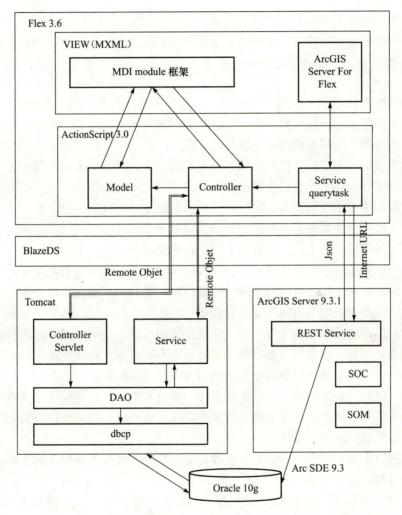

图 5-12　Flex 与 ArcGIS Server 结合的可视化决策技术架构图

系统以 Flex 技术开发客户端，采用支持 REST 架构的 ArcGIS Server 9.3 替代传统的 WebGIS，Flex 使用 ArcGIS REST API 来调用服务器端 ArcGIS 资源。

1）视图层

系统采用 Flex 作为基于 CAS 的水资源承载力评价决策支持系统的表现层技术与 ArcGIS 相结合，将众多的特征信息查询、专题图以及决策模拟的结果结合丰富的客户端效果加以展示。表现层的 Flex 平台通过基于 REST 技术的方式访问 ArcGIS Server 服务器，获取地图资源，然后通过加入的第三方组件 ArcGIS API For Flex 对地图资源进行操作，表现层同时又通过 BlazeDS 技术完成与数据层的交互。

2）控制层

本系统将简单业务的控制层前移至 Flex 业务端，即采用 ActionScript 3.0 面向对象语言绑定数据集合、分发捕获事件、封装业务对象、控制事物流和数据初始化处理。

3）业务层

要体现 RIA 系统的富客户端概念，就必须实现客户端承载业务逻辑。为此，本系统业务层采用分层架构方案，将业务分别布置在客户端和服务器端，实现客户端系统和服务器端系统的独立设计和实现。

业务层的业务逻辑在分层时满足以下原则：客户端业务逻辑和服务器端业务逻辑的并集等于整个系统的业务逻辑，且将两者之间的交集最小化，从而避免业务的重复和系统出现紧耦合。同时，还应满足以下四条规则。

（1）以安全性为分界对逻辑进行分层。对于系统中涉及安全性的业务逻辑，划分到服务器端（如系统用户验证，用户权限验证等）。

（2）以系统的能力作为分界。根据客户端和服务器端的能力对系统业务进行划分。例如，对于用户数据有效性的验证可以由客户端系统完成，与文件数据操作相关的业务逻辑由服务器端系统完成等。

（3）以性能需求作为分界。对于计算量大而且要求响应时间可以较长的逻辑划分到服务器端，这是因为客户端的系统性能不适合繁重的业务逻辑。对于计算量小且响应时间要求比较短的业务逻辑划分到客户端逻辑。

（4）以并发性作为分界。涉及并发性、保持数据一致性等问题的业务逻辑划分到服务器端。例如，在实现同时对某一资源的访问时，如果把资源响应到客户端将会导致数据的不一致性。

根据以上四点原则，系统的业务逻辑分为两个清晰而且不相交的集合。

4）模型层

模型层采用 BlazeDS 架构的 AMF① 远程对象交互方式，通过在 Flex 的 model 端封装对象标注 RemoteClass 的 Annotation 标签，与服务器端简单 Java 对象（plain ordinary Java objects，POJO）建立无缝的序列化绑定。

5）过程

系统附加了 J2EE 应用服务器来提供非 GIS 的数据与服务，使得其他应用的

---

① AMF 为 Adobe 开发的一种消息交换协议，全称为 advanced message format。

业务数据和服务可以融入 WebGIS 系统中，在 Flex 平台中得到集成展现。这样也扩展了记忆 Flex 和 REST 的 WebGIS 的应用范围和功能。GIS 的数据服务可以由 Flex 与 ArcGIS Server 交互获得，ArcGIS Server 则是从文件格式和 geodatabase 中获取 GIS 数据，而其他不便抽象成资源的数据与操作可以由 Flex 与 JavaEE 服务器交互获得，JavaEE 通过从 Oracle 10g 交互获得数据；而且通过 Flex 的事件机制，在 Flex 平台中可以互相引发事件从而使数据绑定更新。

地图服务层由 ArcGIS Server 实现。ArcGIS Server 由两个部件组成：GIS 服务器和管理器与 ArcCatalog 管理员，GIS 服务器用于托管 GIS 资源并将它们作为服务呈现给客户端应用程序；ArcGIS Server 管理员可以使用管理器或 ArcCatalog 将 GIS 资源作为服务进行发布，管理器是一个 Web 应用程序，它支持将 GIS 资源作为服务发布、管理 GIS 服务器以及在服务器上创建 Web 应用程序。

2. 基于 DAO 的数据库访问技术

本系统采用基于数据访问对象（data access object，DAO）的数据库访问技术，其结构如图 5-13 所示，优势如下。

图 5-13　DAO 模式

（1）DAO 模式完全抽象用户请求的数据所在数据源，业务层（Service 层）访问数据源的时候完全感觉不到数据源的存在。

（2）所有的数据访问都由 DAO 代理，这样，DAO 模式可将数据访问集中在独立的一层，使数据访问与系统的其余部分剥离，使得系统更具可维护性。

（3）DAO 管理着复杂的数据访问，从而简化了业务层（Service 层）。所有与数据访问的实现有关的代码都不用写在业务层（Service 层）里，业务层（Service 层）可以集中精力处理业务逻辑，提高了代码的可读性和生产率。

（4）DAO 还有助于提升系统的可移植性。独立的 DAO 层使得系统能在不同的数据库之间轻易切换，底层的数据库实现对于业务层（Service 层）来说是不可见的，数据移植的时候影响的仅仅是 DAO 层，切换不用的数据库并不会影响业务层（Service 层），提高了系统的可复用性。

3. 基于 PROXOOL 的数据库连接池技术

1) 数据库连接池应用的必要性

在使用 Java 数据库连接（Java date base connectivity，JDBC）进行与数据库有关的应用开发中，过多的数据库连接或数据库连接管理混乱所造成的服务器资源开销过大成为制约应用的瓶颈。对数据库连接的管理能显著影响到整个应用程序的伸缩性和健壮性，影响到程序的性能指标。数据库连接池正是针对这个问题提出来的。采用数据库连接池技术在效率和稳定性上比采用传统的连接模式要优化很多。

一般情况下，传统的模式基本按以下步骤：首先，在主程序中创建数据库连接；然后，进行 SQL 操作；最后，断开数据库连接。使用这种模式开发，存在很多问题：我们要为每一次客户请求建立一个数据库连接，对于 Web 应用来讲，如果短时间之内的并发访问的连接数很多，那么对于服务器的系统开销是相当大的，这很可能会影响服务器的访问速度。

针对以上问题，可以使用连接池技术对数据库的连接进行管理和控制。如图 5-14 所示，展示了采用了连接池技术对数据库进行管理和控制的流程图。

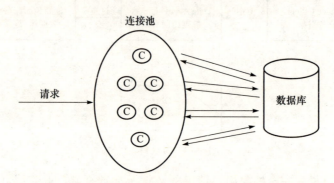

图 5-14　采用连接池技术对数据库进行管理和控制的流程图

2) 数据库连接池的设计原理

决策支持数据库连接池负责分配、管理和释放数据库连接，它最大的优点是允许决策模型程序重复使用现有的数据库连接，而不需要总是创建新的连接。

本系统的数据库连接池核心设计原理如下。

（1）决策支持数据库连接池在初始化时创建一定数量的数据库连接放到连接池中，这里的"一定数量"是指连接池的最小连接数，无论这些数据库连接是否被应用程序所使用，连接池都将一直保证至少有这么多的连接处于连接池中。

（2）当应用程序向数据库连接池发送连接请求时，只要连接池中有处于空闲状态的连接，就可以直接取出来使用。如果超过最小连接数了，连接池会创建新的连接，这些大于最小连接数的数据库连接在使用完不会马上被释放，它将被放到连接池中等待重复使用或是空闲超时后被释放。

（3）当决策模型程序向决策支持数据库连接池请求的连接已经超过了最大连接数时，这些请求将被加入等待队列中，直到前面有使用完的连接被放回到连接池里，处于空闲状态，才可以继续使用这些连接。

（4）当数据库连接的空闲时间超过最大空闲时间，则由连接池来彻底释放这些连接，以此来避免因为没有释放而引起的数据库连接遗漏。这项技术能明显提高对数据库操作的性能。

3）连接池的最小连接数和最大连接数设置时要考虑的因素

在设置连接池的最小连接数和最大连接数时要考虑到下列因素。

（1）最小连接数是连接池一直保持的数据库连接数，如果设置过大，而应用程序对数据库连接的使用量很小，那么将会有较多的数据库连接资源被浪费；如果设置过小，远小于日常的访问量，那么连接池将要频繁地创建新连接，浪费服务器资源。

（2）最大连接数是连接池能容纳连接的最大数目，如果设置过小，而数据库连接请求数经常超过这个数目，那么将会经常有请求被加入等待队列中，这会影响整个应用系统的访问效率；如果设置过大，超过服务器内存的负荷，反而可能导致服务器宕机。

第6章　以用户为中心的基于 CAS 的水资源承载力决策支持系统实现

6.1　以用户为中心设计的基本理论

6.1.1　以用户为中心设计的概念

以用户为中心的设计是由美国著名的认知心理学家、工业设计师和计算机工程师 D. A. 诺曼（D. A. Norman）提出的设计理论，该理论认为：设计应当以用户需求和利益为根本，以产品的易用性和可理解性为侧重点[295]。诺曼在他的诸多著作中都论述和提倡这一观点，这些著作包括：*Direct Manipulation Interfaces*（1985 年）；*User Centered System Design：New Perspectives on Human-Computer Interaction*（1986 年）；*The Design of Everyday Things*（1988 年），中译本《设计心理学》（2003 年）；*Turn Signals are the Facial Expressions of Automobiles*（1992 年）；*Things that Make Us Smart*（1992 年）；*The Invisible Computer*（1999 年）；*Emotional Design*（2003 年），中译本《情感化设计》（2006 年）；*The Design of Future Things*（2007 年），中译本《未来产品的设计》（2009 年）。在《设计心理学》一书中，他认为每一个用户都是一个"复杂的、开放的巨系统"，用户的知识不仅存在于他们的大脑中，还储存在外部世界，所以在设计产品时要注意用户、产品之间的联系。他还在书中指出，所谓的用户行为不仅仅是指可见的用户动作，还应包括用户的心理活动和思维过程，在进行产品设计时应从用户的需求和感受出发，围绕用户设计产品，而不是让用户去适应产品，需要从用户的使用习惯、预期交互方式、视觉感受等方面去考虑产品的使用流程、产品的信息构架和人机交互。其主要内容有以下四个方面。

（1）利用各类限制性因素确保用户能清楚地认识到系统（产品）中可行的操作和不可行的操作。

（2）注重产品的可视性，这其中包括以可视化的方式显示系统的概念模式、可供用户选择的操作和相应操作的结果。

（3）及时对用户的操作进行反馈，以便用户能够顺利地评估当前系统的状态。

（4）建立自然匹配。这包括在用户的意图和所需操作之间、操作与操作的结果之间、系统可见信息与对系统的真实状态之间建立起自然匹配的关系。

6.1.2　以用户为中心的心理学基础

以用户为中心的设计思想在研究用户时主要关注两个方面的问题：用户是怎样处理信息的和用户的行为是怎样产生的。这就需要了解认知心理学方面的知识。认知心理学的研究对象是人类认知和行为及其背后之心智处理过程，包括思维、决定、推理、动机和情感。它的主要研究内容是：人类是如何从外界获取信息，然后这些获取的信息又是怎样转化为储存在大脑之中的知识的，最后这些知识又是以什么样的方式和原理对人类行为产生影响。认知心理学产生于 20 世纪 50 年代至 60 年代，1956 年 Chomsky 提出了语言理论，Newell 和 Simon 提出了"通用问题解决者"模型，这两项心理学研究成果体现了当时认知心理学的信息加工观点。1967 年，U. Neisser 的新书中出现了"认知心理学"这一名词，这也是"认知心理学"第一次出现在正式出版物当中。由唐纳德·布罗德完成的《知觉与传播》则被认为是为认知心理学的建立奠定了重要基础，此后认知心理研究的重点便是由唐纳德·布罗德在这本书中指出的认知的信息处理模式，在他的影响下，认知心理学理论经常谈到输入、输出和处理等概念。在 20 世纪 60 年代到 70 年代，由于计算机科学和人工智能及其他相关领域的研究取得很大的进步，认知心理学得到了巨大的发展。如今，认知心理学已发展为一个跨学科领域的认知科学，它结合了一系列不同研究方向的、关于心智处理的知识和研究[296]。

以用户为中心设计的心理学基础可以分为：行动的七阶段分析、人类头脑中的知识与外界知识、错误行为分析和心理模式四个方面。

1. 行动的七阶段及分析方法

人们在日常生活中进行活动、使用各种产品在本质上就是人类自身在和外部环境进行交互。人们要去做一件事，首先要明确行动目标，即要通过做这件事达到的目标；然后行动或利用其他人的帮助或使用工具完成行动；最后，根据行动的结果评价行动的目标达到与否。行动过程中，需要分析以下四个要素：行动目标、采取的行动、外部世界和外部世界因行动而产生的变化。行动包括行动的方式和观察行动的结果两个方面，也就是"执行"和"评估"。可以通俗地把这些行为的过程划分为以下阶段：确定目标、采取行动、评估行动结果，然而这种划分并不能十分清晰地描述人类的行为，根据诺曼在《设计心理学》中的论述，可以把人类的行为更为科学地划分为七个阶段。第一阶段，确定目标。第二阶段，确定意图。目标与意图并不相同，他们之间的区别在于：目标并不会明确地表明行动的具体，而意图则可以明确到要达到这个目标所要采取的具体动作。例如，在房间里看书，觉得有点冷了，想要更暖和一些，这时目标是"需要更多的温暖"，这个目标并没有具体的行动内容，而根据这个目标而产生的意图可以是："穿更多的衣服"或者是"打开空调"。第三阶段，确定行动的具体内容。第四阶段，执行行动的具体内容。第五阶段，观察和感知外部世界。第六阶段，根据观察结果解释外部世界的状况。第七阶段，评估行动结果。其过程如图6-1所示。

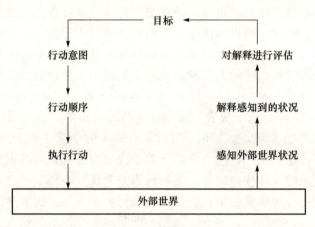

图 6-1　行动的七阶段

值得注意的是，人类在进行活动的时候并不是严格按照这几个阶段来进行的。例如，有时候人类的行动并没有明确的目标，仅仅是根据外环境变化而产生的反应。换句话说：人类的行为可从这七阶段的任一阶段开始，所以这一理论有助于我们更好地分析用户的行为，但是它却并不能解释所有的用户行为。

当把这一理论中的"外部世界"这一概念具体到计算机系统，就可以把它应用到人机交互领域去指导软件系统及决策支持系统的"设计"。同时，人类进行的行为在这七个阶段中也不是完美的。在这些过程中存在着两大鸿沟，首先是执行阶段的鸿沟，这是指用户的意图和用户能在系统进行的操作之间的差距；还有就是评估阶段的鸿沟，这是指系统所提供的表示系统状态的信息和用户期望看到的系统状态之间的差距。在设计的过程中要尽量缩小和填平这两类鸿沟。行动的七阶段分析可以作为设计的辅助工具帮助设计者评估设计是否已经填平了上述两类鸿沟。在分析中通常可以提出如下问题：

（1）用户可能使用哪些操作去完成他们的意图？

（2）如何把正确的匹配关系建立在操作意图和操作行为之间？

（3）系统允许用户使用的具体操作方式？

（4）如何把系统的状态反馈给用户，以便用户判断系统的状态是否为期望状态？

（5）如何把正确的匹配关系建立在用户解释和系统状态之间？

2. 人类头脑中的知识与外界知识

通常情况下，人们并不需要将复杂操作所需要的全部知识完全存储在大脑中才可以准确地完成这些操作。形成这一现象的主要原因有以下几方面。

(1) 有的信息或知识是储存在外部世界中的。例如，用户在操作软件时，并不需要记住软件的每个菜单和细节，而只需知道描述菜单功能的文字或图表的意思即可知道每个菜单的功能，从而顺利地完成操作。

(2) 在进行有些操作的时候无需具备高度精确知识。在有些场景中，用户只要具有足够的知识就能保证他能够做出正确的选择，从而完成操作。

(3) 自然限制条件。用户操作时，物品的特性限制了操作方法。例如，用户在使用鼠标进行操作时，鼠标的物理特性就限制鼠标的使用方法。

(4) 文化限制。文化限制是一种用于规范人类行为的习惯、习俗，它是从人类的社会生活中逐渐形成演化而来的。例如，人们在书写或阅读一个比较长的文档时总是习惯从上向下进行阅读。

正是由于上述的种种限制，人类在进行操作时选择的方案大大地减少了，相应地为了完成操作而存储在大脑中的信息和知识也减少了。

人类虽然在对物品进行操作时并不都需要精确的知识，但是人类在日常生活中还是会需要各种各样的知识进行活动。人类依靠着两种类型的知识：陈述性知识 (declarative knowledge) 和程序性知识 (procedural knowledge)。其中陈述性知识包括了一些事实和规则，如红灯亮了就需要停车，陈述性知识易于用文字表达也易于传授。而程序性知识则是让人们知道如何进行一项操作，如如何演奏一种乐器。程序性知识很难使用文字表示清楚。通常教授程序性知识的最佳方法是示范，最佳的学习方法则是练习。正常情况下人们可以很容易地从外界获取知识，所以在通常情况下设计人员为用户提供了大量帮助记忆的方法，如在键盘上标注上字幕和图表。

记忆就是人类存储在头脑中的知识。心理学家把记忆分为短时记忆 (short-term memory，STM) 和长时记忆 (long-term memory，LTM) 两大类，短时记忆储存的是当前信息。信息可以自动地进入短时记忆，而且可以很快地被提取出来，但是短时记忆的容量非常有限，一般只能存储 5～7 个信息项目。在日常生活中通过短时记忆可以记住单词、名字、词组。同时，短时记忆易受到其他活动干扰，一旦受到干扰短时记忆中的信息就会立即消失，所以短时记忆十分脆弱。长时记忆是用于存储过去的信息，它的存储和提取需要花费大量的时间和精力，而且长时记忆的容量很大，很难达到饱和。需要注意的是存储在长时记忆中的信息并非原始信息，而是经过了加工和解释之后而存储起来的，因此这些信息会发生一定的改变或出现一定的误差。所以在记忆这些信息时解释和加工信息的方法决定了能否有效地从长时记忆中获取经验和知识。

根据人们记忆和提取信息的方式，又可以把记忆分为：记忆任意信息、记忆关联信息和理解记忆。记忆任意信息是指在记忆时，无需理解信息的内涵，只需记住信息的外在表现形式。这种记忆存在的问题是：首先，由于信息的任意性，记忆的难度加大，需要花费大量的时间和精力进行记忆；其次，无法从记忆中找出解决问题的方法。记忆关联信息是指为了减轻记忆负担，使大脑中的知识体系与需要记忆信息的意义符合，这样就可以对这些信息进行理解和整合。理解记忆是指人类通过一定的心理模型对信息进行理解，然后进行记忆，这种记忆方式更加有效。同时，在面对新情况时，人们还可以通过心理模式使用记忆中的信息推断出正确的对应措施。

知识除了可以存储在头脑之中，还可以存储在外部世界中。这种知识也被称为"外在知识"。这种知识同样具有很高的价值。外在知识的一个重要功能便是"提醒"。人们在日常生活中常常需要提醒，例如，一个人在几天之后要去做一件不是很重要的事情，他在当时记住了要去做这件事，但是如果他在接下来的几天之中都非常繁忙，那么他极有可能忘记这件事，这时他就需要提醒，如使用提醒事项软件或者把要做的事记录在记事本上。"提醒"功能很好地体现了头脑中的知识与外在知识的交互作用。外在知识还有一个功能就是"自然匹配"，自然匹配可以减轻记忆负担。厨房中火炉的炉膛和控制旋钮的排列便是自然匹配的最佳实例。

3. 错误行为分析

差错有两种基本的形式：失误（slip）和错误（mistake）。失误是下意识行为，一般由习惯引起，而错误则是意识行为。在行为的七阶段中，失误是指一个人设立的目标是正确的，但是却没有正确的执行行为。失误很容易被发现，只要稍加注意即可。错误往往是由设立了错误的目标导致的。错误可能是相对严重的，而且不易被察觉出来，这是因为开始树立的目标就是不正确的，而执行的行动是按照树立的目标去进行的。

产生失误的部分原因是注意力不集中，而有的失误则是由动作之间的相似性造成的，有时则是因为外界发生的事件自动引发了失误，而有的时候，则是人们脑中所想的和手中所做的触发了原本无意去做的动作。

人们善于对错误加以解释是一种普遍现象，人们总是认为他们的解释是合理的。一旦遇到的情况与过去的情况类似，就会把不常见的情况误认为是经常发生的事，造成人们会十分注意一些不相关的事，或对出现的明显异常做出一些无关的解释，然后不予理睬。

为了尽量减少错误，在设计时应注意以下事项：

（1）在设计中尽量减少可能会导致差错的因素。

（2）可以让用户撤销操作。

（3）对于不可撤销的操作，要增加这种操作的难度。

（4）使用户可以比较容易地发现并改正错误。

（5）改变对差错的态度。

4. 三种心理模式

用户拥有正确的概念模式，就可以比较容易地学会使用各种物品或系统。当在使用中出现问题时，也能更好地找到问题的真正原因。心理模式可以分为三个方面：设计模式（design model）、用户模式（user's model）和系统表象（system image），如图 6-2 所示。

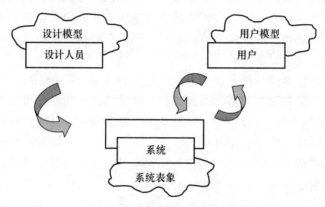

图 6-2　心理模式的三个方面

设计模式是指设计人员心目中对系统的概念和设想。用户模式是指用户通过系统表象（如系统外观、操作方法、用户手册等）建立的对系统的认识。在理想状况下，用户模式应与设计模式一致。因此要求设计人员必须使产品的各方面都与正确的心理模式保持一致。也就是说，用户模式决定了用户对产品的理解方式，而设计模式则决定了产品的可用性。由于用户关于产品的知识全部来源于系统表象，设计人员应努力保证产品能够表现出正确的系统表象，只有这样用户才能建立正确的用户模式从而能够正确地操作系统。

6.2　以用户为中心的水资源承载力决策支持系统设计的基本理论

6.2.1　以用户为中心设计的必要性

决策支持系统是各种软件类型中的一种，其开发也遵循一般软件的开发方法。软件开发是指根据用户的需求设计开发出软件系统或者系统中软件部分的开发过程[297]。软件开发是一项系统工程，它包括需求获取与分析、设计、编程、测试、版本控制。软件开发过程中的工作有：研究、全新的开发、重新设计、修改、重用、实施、维护、以获得软件产品为目的的其他活动[298]。通常，较为常见的开发方法有：瀑布模型、迭代式开发、螺旋模型等。

瀑布模型于 1970 年初由 W. W. Royce 提出。在瀑布模型中把软件开发过程划分为：需求分析、设计、实现、测试、集成和维护。瀑布模型是最早强调系统开发应有完整周期的模型，因此也被称为系统生命发展周期（system development life cycle，SDLC）。

迭代式开发是指在软件开发过程中把整个项目分解成一系列相对较小的、能够在较短时间内完成的小项目，其中每一个小项目称之为一个迭代。每一次迭代中都包括了需求分析、设计、实现和测试。迭代式开发的优点在于在每次迭代结束之后都可以通过用户的反馈来改进系统，然后开始新一轮的迭代，从而逐渐逼近最后的产品。

螺旋模型是由美国软件工程师巴里·伯姆在 1988 年提出的，该模型具有快速原型的迭代特征和瀑布模型的系统化与严格监控，其典型的步骤为：首先，明确当前迭代阶段的目标、被选方案以及被选方案的限制；其次，对被选方案进行评估，明确并解决存在的风险并建立原型；再次，在风险得到很好的分析与解决后，使用瀑布模型对本阶段原型进行开发和测试；最后，开始迭代，对下一阶段进行计划与部署，并与用户一起对本阶段进行评估。

虽然传统的软件开发理论方法可以显著地帮助软件开发者提高软件质量，但是并不能很好地指导设计者和开发者开发出以用户为中心的软件系统。原因主要在于，传统软件开发方法注重的是传统的软件质量评价指标，如正确性、完整性、安全性等，并没太多地关注用户体验。所以为了提高水资源承载力决策支持系统的用户体验，系统设计时引入以用户为中心的设计的理念，从用户的角度出发，在保证软件质量的同时，提升软件的可用性。

6.2.2　以用户为中心的水资源承载力决策支持系统设计原则

1）应用外在知识和头脑中的知识

设计者应当允许用户把外在知识和自己头脑的中的知识相结合，建立互补关系。用户可以按照不同的情况使用不同的知识提高使用系统的效率。在本决策支持系统中运用到了不少的决策和预测模型，使用这个系统的用户有的可能完全没有关于这些模型的知识，有的用户可能会有部分模型的知识，有的用户就算知道了部分关于模型的知识，也不等于他们就知道如何在本系统中使用这些模型。因此，在设计系统时可以使用户建立起他们头脑中的关于模型的知识和系统中通过用户界面表现出来的关于模型的知识之间的联系，提高用户对这些系统中模型的理解和使用系统中模型分析和解决问题的能力。

2）简化任务结构

由于用户的短时记忆、长时记忆和注意力的限制，对于复杂的操作应该通过设计对其进行简化，或通过使用新技术对其进行重组。短时记忆的信息容量小，相应地系统应提供技术上的帮助来增强用户的短时记忆。长时记忆的存储和提取过于缓慢而耗费精力，因此系统应当具有正确的概念模式，帮助用户进行长时记忆。同时，由于用户的注意力有限，在设计产品时应该减少对用户操作的干扰的设计，并且设计一些能够帮助用户回到受干扰前的操作状态的功能。决策支持系统中使用的模型是比较复杂的，使用一个模型通常需要对模型进行大量的设置，如果要求用户把这些设置都记住并把这些任务都集中在一个界面中，那么这将是一个无比复杂的任务，对用户的短期记忆和长期记忆都会带来极大的负担，所以很有必要把复杂的、对模型设置和操作的任务进行拆分和简化。

3）注重可视性

系统具有良好的可视性，用户就可以在行为的执行阶段知道进行哪些操作以及这些操作的方法，并且在评估阶段可以了解相应操作对系统造成的影响，这样就可以消除执行阶段和评估阶段的鸿沟。人类善于对事物进行解释，从而建立心理模式。设计人员应通过设计保证用户对系统所做出的解释是正确的，以便建立恰当的心理模式。水资源承载力决策支持系统中的模型是十分抽象的，使用图形化模型的方法增强模型的可视性，帮助用户理解系统中的决策模型和关于这些模型的操作之间的关系，以便用户建立正确的关于本系统的心理模式。

4）建立正确的匹配关系

使用户能够看到：操作意图与操作之间的关系、操作行为与其效果之间的关系、系统实际状态与用户感受到的系统状态之间的关系、用户感受到的系统状态和他们的期望之间的关系[299]。换句话说，就是要建立用户模式、设计模式和系统表象之间的正确匹配关系。具体到本系统中，就是要把设计者对决策模型的理解通过系统表象传递给用户，使他们也能对决策模型进行正确的理解。

5）利用限制性条件

利用各类限制条件，如人为限制条件、自然限制条件等，使用户只能看出一种可行的操作方法，这种方法也是正确的操作方法，减轻用户的记忆负担。

6）充分考虑错误操作

设计人员应当对用户可能出现的错误操作有所预期，并通过设计减少这些错误行为发生的概率和对错误行为进行处理。为了减小错误操作对用户使用系统产生的不良影响，可以使用 6.1.2 小节中提到的五点注意事项来帮助我们改进设计。

7）标准化

采用一定的标准对系统进行设计的好处是，用户只需学习一次，便能够知道如何操作这类系统。当今比较流行的操作系统平台如 IOS、Android 等都设定自己特定的用户界面设计标准。所以，一般情况下，在特定的平台设计产品时如果已经存在有特定的交互设计标准，就应该按照这种标准进行设计，从而减小用户使用产品时的学习成本。

6.2.3 以用户为中心的水资源承载力决策支持系统设计流程

由前述的描述和分析可以看出，虽然传统的软件开发理论方法可以显著地帮助软件开发者提高软件质量，但是并没太多地关注用户体验。所以，为了能提高软件的可用性，基于以用户为中心的设计思想，设计水资源承载力决策支持系统软件开发过程，如图 6-3 所示。该设计过程主要依据心理模式的三个方面，通过对软件开发过程的设计，使设计者的设计模型与用户通过系统表象形成的用户模

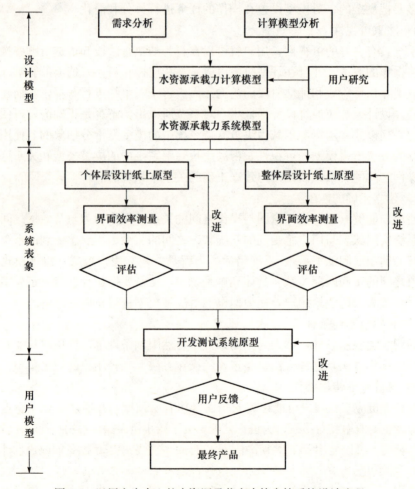

图 6-3　以用户为中心的水资源承载力决策支持系统设计流程

型达到一致，提升用户对系统和系统中所使用的模型的理解。

1. 需求分析

在系统工程和软件工程中，在设计实现一个新的系统或者是改进一个已经存在的系统或产品时，需求分析都是首先需要完成的步骤。在需求分析的过程中系统分析师和软件工程师通过对客户需求的确定，来确定需要开发的系统的目标、使用人群和功能。软件开发过程中最重要的步骤之一就是需求分析，因为如果在需求分析时设计人员和开发者都不能正确认识用户的需求，那么在后续步骤中进行的工作都将是偏离目标的，最后将难以达到客户的需求。所以，在以用户为中心的软件设计过程中需求分析仍然是一个必不可少的步骤。从总体来说，本系统的需求是构建基于复杂自适应系统的水资源承载力决策模型，为水资源承载力的科学决策提供支持。

2. 计算模型分析

可以看出基于复杂自适应系统的水资源承载力理论，从本质上来说可分为微观和宏观两部分，这两部分并不是相互独立的，而是以微观部分为基础相互联系、相互影响的。因此，依据基于复杂自适应系统的水资源承载力理论的计算模型可以很自然地分为个体层和整体层，个体层模型主要完成用水主体受到环境和其他用水主体影响时的学习演化模拟仿真，而整体层模型主要完成由用水主体组成的系统与外界环境互动的模拟仿真。可以说基于复杂自适应系统的水资源承载力二层复合计算模型是决策支持系统设计者头脑中的设计模型，为了能够通过系统表象帮助用户建立关于该水资源承载力模型的正确用户模型，根据简化任务结构的设计原则，可以把系统设计为个体层和整体层两部分。这样设计，一方面使设计模型和系统表象达到了一致；另一方面又使用户减轻了记忆负担。

3. 用户研究

1) 用户研究的内涵

一旦产品的任务明确，首先设计界面，然后实现界面设计[300]。因为，系统是给用户使用的，用户不会去关心软件的技术细节。他们不会去考虑程序是如何使用处理器的，编程语言是否是面向对象的，或者在项目中是否采用了最新的流行技术。用户关注的是如何去使用这个系统，所以对于用户而言，界面就是产品。在整个产品的设计实现过程中，进行界面设计的最佳时机就是在需求分析之后，在此时界面设计具有最大的灵活性。如果在系统的技术方案确定之后、在系统功能实现之后，再来进行界面设计，这时的界面设计难免会受到技术方案、更改设计成本等方面的限制，界面设计无法达到最佳水平。在进行界面设计时，作为以用户为中心的决策支持系统设计，首先要进行用户研究。用户研究可以通过使用介入观察、非介入观察、采访等方法了解用户及其相关的使用场景，以便对用户的心理模式和行为模式有较为深刻的认识，为接下来的设计提供良好的基础。

通过用户研究设计师应该了解以下内容。

（1）场景：用户使用软件系统（产品）的典型地点和情况。

（2）行为：用户使用软件系统（产品）的典型行为特点。

（3）动机：用户使用软件系统（产品）的目的和心理动因。

（4）需求：用户未被满足的需求和想要通过使用产品来满足的需求。

（5）痛点：用户使用软件系统（产品）时经常遇到的问题。这也是产品进行创新的机会。

同时为了有效地进行用户研究，有的内容并不宜通过用户研究来直接获取，具体举例如下。

（1）偏好。每个用户都有自己的偏好。要得到准确的研究结果需要有比较大的统计样本，否则研究结果会不准确，从而对以后的设计产生不良影响。

（2）评价还未完成的产品。用户没有能力评价还没有完成的产品，在这时设计师可以让用户对产品的原型进行评价来解决这一问题。

（3）期望的功能。用户并没有对产品进行过系统地思考，所以用户所期望的功能可能会有臆想成分，所以不能把它作为设计依据。

所以，关于用户研究的建议为：不要让用户提供具体的设计建议，除非这个用户是一个专家用户。

2）用户研究的方法

用户研究方法主要有以下七种。

（1）用户访谈。用户访谈是指设计师或用户研究人员就关于产品的问题和用户进行当面交谈。设计师或用户研究人员同事就准备的问题对用户进行提问从而发现使用系统中的潜在的问题和用户的需求。它的优点是：可以与实际用户而不是用户的上级交流，这样就可以了解到关于用户需求的原始信息而不是经过加工或扭曲过的信息。它的缺点是：因为当面交流需要花费一定的时间，用户可能会由于多种原因不愿意或者不能参加。

（2）问卷调查。在采用问卷调查时，设计人员不需要和用户有直接的接触，而是只需要设计相应的问卷调查表并分发给用户，最后收集调查表并分析即可。和用户访谈方法相比，问卷调查可以接触到数量庞大的用户，因此更适合于用户分布广泛的软件。

（3）观察用户。用户并不总是能够客观和完整地对自己使用产品的情况进行描述，因为经过访谈而得到的是经过用户主观思维加工过的信息，所以并不能很好地反映用户的真正想法。另外，用户有可能忽略一些细节，这些细节在用户看来已经成为他们的第二天性，因此他们根本想不到还需要特别地说出来。用户观察大致可分为在受控环境下的观察以及现场观察两种方法。受控观察一般是指在实验室的环境下观察用户使用产品时的情况。此时研究人员可以控制系统的软硬件环境以及周围的物理环境状况，如声、光等环境。受控观察的优点在于它能够使研究人员更好地分离多个可能的影响因素，从而得出更准确的研究结果。它的缺点在于，用户将来真正使用软件时的环境很可能和实验室里的状况有很大的不同，因此那些同使用环境有关的可用性问题将很难被发现，而这正是现场观察的优点。现场观察指的是在用户的实际环境中观察用户使用软件时的情况，它是发现同使用环境有关的问题的最佳手段。

（4）体验式研究。把自己置身于用户的位置上，设计者将能更快、更深刻地体会到一些原先设计中没有考虑到的因素。为了更好地体验用户在使用产品时的感受，设计师不但要去执行用户的操作，还要模拟用户的生理特征和心理特征。但是，这种方法的风险就是设计人员并不是用户，由于知识背景和习惯上的差异，设计人员有时认为理所当然的设计用户并不能完全接受。

（5）从技术人员那里获取用户信息。作为设计人员，可以从技术人员那里间接获取有关用户使用情况的信息，尤其是一些负面的信息。从这些信息当中可以发现产品在使用方面的一些设计缺陷。但是，在产品还没有完成之前或是用户没使用过相类似产品的情况下，无法使用这种方法获取信息。

（6）网上用户论坛。由于因特网技术的发展，在因特网论坛上世界各地的同一产品的用户可以讨论产品使用的心得和所遇到问题，这样的论坛对于产品设计人员来说是非常有用的。通过这些信息，设计人员可以了解到：用户是怎样使用产品的，他们在使用产品时所遇到的问题以及他们又是怎样解决这些问题的，用户认为好的功能有哪些等。和上面的方法一样，如果产品没有完成或者产品刚刚发布，这种方法就无法获取用户关于产品的看法。

（7）收集和研究用户的使用日志。现场观察是研究用户在真实环境中使用软件的一种方法，不过这种方法需要有专门的观察人员在一旁观察和记录。根据测不准原理，这些观察活动也会对被观察者造成影响，就像研究人员照亮洞穴以试图研究生活在其中的动物的真实生活状况一样。另一种获取用户真实使用情况的方法是把用户的操作悄悄记录下来，事后以一种日志的形式加以分析。同样，这种方法也只是适用于对已有产品的改进设计中。

4. 原型设计

在对系统的需求和用户有了一定了解之后，就可以进行原型设计了。产品原型是产品概念的形象化和具体化，一个或多个维度上对产品的一种近似的和有限的表示形式，是一种在研发过程中能够快速表达出设计概念，并帮助设计团队成员或相关人员之间交流与评估的工具[301]。使用原型可以使用户和开发人员能够具体地了解到设计人员的意图，克服在产品设计上的认知限制。原型设计可以分为三个阶段：PACT 分析、概念确定和最终方案确定[302]。PACT 分析的对象为：人（people）、行为（activity）、场景（context）和技术（technology）。

　　决策支持系统是为人服务的。交互设计师和软件开发人员必须对用户有很好的理解和认识。通过分析在用户研究中得到的资料，可以知道哪些人是系统的典型用户和哪些功能对他们是有价值的。具体到水资源承载力决策支持系统来说，它的典型使用者是各级水资源管理部门的工作人员。基层工作人员可能需要使用这个系统来管理当地的水资源系统数据，而管理部门的决策者，则需要使用该系统对各地的水资源承载力进行决策。

　　行为是指用户在使用系统时的行为，通过分析用户的行为可以设计出符合用户习惯的系统。用户行为的具体资料和数据也可以从用户研究中得到。

　　场景是指用户在什么样的环境下使用产品。水资源承载力决策支持系统使用场景相对简单，用户通常情况下只会在办公室中使用该系统。

　　技术是指用户可以使用的交互技术，在本系统中主要采用的交互技术是图形化的用户界面。

　　根据 PACT 分析的成果，就可以进入到概念方案确定阶段了。在这一阶段主要的任务是生成产品的概念模型。通常采用纸上原型来完成，在产品开发的初始阶段通过使用纸上原型，设计人员可以快速地构建产品原型、确认需求、对设计方案进行测试、沟通和修改。这样可以降低开发成本和时间，提高产品质量。原型的根本目的不是交付，而是沟通、测试、修改、解决不确定[303]。在制作纸上原型时需要使用到的介质和工具有：背板、纸张和卡片。通常在纸和卡片上绘制或标记目录、对话框和窗口等用于演示界面元素，然后根据设计方案将这些界面元素拼装组合，粘贴到背景板上构建成产品的纸上原型。在使用纸上原型时，设计师根据用户的操作通过重新放置界面元素、书写反馈等来表示系统的反馈，达到模拟交互过程的目的。使用纸上原型有如下优点。

　　（1）更快速。在纸上手绘或组合卡片拼凑与使用绘图软件相比，在相同时间内可以绘制更多的界面原型。

　　（2）更易修改和重构。纸上原型比计算机上的数字原型更灵活。使用纸上原型甚至可以在测试或沟通的过程中即时完善设计想法并对原型做出修改。

　　（3）更注重于交互。纸上原型关注的是交互流程而不是细节，制作纸上原型时不会受视觉细节的干扰，这样也有效避免了沟通对象对界面细节上的挑剔，可以获得更多关于交互设计上的意见。

（4）更低的成本。在设计的最初阶段，产品的设计方案不可能不被修改。设计师使用计算机设计产品原型需要花费大量的精力，这时让设计师再去改变设计就会变得很困难了，因为这样做的成本实在太大。而纸上原型的制作成本相对较低更易于进行修改。

6.2.4　基于改进型 GOMS 的水资源承载力决策支持系统界面可用性评估模型

在进行概念迭代设计时要对设计进行评估。评估可以采用用户测试这种定性的方法，也可以采用定量的方法。由于迭代可能要进行多次，适当地采取定量的方法进行评估可以完善评估结果，节约时间和人力成本。

经典的定量界面分析方法是由 Card，Moran 和 Newell 在 1983 年提出的 GOMS 模型。GOMS 的四个字母分别代表了：目的（goals）、对象（objects）、方法（methods）和选择规则（selection rules）。GOMS 发展到现在已经形成的了一系列的模型和方法，例如，keystroke-level model（KLM）、critical-path method GOMS（CPM-GOMS）、natural GOMS language（NGOMSL）、executable GOMS language（GOMSL）等。其中最基本而最具有价值的是 KLM，使用这一模型可以估算出使用键盘和图形界面完成特定任务所需的时间而无需对每个个体用户使用进行测量。经过仔细地实验，它的发明者给出了在这一模型中典型动作所需的时间，如表 6-1 所示。

表 6-1　KLM 典型动作时间表

名称和符号	典型值	含义
击键（keying），K	0.2 秒	敲击键盘上的一个键所需的时间
指向（pointing），P	1.1 秒	用户指向显示屏上某一位置所需的时间
单击（press/release mouse button），B	0.1 秒	单击或者释放鼠标按键
归位（homing），H	0.4 秒	用户将手从键盘移动到图形输入设备，或者从图形输入设备移动到键盘所需要的时间
心理准备（mentally preparing），M	1.35 秒	用户进入下一步所需的心理准备时间
响应（responding），R		用户等待计算机响应输入的时间

知道了典型动作所需时间，还需要判断用户在什么时候会停下进行心理准备，即 M。因此使用 KLM 分析界面还需要了解 KLM 定位心理活动的规则，如表 6-2 所示。

表 6-2 心理活动定位规则表

序号	规则	含义
规则 0	候选 M 的初始插入	在所有的 K 之前插入 M
规则 1	预期 M 的删除	如果 M 前面的操作符完全可以预期 M 后面的一个操作符,则将该 M 删除
规则 2	认知单元内 M 的删除	如果一串 MK 属于同一个认知单元,删除除了第一个以外的所有 M
规则 3	作为命令终结符的 M 的删除	如果 K 是一个分隔符,且后面紧跟一个常量字符串,则将之前的 M 删除。但如果 K 是一个命令参数的分隔符,或者可能变化的字符串,则保留之前的 M
规则 4	重叠的 M 删除	不要计入任何与 R 重叠的 M

举例说明,运用 KLM 计算在 Windows 操作系统上删除一个文件。假设用户都是用右手操作键盘和鼠标,且这一过程的开始和结束时右手都是放在鼠标上的,删除这个文件用户会完成如下动作:

(1) 开始准备删除(M)。

(2) 找到需要删除文件的图标(M)。

(3) 鼠标指向该图标(P)。

(4) 点击鼠标选中该图标(BB)。

(5) 右手移动到键盘(H)。

(6) 点击 "Delete" 键(KK)。

(7) 右手回到鼠标位置(H)。

因此,这个行为总共花费时间为

$$\text{Total time}=t_P+2t_B+2t_H+2t_K+2t_M=5.2(秒)$$

为了更详细和更好地理解和预测用户的行为,NGOMSL 模型不但考虑用户的外在行为,还引入了用户的心理活动行为和自然语言,如表 6-3 所示。

表 6-3 NGOMSL 模型典型动作时间表

名称和符号	典型值
击键(keying)	0.2 秒
输入(type-in)	字数×0.05 秒
单击(click)	0.2 秒
双击(double-click)	0.4 秒
按下(hold-down)	0.1 秒
释放(release)	0.1 秒
指向(point-to)	1.1 秒
归位(home-to)	0.4 秒
寻找目标(look-for-object-whose)	1.2 秒

续表

名称和符号	典型值
获取目标（get-task-item-whose）	1.2 秒
从长期记忆中获取目标信息（recall-LTM-item-whose）	1.2 秒
储存（store）	0.0 秒或 0.05 秒
删除（delete）	0.0 秒或 0.05 秒
核实（verify）	1.2 秒
说话（speak）	音节数×0.15 秒

　　然而由于这些方法产生的时间较早，无法适应现在以图形用户界面（graphical user interface，GUI）为主的人机交互环境。2010 年，Y. J. Jeon 在他的论文中指出：通过实验发现使用 NGOMSL 对用户进行拖拽动作的时间预测与实际实验中得到的结果差距高达 65.92%[304]。造成这种结果的主要原因有：首先，在现代的 GUI 界面中大量使用了图标和新型控件使用户的操作更直接，提高了用户对界面的认知速度；其次，在传统的 GOMS 模型中，用户的行为步骤都是线性的，而现实中由于用户大都可以熟练地使用鼠标，在现实中用户的行为步骤可能是并行的。例如，可以一边移动鼠标一边寻找目标。还有，传统 GOMS 模型把"指向"这一动作进行的时间设为定值而没有考虑到鼠标移动的距离，这显然也是不恰当的。

　　具体到水资源承载力决策支持系统，在用户建立水资源决策模型时需要使用大量的拖拽动作，使用传统的 GOMS 模型显然无法比较准确地对操作界面进行测量。因此需要用更加适合于现代软件 GUI 的界面评估模型来对水资源承载力决策支持系统的界面进行测量。同样，Y. J. Jeon 通过实验提出了一种改进型的 GOMS 模型很好地解决了这一问题。他对 GOMS 模型的改进主要体现在以下几个方面。

　　（1）用户多次使用过 GUI 界面之后，对于界面上的可视化元素将会十分熟悉，因此每次操作时不再需要再去寻找目标，而只需要关注目标确保鼠标移动的方向正确，相应地操作时间将会缩短。

　　（2）Y. J. Jeon 根据实验发现，使用鼠标对操作对象进行拖拽移动所需时间并不是定值。而是随着鼠标移动距离的增加而变长。实验数据如图 6-4 所示。根据实验数据可以得出，拖拽所需时间与移动距离大小有正比关系，当移动距离小于 50 毫米时，根据菲茨定理（Fitts's Law）所需的时间为 100 毫秒；当距离超过 50 毫米时，每多出 50 毫米所需时间增加 120 毫秒。即

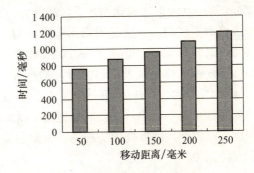

图 6-4　鼠标拖拽移动距离与所需时间

$$T = \begin{cases} 100, & S \leqslant 50 \\ 100 + (S/50 - 1) \times 120, & S > 50 \end{cases}$$

（3）核实所需的时间缩短为 250 毫秒。

经过实验发现，改进型的 GOMS 模型的测试结果与实际测试结果误差仅为 7.08%。因此，可以把这种改进过后的 GOMS 模型应用到水资源承载力决策支持系统的界面可用性评价当中。

6.3　以用户为中心的水资源承载力决策支持系统个体层模型的设计与实现

6.3.1　以用户为中心的水资源承载力个体层计算模型实现思路

1. 刺激—反应规则图形化

实现基于复杂自适应系统的水资源承载力模型的个体层，首先要创建用水主体的自我演化学习刺激—反应规则。刺激—反应规则是由用户根据特定区域的不同情况来创建的，其在系统设计者的头脑中是很清晰的，但是系统用户可能会认为此概念十分抽象，难以理解。所以，根据重视可视化设计原则，在水资源承载力决策支持系统前端采用富客户端 Flex 技术，开发出一个图形化的界面供用户创建模型，帮助用户理解抽象的模型概念，以便用户建立恰当的心理模式。在系统开发时，采用开源 Flex 图形绘制库 flex-diagrammer 开发适用于本系统的图形绘制库，利用这个图形绘制库设计用户创建和设置刺激—反应规则的图形界面。

通过第 3 章用水主体刺激—反应规则分析可以看出，用水主体的刺激—反应规则是一个网状结构，而这种结构可以通过 XML 的数据形式表现出来，即在表示规则结构的 XML 中，定义 node 标签，用于表示刺激—反应规则中的因素。其中：indexid 属性是该因素所代表的指标 id 值，nodename 属性代表该因素名称，shortname 代表该因素字母简称，unit 属性代表该因素单位，x 和 y 属性代表该因素在刺激—反应规则图中的位置，operation 属性代表该元素和与它相关元素之间的关系。link 标签代表刺激—反应规则中因素之间的关系。其中：fromnodeid 标签代表了起始因素的指标 id 值，tonodeid 则代表了结束因素的指标 id 值。XML 信息作为每个用水主体的刺激—反应规则中的详细信息储存在数据库记录的字段中，字段的类型为 CLOG。需要使用这些刺激—反应规则时，可以直接查询数据库表中的相关记录然后读出 XML 信息用于计算或以图形方式呈现给用户。

刺激—反应规则图形化实现过程如图 6-5 所示。

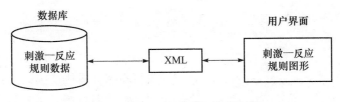

图 6-5　刺激—反应规则图形化实现

2. 关联规则计算公式处理

在实现基于复杂自适应的水资源承载力模型的个体层的时候，需要处理用户设置的用水主体之间的关系。用户在设置用水主体之间的关系时使用的是接近于自然语言的计算公式，例如，"煤电产业规模×煤电产业用水定额/10000"。这种自然语言的描述计算机并不能直接识别和运行，所以必须把它转化为计算机可以理解的语言。首先，通过查询把公式中的因素名称替换为相应指标的数据。同样以上面的煤电用水为例，煤电产业规模为 10000 万千瓦，煤电用水定额为 100 立方米/万千瓦，那么上面公式将会变成"10000×100/10000"。但是，这样的语句 Java 程序也不能直接执行，因为 Java 不能直接对这样的表达式进行求值。为了解决这个问题，需要使用扩展的 Java 类库来运行这个公式。在本决策支持系统中采用是的 Aviator 表达式求值器。Aviator 是一个高性能、轻量级的基于 Java 实现的表达式引擎，它可以动态地将 String 类型的表达式编译成 Java ByteCode 并交给 Java 虚拟机（Java virtual machine，JVM）执行。与 Groovy，JRub 等表达式求值器相比，Aviator 非常精简，加上依赖包才 450K，不算依赖包的话只有 70K。这种精简的代价就是 Aviator 的语法是受限的，它没有 if else，do while 等语句，没有赋值语句，仅支持逻辑表达式、算术表达式、三元表达式和正则匹配，但是对于本系统来说它的功能已经足够了。其次，Aviator 的实现思路与其他轻量级的求值器不同，其他求值器一般都是通过解释的方式运行，而 Aviator 则是直接将表达式编译成 Java 字节码，交给 JVM 去执行，这样就确保了它的高性能。简单来说，Aviator 的定位是介于 Groovy 这样的重量级脚本语言和 IKExpression 这样的轻量级表达式引擎之间的一种求值器。

6.3.2　个体层纸上原型设计

构建个体层刺激—反应规则要完成的基本任务有：选择规则类型、选择地区、添加指标、绘制规则、设置规则、选择规则、保存规则等。根据这些任务分别设计纸上原型。部分比较有代表性的纸上原型如下所示。

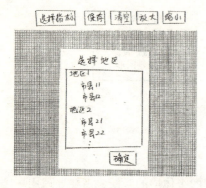

图 6-6　"选择地区"纸上原型

1. "选择地区"纸上原型

"选择地区"纸上原型如图 6-6 所示。

通过菜单选择规则类型之后来到新建规则的主界面，此时选择地区的对话框自动弹出，在对话框中地区以"树"的形式排列，点击地区，如果这个地区下面还有行政区划，则会在"树"的下一层展开供用户选择。用户点击需要选择的地区后点击对话框下方的"确定"即可完成"选择地区"操作。

2. "个体层构建规则添加指标"纸上原型

"个体层构建规则添加指标"纸上原型如图 6-7 所示。

点击界面上方的工具栏中的"添加指标"按钮，弹出选择指标对话框。在对话框的上方搜索输入关键字，可以搜索出相应的指标。选择好指标后，点击"确定"指标添加到绘图界面上。

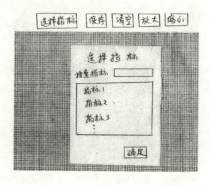

图 6-7　"个体层构建规则添加指标"
纸上原型

3. "绘制规则"纸上原型

"绘制规则"纸上原型如图 6-8 所示。

指标可以被添加在网格上，白色箭头表示指标之间的联系。指标可以在网格上自由拖动，指标之间的关联可以通过拖拽的方式实现。工具栏上的"放大"和"缩小"按钮可以放大和缩小网格和它上面的图形。

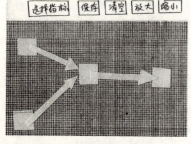

图 6-8　"绘制规则"纸上原型

4. "设置指标间相互联系"纸上原型

水资源承载力决策支持系统中指标之间的关系可以通过四种方式建立："多元回归分析""基于时间序列的多元回归分析""灰色关联神经网络"和"自定义函数关系"。以"自定义函数关系"的原型为例（图 6-9），左侧列表显示与当前指标相关联的指标，在里面选择需要的指标通过带有向右箭头的按钮把它添加到函数表达式文本框中；内置函数文本框下的列表框内可以选择添加的系统内置函数，并通过带有向上箭头的按钮添加到自定义函数文本框中。完成设置后，点击"确定"按钮保存设置。

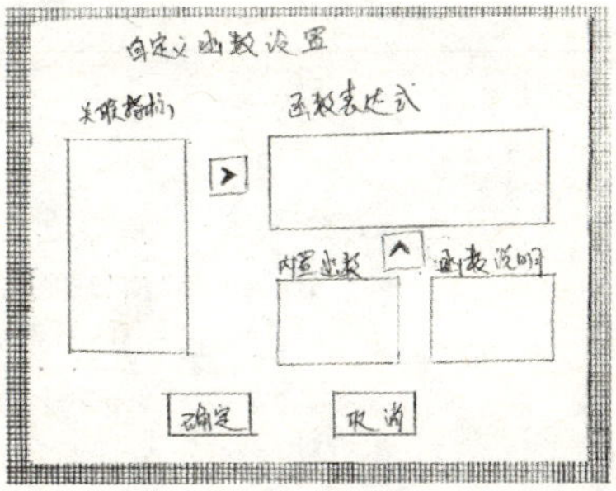

图 6-9　"设置指标间相互联系"纸上原型

6.3.3　个体层设计评价与再设计

在纸上原型设计好之后，使用改进型的 GOMS 模型对纸上原型的界面效率进行评价。

1. 选择规则类型

这一任务在本系统中把它设计在系统菜单上，也就是用户通过选择不同的菜单，就可以进入相应类型的规则构建模块中对规则进行操作，用户进行该操作需要的时间如表 6-4 所示。

表 6-4　选择规则操作评价表

序号	名称	详细	所需时间/秒
1	M	准备选择规则类型	1.35
2	M	决定规则的类型	1.35
3	P	指向相应的菜单（移动距离小于 50 毫米）	0.1
4	C	点击鼠标	0.1
5	R	释放鼠标	0.1
6	P	指向"确定"按钮（移动距离小于 50 毫米）	0.1
7	C	点击鼠标	0.1
8	R	释放鼠标	0.1
合计		任务总的所需时间	3.3

2. 选择地区

在系统中用户进行地区选择，用户的权限不同可以选的地区范围不同。例如，省级用户就可以选择相应省级地区下的所有行政区划。在分析这个任务时，是以省级用户选择一个县级地区为例进行评估。用户进行该操作需要的时间如表 6-5 所示。

表 6-5　选择地区操作评价表

序号	名称	详细	所需时间/秒
1	M	准备选择地区	1.35
2	M	决定要选择的地区	1.35
3	P	指向相应的菜单（移动距离小于 50 毫米）。本系统中地区列表是以"树"形式表示的，所以省级用户需要两次点击选择才能选择到县级地区	0.1×2
4	C	点击鼠标	0.1×2
5	R	释放鼠标	0.1×2
6	V	核实选择	0.25×2
7	P	指向"确定"按钮（移动距离小于 50 毫米）	0.1
8	C	点击鼠标	0.1
9	R	释放鼠标	0.1
合计		任务总的所需时间	4.1

3. 选择指标

从弹出的指标列表中选择需要添加到规则中的指标，用户进行该操作需要的时间如表 6-6 所示。

表 6-6　选择指标操作评价表

序号	名称	详细	所需时间/秒
1	M	准备选择指标	1.35
2	M	决定要选择的指标	1.35
3	P	指向相应的指标（假设要选择的指标直接出现在列表中，且移动距离小于 50 毫米）	0.1
4	C	点击鼠标，选择指标	0.1
5	R	释放鼠标	0.1
6	V	核实选择	0.25
7	P	指向"确定"按钮（移动距离小于 50 毫米）	0.1
8	C	点击鼠标	0.1
9	R	释放鼠标	0.1
合计		任务总的所需时间	3.55

4. 绘制规则

以构建一个含有 10 个指标且元素之间的关系都是一对一的规则为例，绘制规则需要选用相应的指标所以在计算操作时间是需要使用"选择指标"时间的计算结果，用户进行该操作需要的时间如表 6-7 所示。

表 6-7　绘制规则操作评价表

序号	名称	详细	所需时间/秒
1	M	准备把鼠标移动到的特定指标位置（共需 10 次）	1.35×10
2	P	把鼠标移动到指特定指标位置（共需 10 次，平均移动距离 100 毫米）	(0.1+0.12)×10
3	M	准备好把鼠标移动到特定为位置（共需 10 次）	1.35×10
4	C	点击鼠标，选择指标	0.1×10
5	P	拖动目标到指定位置（共需 10 次，平均移动距离 100 毫米）	(0.1+0.12)×10
6	V	核实位置	0.25×10
7	R	释放鼠标	0.1×10
8	M	准备建立指标间联系（共需 9 次，平均移动距离 100 毫米）	1.35×9
9	C	点击鼠标，选择指标	0.1×9
10	P	拖动箭头到指定指标	(0.1+0.12)×9
11	V	核实指标	0.25×9
12	R	释放鼠标	0.1×9
合计		任务总的所需时间	54.08

5. 设置规则

以"自定义函数"为例，在规则中双击一个指标进行设置，其用时如表 6-8 所示。

表 6-8　设置规则操作评价表

序号	名称	详细	所需时间/秒
1	M	准备设置指标	1.35
2	M	决定要设置的指标	1.35
3	P	指向相应的指标（移动距离小于 50 毫米）	0.1
4	D-C	双击鼠标，选择指标	0.4
5	CONFIG	设置（简化为只需 10 秒）	10
6	V	核实设置	0.25
7	P	指向"确定"按钮（移动距离小于 50 毫米）	0.1
8	C	点击鼠标	0.1
9	R	释放鼠标	0.1
合计		任务总的所需时间	13.75

6. 个体层再设计

各操作步骤时间对比如图 6-10 所示。

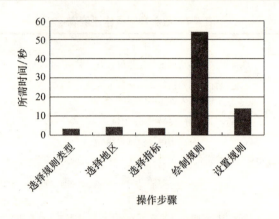

图 6-10　各操作步骤时间对比

从图 6-10 中可以看出，"绘制规则"和"设置规则"这两个步骤花费的时间较多。设置规则花费时间较多是因为在设置时需要通过计算分析指标的历史数据来得到指标间的关系，而在操作时间评价时仅用 10 秒钟这一近似的数据来代替，所以"设置规则"的操作时间这一数据可能因为计算复杂而变大也可能因为是用户自定义填写而变小。造成绘制规则花费时间较长的原因有：①一个规则由多个指标构成，所以需要进行多次操作。②需要进行拖拽绘制规则。考虑第一个原因，因为并不能减少规则中的指标数量，所以无法改进。第二个原因的解决方案：可以通过改进绘制规则的操作方法来达到提高操作效率。在一开始的原型中，把指标添加到规则中的操作方法是：首先选择好规则之后，指标图标会自动出现在工作区域的某个固定位置上，然后用户使用拖拽的方式把图标放置到指定位置。在设置指标之间关系时，还需要从其他的指标处拖拽箭头到该指标处，这样就意味着添加一个指标必须要有两次拖拽操作。改进后的操作方案是：在用户选择指标后，指标图标并不会自动地添加到规则区域中，而是用户把鼠标移动到规则绘制界面上的一个位置并点击鼠标把鼠标放置好，这样就减少了一次拖拽操作，达到提高界面操作效率的目的。改进操作方式后，进行绘制规则所需的时间如表 6-9 所示。改进后的设计，操作时间只需花费 38.38 秒，比改进之前减少了29.03% 的操作时间。

表 6-9　改进后构建规则操作评价

序号	名称	详细	所需时间/秒
1	M	准备把选择好的指标拖动到指定位置	1.35×10
2	P	把鼠标移动到指定位置（共需 10 次，平均移动距离 100 毫米）	$(0.1+0.12) \times 10$
3	V	核实位置	0.25×10
4	C	点击鼠标	0.1×10

续表

序号	名称	详细	所需时间/秒
5	R	释放鼠标	$0.1×10$
6	M	准备建立指标间联系（共需 9 次，平均移动距离 100 毫米）	$1.35×9$
7	C	点击鼠标，选择指标	$0.1×9$
8	P	拖动箭头到指定指标	$(0.1+0.12)×9$
9	V	核实指标	$0.25×9$
10	R	释放鼠标	$0.1×9$
合计		任务总的所需时间	38.38

6.4　以用户为中心的水资源承载力决策支持系统整体层模型的设计与实现

6.4.1　整体层计算模型实现思路

实现遗传算法的技术很多，在本系统中为了便于系统集成，使用了基于 Java 语言开源的遗传算法模拟程序包 JGAP。因为水资源承载力决策支持系统在服务器端采用的也是 Java 技术，所以采用 JGAP 开发的遗传算法程序可以无缝地集成到系统中。

分析系统计算模型可以发现，使用遗传算法在整体层进行模型时，潜在可行解并不是直接作用于适应度函数，而是通过个体层的演化和学习作用于适应度函数的，使用 JGAP 实现上述过程，可以按照下面的步骤实现。

1）建立适应度函数

遗传算法在搜索时基本不利用外部信息，而是通过适应度函数计算种群中每个个体的适应度，然后根据个体的适应度来进行搜索。由于系统模型有多个约束条件，通过把模型中的约束项作为罚函数加入适应度函数中，将约束条件转化为无约束优化问题。

在 JGAP 中建立适应度函数，是通过继承 JGAP 中的类 FitnessFunction 实现在特定算法中所需要的适应度函数。在建立 FitnessFunction 中最关键的就是要建立 evaluate 方法，该方法是使用种群来得到适应度的方法，函数的返回值就是个体在一代遗传中的适应度。

2）创建 Configuration 类

使用这个类可以对使用 JGAP 实现的遗传算法进行配置，如适应度函数、自然选择规则、交叉算子等。

3）创建基因

每个基因都代表了可行解中的一部分。在 JGAP 中可以创建多种基因，如

BaseGene，BooleanGene，CompositeGene，DoubleGene，FixedBinaryGene，IntegerGene，MapGene，MutipleIntegerGene，NickelsPenniesSupergene，NumberGene，SetGene，StringGene。由于水资源承载力模型的可行解都是数值，可以使用 DoubleGene。在创建基因时只需要设置遗传算法的配置和变量的上下限即可。

4）创建染色体

一个染色体中有多个基因，它可以完整地代表一个潜在可行解。使用 JGAP 可以方便地创建染色体。

5）创建种群

种群中包含一定数量的染色体，在进行遗传算法计算时，就是种群中的染色体进行遗传变异。

6）遗传算法模拟

在完成上述设置之后，就可以进行遗传算法计算了。

使用 JGAP 实现遗传算过程，如图 6-11 所示。

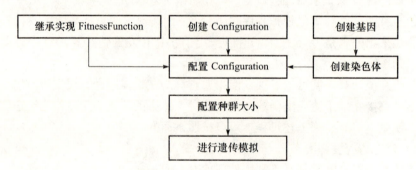

图 6-11　JGAP 使用过程示意图

6.4.2　整体层纸上原型设计

整体层操作要完成的基本任务有：选择地区、选择模型、建立水资源承载力整体模型、输入规划约束、确定适应度评价指标、用水主体经济效益指标设置、用水主体生态环境效益指标设置、决策变量选择和承载力计算等。根据这些任务分别设计纸上原型。由于"选择地区"等操作的原型和个体层中的原型比较类似，在这里就不一一列举了，下面举出一些有代表性的原型。

1. "建立水资源承载力整体模型"纸上原型

"建立水资源承载力整体模型"纸上原型如图 6-12 所示。

打开建立水资源承载力整体模型模块后，自动弹出对话框，让用户选择个体层中各用水主体的刺激—反应规则。点击每类规则的下拉列表框可以选择相应的规则，选择完成后点击"确定"按钮，完成承载力整体模型与个体层各主体刺激—反应规则的链接。

图 6-12 "建立水资源承载力
模型"纸上原型

2. "输入规划约束"纸上原型

"输入规划约束"纸上原型如图 6-13 所示。

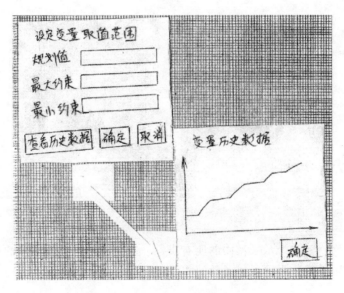

图 6-13 "输入规划约束"纸上原型

在进行承载力计算之前，要对每个决策变量的规划值进行设置，这是承载力可行解的初始值和解的值域。双击需要设置规划约束的指标，弹出设置规划值对话框，在对话框里可以输入该指标的最大值、最小值和规划值。点击"历史数据"按钮可以查看历史数据，通过查看历史数据可以对设置指标的规划约束提供一定的参考。设置完成后，点击"确定"按钮即可。

3. "确定适应度评价指标"纸上原型

"确定适应度评价指标"纸上原型如图 6-14 所示。
适应度评价有三个指标可选择，其中用水主体社会效益最优（缺水量最小）

默认必选，选择用水主体经济效益指标打开"用水主体经济效益指标设置"界面，选择用水主体生态环境效益指标打开"用水主体生态环境效益指标设置"界面。

选择相应指标后给相应指标赋予权重值。设置完成后，点击"确定"按钮即可。

4. "用水主体经济效益指标设置"纸上原型

"用水主体经济效益指标设置"纸上原型如图 6-15 所示。

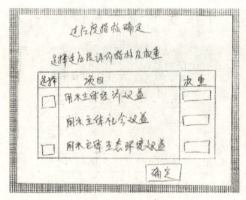 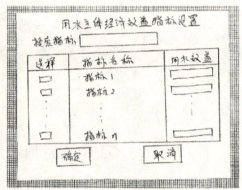

图 6-14　"确定适应度评价指标"　　　　图 6-15　"用水主体经济效益指标
纸上原型　　　　　　　　　设置"纸上原型

指标名称栏目中显示模型中的所有指标，勾选与经济效益相关的指标，并在右侧栏目的用水效益中输入相关数值。设置完成后，点击"确定"按钮即可。

5. "用水主体生态环境效益指标设置"纸上原型

"用水主体生态环境效益指标设置"纸上原型如图 6-16 所示。

左侧栏目为环境指标选择栏目，该栏目指标单选，右侧为模型中环境指标参数输入。如选择左侧 COD 指标，右侧选择化工主体污水排放量和生活主体污水排放量等指标，则意味着要在右侧栏目中填入单位化工主体污水排放量中 COD 含量和单位生活主体污水排放量中 COD 含量指标值。设置完成后，点击"确定"按钮即可。

6. "约束条件输入"纸上原型

"约束条件输入"纸上原型如图 6-17 所示。

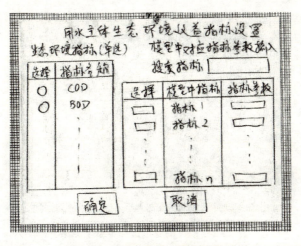

图 6-16　"用水主体生态环境效益
指标设置"纸上原型

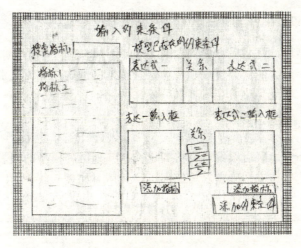

图 6-17　"约束条件输入"纸上原型

　　左侧栏目为模型中的所有指标，上方的搜索框实现指标快速选取。右侧下方有两个表达式输入框，以表达式一输入为例，选择左侧指标栏目中的指标，点击"添加指标"按钮，该指标出现在表达式一栏目中，继续指标选择，完成表达式。表达式一与表达式二的关系通过"关系"下拉菜单确定，设置完成后，点击"添加约束条件"按钮，该约束条件就会出现在右侧上方的栏目中。

7. "决策变量选择"纸上原型

　　"决策变量选择"纸上原型如图 6-18 所示。

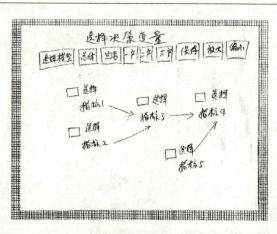

图 6-18　"决策变量选择"纸上原型

打开水资源承载力模型，界面上每个指标旁都有选择框，勾选选中的决策变量，点击上方栏目中的"保存"按钮即可。

6.4.3　整体层设计评价与再设计

在纸上原型设计好之后，使用改进型的 GOMS 模型对纸上原型的界面效率进行测试。选择地区的操作过程和个体层选择地区的操作并无区别，其测试结果可以直接使用。下面为整体层设计部分操作的评价表。

1. 选择模型

在用户选择完地区后系统会直接弹出在这一地区的模型的列表，用户直接在列表上选择，然后点击"确定"按钮即可，其用时如表 6-10 所示。

表 6-10　选择模型操作评价表

序号	名称	详细	所需时间/秒
1	M	准备选择模型	1.35
2	M	决定要选择的模型	1.35
3	P	指向相应的模型选项（移动距离小于 50 毫米）	0.1
4	C	点击鼠标	0.1
5	R	释放鼠标	0.1
6	V	核实选择	0.25
6	P	指向"确定"按钮（移动距离小于 50 毫米）	0.1
7	C	点击鼠标	0.1
8	R	释放鼠标	0.1
合计		任务总的所需时间	3.55

2. 输入规划约束

在选择好模型后，输入相应的规划约束值，以输入单个指标的规划约束值为例，其用时如表 6-11 所示。

表 6-11　单个指标输入规划约束值操作评价表

序号	名称	详细	所需时间/秒
1	M	准备需要输入规划约束值的指标	1.35
2	M	决定需要输入规划约束值的指标	1.35
3	P	指向相应的指标（移动距离小于 50 毫米）	0.1
4	D-C	双击鼠标，选择指标	0.4
5	C	点击鼠标（点击查看历史数据按钮）	0.1
6	CHECK	查看历史数据	30
7	CONFIG	输入规划及约束值（简化为只需 30 秒）	30
8	V	确认输入的规划约束值	0.25
9	P	指向"确定"按钮（移动距离小于 50 毫米）	0.1
10	C	点击鼠标	0.1
11	R	释放鼠标	0.1
合计		任务总的所需时间	63.85

3. 确定适应度评价指标

在选择好模型后，需要在适应度评价指标选择页面上勾选选中的适应度指标项，并输入各指标相应的权重值，以勾选两个指标、输入三个权重值为例，其用时如表 6-12 所示。

表 6-12　确定适应度评价指标操作评价表

序号	名称	详细	所需时间/秒
1	M	准备需要勾选的指标	1.35×2
2	M	决定需要勾选的指标	1.35×2
3	P	指向相应的指标（移动距离小于 50 毫米）	0.1×2
4	C	点击鼠标，选择指标	0.1×2
5	R	释放鼠标	0.1×2
6	M	准备输入相应的指标权重	1.35×3
7	P	指向相应的输入框（移动距离小于 50 毫米）	0.1×3
8	C	点击鼠标	0.1×3
9	R	释放鼠标	0.1×3
10	CONFIG	输入权重	5×3
11	V	确认输入的权重值	0.25×3
12	P	指向"确定"按钮（移动距离小于 50 毫米）	0.1
13	C	点击鼠标	0.1
14	R	释放鼠标	0.1
合计		任务总的所需时间	27

4. 用水主体经济效益指标设置

在适应度评价指标选择页面勾选用水主体经济效益指标，点击确认后，自动打开用水主体经济效益指标设置页面，以设置 10 个用水主体的经济效益指标为例，其用时如表 6-13 所示。

表 6-13 用水主体经济效益指标设置操作评价表

序号	名称	详细	所需时间/秒
1	M	准备进行指标模糊查询	1.35×10
2	M	决定进行指标模糊查询	1.35×10
3	P	指向指标模糊查询框（移动距离小于 50 毫米）	0.1×10
4	C	点击鼠标	0.1×10
5	R	释放鼠标	0.1×10
6	M	准备输入需要查询的指标名称	1.35×10
7	CONFIG	输入需要查询的指标名称	7×10
8	R	计算机返回查询结果	0.1×10
9	M	决定需要勾选的指标	1.35×10
10	C	点击鼠标，勾选指标	0.1×10
11	R	释放鼠标	0.1×10
12	M	准备输入勾选指标的经济效益值	1.35×10
13	P	指向相应的输入框（移动距离小于 50 毫米）	0.1×10
14	C	点击鼠标	0.1×10
15	R	释放鼠标	0.1×10
16	CONFIG	输入经济效益值	5×10
17	V	确认输入的经济效益值	0.25×10
18	P	指向"确定"按钮（移动距离小于 50 毫米）	0.1
19	C	点击鼠标	0.1
20	R	释放鼠标	0.1
合计		任务总的所需时间	199.3

5. 用水主体生态环境效益指标设置

在适应度评价指标选择页面勾选用水主体生态环境效益指标，点击确认后，自动打开用水主体生态环境效益指标设置页面，以设置 2 个生态环境指标为例，假设每个生态环境指标需要输入 10 个环境参数，其用时如表 6-14 所示。

表 6-14　用水主体生态环境效益指标设置操作评价表

序号	名称	详细	所需时间/秒
1	M	准备选择生态环境指标	1.35×2
2	M	决定要选择的生态环境指标	1.35×2
3	P	指向相应的生态环境指标选项（移动距离小于 50 毫米）	0.1×2
4	C	点击鼠标	0.1×2
5	R	释放鼠标	0.1×2
6	V	核实选择	0.25×2
7	M	准备进行指标模糊查询	1.35×20
8	M	决定进行指标模糊查询	1.35×20
9	P	指向指标模糊查询框（移动距离小于 50 毫米）	0.1×20
10	C	点击鼠标	0.1×20
11	R	释放鼠标	0.1×20
12	M	准备输入需要查询的指标名称	1.35×20
13	CONFIG	输入需要查询的指标名称	7×20
14	R	计算机返回查询结果	0.1×20
15	M	决定需要勾选的指标	1.35×20
16	C	点击鼠标，勾选指标	0.1×20
17	R	释放鼠标	0.1×20
18	M	准备输入勾选指标的生态环境效益值	1.35×20
19	P	指向相应的输入框（移动距离小于 50 毫米）	0.1×20
20	C	点击鼠标	0.1×20
21	R	释放鼠标	0.1×20
22	CONFIG	输入生态环境效益值	5×20
23	V	确认输入的生态环境效益值	0.25×20
24	P	指向"确定"按钮（移动距离小于 50 毫米）	0.1
25	C	点击鼠标	0.1
26	R	释放鼠标	0.1
合计		任务总的所需时间	404.8

6. 约束条件输入

约束条件输入为输入左右两个表达式，中间用关系符号连接，以输入两个约束条件为例，涉及 8 个变量，6 个运算符，选择两个关系符号，其用时如表 6-15 所示。

表 6-15　约束条件输入操作评价表

序号	名称	详细	所需时间/秒
1	M	准备进行指标模糊查询	1.35×8
2	M	决定进行指标模糊查询	1.35×8
3	P	指向指标模糊查询框（移动距离小于 50 毫米）	0.1×8
4	C	点击鼠标	0.1×8
5	R	释放鼠标	0.1×8
6	M	准备输入需要查询的指标名称	1.35×8
7	CONFIG	输入需要查询的指标名称	7×8
8	R	计算机返回查询结果	0.1×8
9	M	准备选择指标	1.35×8
10	M	决定要选择的指标	1.35×8
11	P	指向相应的指标选项（移动距离小于 50 毫米）	0.1×8
12	C	点击鼠标	0.1×8
13	R	释放鼠标	0.1×8
14	V	核实选择	0.25×8
15	P	指向添加指标按钮（移动距离小于 50 毫米）	0.1×8
16	C	点击鼠标，指标进入表达式	0.1×8
17	R	释放鼠标	0.1×8
18	M	准备输入运算符	1.35×6
19	M	决定要输入的运算符	1.35×6
20	C	点击鼠标	0.1×6
21	R	释放鼠标	0.1×6
22	K	输入运算符	0.2×6
23	M	决定需要选择的关系运算符	1.35×2
24	C	点击鼠标，展开下拉菜单	0.1×2
25	R	释放鼠标	0.1×2
26	P	指向需要选择的关系运算符（移动距离小于 50 毫米）	0.1×2
27	C	点击鼠标	0.1×2
28	R	释放鼠标	0.1×2
29	P	指向添加约束条件按钮（移动距离小于 50 毫米）	0.1×2
30	C	点击鼠标，生成约束条件表达式	0.1×2
31	R	释放鼠标	0.1×2
合计		任务总的所需时间	142.9

7. 决策变量选择

　　决策变量落在整个模型中，需要打开整体层模型和各个体层的刺激—反应规则。以勾选 10 个决策指标为例，假设这些指标分散在模型所有的页面中，即要打开 5 个模型界面，其用时如表 6-16 所示。

表 6-16　决策变量操作评价表

序号	名称	详细	所需时间/秒
1	M	准备打开子模型	1.35×5
2	M	决定要打开的子模型	1.35×5
3	P	指向相应的按钮（移动距离小于 50 毫米）	0.1×5
4	C	点击鼠标	0.1×5
5	R	释放鼠标	0.1×5
6	R	计算机打开相应界面	0.5×5
7	M	准备需要勾选的指标	1.35×10
8	M	决定需要勾选的指标	1.35×10
9	P	指向相应的指标（移动距离小于 50 毫米）	0.1×10
10	C	点击鼠标，选择指标	0.1×10
11	R	释放鼠标	0.1×10
12	V	核实选择	0.25×10
13	P	指向"确定"按钮（移动距离小于 50 毫米）	0.1
14	C	点击鼠标	0.1
15	R	释放鼠标	0.1
合计		任务总的所需时间	50.3

8. 水资源承载力计算

运用上面的计算结果可以计算水资源承载力操作所需的时间如表 6-17 所示。

表 6-17　计算水资源承载力操作评价表

序号	名称	详细	所需时间/秒
1	M	准备选择进行水资源承载力计算	1.35
2	SREGION	选择地区	4.1
3	SMODEL	选择模型	4.1
4	SPLAN	选择规划方案	4.1
5	P	指向"计算"按钮（移动距离小于 50 毫米）	0.1
6	C	点击鼠标	0.1
7	R	释放鼠标	0.1
8	R	计算机返回计算结果	1167
合计		任务总的所需时间	1 180.95

9. 水资源承载力计算改进

由表 6-9～表 6-17 可以看出，在水承载力计算中占据绝大部分时间的环节就是"计算机返回计算结果",这一环节所花费的时间直接影响到了用户的体验。

首先对遗传算法进行改进,改进方法见第 4 章。

其次,在整体层的计算中需要通过计算各因素的相互影响而得到种群的适应度。也就是说,种群每进行一次遗传操作,就要就对水资源系统中各元素的相互影响计算一次。在最初的设计当中,每进行一次计算就使用递归算法根据水资源承载力系统模型的图形信息得到的计算顺序进行计算,虽然这种方案可以很好地完成计算的需求,但是每一次计算都使用递归算法获取运算顺序耗费了大量的时间和空间。在对算法进行再次分析时,发现在进行个体层模拟计算时,水资源承载力系统模型的结构并不会发生变化。因此,只需要在第一次进行计算时通过相应的算法把模型中的计算顺序得到并储存到内存中,下次进行计算时可直接使用,从而节省了大量的时间与空间。

10. 改进方案测试

测试实验的实验平台为 Windows 7 操作系统,CPU 为 Intel i5 1.8GHz,内存 4GB。实验用的模型包含 324 个变量,把其中 10 个变量作为决策变量进行分析,最高迭代次数为 300 次,实验进行 10 次,数据取平均值。

从第一组实验结果(表 6-18)可以发现,通过整体层个体层交互方式的改进,有效地加快了模型在程序中的运行速度。

表 6-18　算法程序改进效果对比

算法	种群规模	收敛次数	运行花费时间/秒
传统遗传算法(初始程序)	100	283.4	1 167.6
传统遗传算法(改进后程序)	100	283.2	481.4

第二组测试为改进遗传算法效果的测试。在并行算法中使用了两台配置与主机一致的计算机作为工作站进行计算。实验用的模型同样包含 324 个变量,把其中 10 个变量作为决策变量进行分析,最高迭代次数为 300 次,实验进行 10 次,数据取平均值,结果如表 6-19 所示。

表 6-19　改进行遗传算法效果对标

算法	种群规模	收敛次数	运行花费时间/秒
传统遗传算法	100	283.7	482.2
传统遗传算法(并行)	100	282.9	255.9
改进遗传算法	100	187.2	340.1
改进遗传算法(并行)	100	187.7	184.2

通过对改进的遗传算法和分布式计算的测试,可以看出程序在运行速度上又

得到了进一步的提升。

6.4.4　基于 JGAP 的整体层改进遗传算法的实现

1. 编码

使用 JGAP 技术可以方便地实现各种形式的编码。在改进方案中采用的是实数编码方式，所以可以使用 DoubleGene 对需要优化的变量进行编码。

```
GenenewGene = new DoubleGene(cfig, minV, maxV);
//minV 代表变量的下限，maxV 代表变量的上限
```

2. 选择

在 JGAP 中实现自适应的选择机制需要继承 NaturalSelectorExt 类并且实现 ICloneable 接口。

```
public classRWTSelector extends NaturalSelectorExt {
    ......
    public voidselectChromosomes(final int a_howManyToSelect,
                                 Population a_to_pop) {
    List tournament = new Vector();
    RandomGenerator rn = getConfiguration().getRandomGenera-
      tor();
    int size = m_chromosomes.size();
    if(size = = 0) return;

    tournament.addAll(m_chromosomes);
    while(a_to_pop.size() < a_howManyToSelect){
      if((tournament.size() % 2 ) ! = 0) {
        int k = rn.(tournament.size());
        tournament
      }
      ListnextRound = Vector();
      List match = Vector();
      for(int i = 0; i < tournament.size() / 2 ; i++) {
```

```
        int k1 = rn.nextInt(tournament.size());
        int k2 = rn.nextInt(tournament.size());
        match.add(m_chromosomes.get(k1));
        match.add(m_chromosomes.get(k2));
        Collections.sort(match, m_fitnessValueComparator);
        nextRound.add(match.get(0));
        match.clear();
      }
    tournament.clear();
    for(int j = 0; j < nextRound.size() ; j++) {
      a_to_pop.addChromosome(nextRound.get(j));
      tournament.add(nextRound.get(j));
      if(a_to_pop.size() == a_howManyToSelect) break;
    }
  }
  ......
}
```

　　选择器实现后在计算时，只需使用 add Natural Selector 方法把上述改进后的选择器添加到遗传算法配置文件中即可。

　　3. 交叉

　　在 JGAP 中实现自适应的遗传交叉需要继承 BaseGeneticOperator 类并且实现 Comparable 接口。

```
public class AdaptiveCrossoverOperator extendsBaseGeneticOp-
  erator implements
          Comparable {
    private doubleavgValueOfFitness = 0.0;
    private doublemaxValueOfFitness = 0.0;
    @ Override
    public void operate(final Population a_population, final
      List a_candidateChromosomes) {
```

```
    int size = Math.min(getConfiguration().getPopula-
      tionSize(),
                   a_population.size());
  RandomGenerator generator = getConfiguration().ge-
    tRandomGenerator();
IGeneticOperatorConstraint constraint = getConfig-
  uration().
    getJGAPFactory().getGeneticOperatorConstraint();
  int index1, index2;
  for(int i = 0; i < size; i++) {
  index1 = generator.nextInt(size);
      index2 = generator.nextInt(size);
      IChromosome chrom1 = a_population.getChromo-
        some(index1);
      IChromosome chrom2 = a_population.getChromo-
        some(index2);
      doublefValue = ( chrom1.getFitnessValue( ) >
        chrom2.getFitnessValue())
                     ? chrom1.getFitnessValue( ) :
                       chrom2.getFitnessValue();
      doublepValue = getPValue(fValue);
      double thresholdValue = Math.random();
      if(thresholdValue > pValue) continue;//按概率
        Pc 决定两个体之间是否进行交叉
      doCrossover(firstMate, secondMate, a_candi-
        dateChromosomes, generator);
      //交叉遗传
  }
}
protected  voiddoCrossover ( IChromosome  firstMate,
  IChromosome secondMate,
        List a_candidateChromosomes,
        RandomGenerator generator) {
```

```
                    //两个体进行交叉遗传
    }
    private doubleavgOfFitnessValues（Population chromo-
        somes）{
            //计算种群中个体平均适应度
    }
    private doublemaxOfFitnessValues（Population chromo-
        somes）{
            //寻找出种群中最大适应度
    }
    final double pc1 = 0.99, pc2 = 0.6;
    private doublegetPValue(double fValue){
        if(fValue < avgValueOfFitness){
            return pc1;
        }else{
            return pc1 - (pc1 - pc2) * (fValue - avgValueOf-
                Fitness) / (maxValueOfFitness - avgValueOf-
                Fitness);
        }
    }//计算概率 Pc
}
```

　　计算时只需使用 add Genetic Operator 方法把上述自适应交叉遗传操作添加到遗传算法的配置中即可。

　　4. 变异

　　在 JGAP 中实现自适应的遗传变异，首先实现自适应的变异概率计算器。自适应的变异概率计算器可以通过继承 BaseRateCalculator 类实现。

```
public class AdaptiveMuationRateCalculator extendsBaseRate-
    Calculator {
    private doubleavgValueOfFitness = 0.0;
    private doublemaxValueOfFitness = 0.0;
    private Population chromosomes = null;
```

```
public AdaptiveMuationRateCalculator(Configuration a_
    config)
throws InvalidConfigurationException{
        super(a_config);
        init();
}
private void init()throws InvalidConfigurationException
    {
        chromosomes = new Population(getConfiguration());
        avgValueOfFitness = avgOfFitnessValues (chromo-
            somes);
        maxValueOfFitness = maxOfFitnessValues (chromo-
            somes);
}
@ Override
public booleantoBePermutated(IChromosome a_chrom, int a_
    geneIndex) {
        RandomGenerator generator = getConfiguration().ge-
            tRandomGenerator();
        double pmValue = getPValue(a_chrom);
        double thresholdValue = generator.nextDouble();
        return thresholdValue < pmValue;
}//根据 Pm 值决定是否进行遗传变异
final double pm1 = 0.1, pm2 = 0.001;
private double getPValue(IChromosome a_chrom){
        double fValue = a_chrom.getFitnessValue();
        if(fValue < avgValueOfFitness){
            return pm1;
        }else{
            return pm1 - (pm1 - pm2) * (maxValueOfFitness -
                fValue) / (maxValueOfFitness - avgValueOf-
                Fitness);
        }
}//计算 Pm 值
```

```
    private doubleavgOfFitnessValues(Population chromosomes)
    {
          //计算种群适应度平均值
    }
     private doublemaxOfFitnessValues ( Population chromo-
        somes){
          //寻找种群中个体适应度最大值
    }
}
```

5. 并行计算

使用 JGAP 在局域网中实现并行遗传算法，在服务器和工作站上不需要编写特别的程序，只需要在作为服务器和工作站的计算机上安装好 Java 运行环境和 JGAP 的相关 jar 包。

启动服务器时，在作为服务器的计算机上的操作系统中的命令行控制台中输入以下命令：

```
java-cp".;jgap-examples.jar;lib\og4j.jar;jgap.jar;lib\com-
    mons-cli-1.0.jar;lib\jcgrid.jar" org.jgap.distr.grid.JGAPS-
    erver
```

启动工作站时，在作为工作站的计算机上的操作系统中的命令行控制台中输入以下命令：

```
java-cp ".;jgap-examples.jar;lib\log4j.jar;jgap.jar;lib\com-
    mons-cli-1.0.jar;lib\jcgrid.jar" org.jgap.distr.grid.JGAP-
    Worker -s SERVER -n myworker1
```

其中，SERVER 为参数，需要填上在局域网中作为并行遗传算法服务器的计算机的 IP 地址；而-n 后的参数是当前工作站名称，在一个局域网中的不同工作站必须要有不同的名称。

在该并行遗传算法实现中，主要的遗传操作和适应度计算工作都是集中在客户端上完成的，通过继承 GridConfigurationBase 实现对并行遗传算法的设置。

```
public class GridConfiguration
    extends GridConfigurationBase {
  public void initialize(GridNodeClientConfig gridconfig)
      throws Exception{
    gridconfig.setSessionName("JGAP_fitness_distributed");
    Configuration jgapconfig = new DefaultConfiguration();
    jgapconfig.setEventManager(new EventManager());
    jgapconfig.setPopulationSize(10);
    jgapconfig.setKeepPopulationSizeConstant(true);
    jgapconfig. setFitnessFunction ( new SampleFitnessFunc-
    tion());//设置适应度函数
    IChromosome sample = new Chromosome();
    jgapconfig.setSampleChromosome(sample);
    setWorkerReturnStrategy(new MyWorkerReturnStrategy());
    setGenotypeInitializer(null);
    setWorkerEvolveStrategy(null);
    setRequestSplitStrategy(new MyRequestSplitStrategy(jgap-
      config));
    setConfiguration(jgapconfig);
    setClientEvolveStrategy(new ClientEvolveStrategy());
    setClientFeedback(new MyClientFeedback());
  }
}
```

在客户端中只需要通过 JGAPClient 的构造函数调用这个配置就是开始进行并行遗传算法的计算。

```
GridNodeClientConfig config = new GridNodeClientConfig();
newJGAPClient(config, "GridConfiguration");
```

第7章　新疆哈密基于 CAS 的水资源承载力决策

7.1　哈密概况

7.1.1　自然概况

1. 地理位置

哈密地区位于新疆维吾尔自治区东部,是古"丝绸之路"和亚欧大陆桥的枢纽,也是新疆联系内地的"窗口",地理位置介于东经 $91°06'33''\sim96°23'00''$,北纬 $40°52'47''\sim45°05'33''$。东部与甘肃省酒泉地区的肃北县、安西县和敦煌市相邻,南接内蒙古的若羌县,西同吐鲁番地区的鄯善县、昌吉回族自治州的木垒县相通,北部、东北部与蒙古国接壤,有长达 586.663 千米的国界线。地区最东在星星峡东北,最西在七角井以西,东西长约 404 千米,最北在巴里坤县三塘湖乡的大哈甫提克山,最南为哈密市南湖乡哈顺戈壁的白龙山附近,南北宽约 440 千米,总面积为 15.3 平方千米,占新疆总面积的 9%。

2. 地形地貌

哈密地区的地形,中间高南北低,地势差异大,可概括为"四山夹三盆",自南向北依次为南端的库鲁克山地、横贯哈密中部的东天山余脉巴里坤山和哈尔里克山、北部支脉的木钦乌拉山、北端的阿尔泰山东南支脉,夹有吐哈盆地、巴伊盆地、淖毛湖盆地,其长轴方向与山地相近,即西北—东南向。

横贯哈密中部的东天山余脉呈北东—南西走向延展,最高峰为哈尔里克山主峰托木尔提峰,海拔 4886 米,巴里坤山主脉月牙山海拔 4308.3 米,其上冰川广布,角峰突起,有多种形态类型的冰川和冰蚀地貌,是哈密绿洲的天然水资源补给区。南北两侧是中低山区,包括中蒙边界的东准噶尔山地及哈密盆地以南久经侵蚀起伏平缓的觉罗塔格山,这些山低而散乱,顶部浑圆,相对高度一般在 200 米左右。

哈密盆地位于觉罗塔格山和天山主脉之间,这是哈密地区最大的盆地,它西宽东窄,最宽超过 100 千米,西起十三间房,东至山口、骆驼圈子一带封闭,区内延伸 250 千米左右,地势东北高、西南低,最低处沙尔湖,海拔仅有 53 米。

盆地大致可划分为三个地貌景观带：北部山麓一带坡度较大，由许多洪积扇粗碎屑物质组成的砾石戈壁带，向南地势趋于平坦，逐渐变为细粒砂土堆积的大冲积扇倾斜平原带，这里土地肥沃，水源充足，人口密集，农耕殷盛，地区最大的绿洲——哈密市位于其上。最南部则为零散的沙丘和干涸的盐湖带，这是一种有别于塔里木盆地的不对称半环状结构。

巴里坤盆地—伊吾河谷地处在天山主脉与支脉莫钦乌拉山之间，是一个长条状构造盆地。达子沟西部是著名的巴里坤盆地，由东天山、莫钦乌拉山所包围，其中西北山势最低，形成了水汽入侵的天然缺口。盆底西宽东窄，状如老虎大腿，地势自东向西倾斜，至巴坤湖形成盆底最低处，可分为三个地貌单元：南北高山带、西山中低山区及高位盆地。该盆地地势高寒阴湿，草原广布，是哈密地区重要的畜牧业基地。

三塘湖—淖毛湖盆地地处莫钦乌拉山与东准噶尔山地之间，该盆地海拔在 1000 米以下，最低处海拔超过 300 米，是哈密地区天山以北纬度最高、地势最低、热量最富的奇特地区，多为戈壁及各种风蚀地貌。

哈密地区山地面积为 1.72 万平方千米，占总面积的 12%；丘陵区面积为 6.02 万平方千米，占总面积的 42%；平原区为 2.15 万平方千米，占总面积的 31%，其余为戈壁荒漠。

3. 气候气象

1）气候

哈密地区位于中纬度亚欧大陆腹地，由于天山山脉横亘地区中部，加之山脉南、北两侧多为荒漠、戈壁，地区不仅具有大陆性很强的温带干旱气候特点，而且各地气候差异明显。地区全境可划分为五个气候带，共七个气候区：暖温带极干旱区（哈密盆地、淖毛湖盆地）、温带极干旱区（三塘湖戈壁、七角井盆地）、温带干旱区（伊吾谷地、沁城及天山南麓海拔 1500~2000 米地带）、温带亚干旱区（巴里坤盆地、天山北麓海拔 1500~2000 米地带）、寒温带干旱区（天山山区南坡海拔 2000~3000 米地带）、亚寒带亚干旱区（天山山区北坡海拔 2000~3000 米地带）、寒带亚干旱区（天山海拔 3000 米以上山区）。

概括各地气候主要特征是：干燥少雨，晴天多，光照丰富，年、日温差大，降水分布不均，春季多风、冷暖多变，夏季酷热、蒸发强，秋季晴朗、降温迅速，冬季寒冷、低空气层稳定。

2）气温

哈密地区气温主要特点是山区低于平原，具有明显的垂直地带性变化规律。自南、北戈壁向中部山区，随地势增高，气温逐渐降低，地势每升高 100 米，年平均气温约降低 0.5℃。春季升温迅速，但不稳定；夏季气温高、日照长、干燥、炎热；秋季气温下降明显；冬季山区气候寒冷。代表平原区的哈密气象站统计资料显示，年平均气温为 9.8℃，极端最高气温为 43.9℃，极端最低气温为 -32.0℃；代表天山北坡山区的巴里坤气象站统计资料显示，年平均气温为 1.5℃，极端最高气温为 34.8℃，极端最低气温为 -43.6℃。

天山南部的哈密市，干燥少雨，温差大，光照时间长，年平均气温为 9.8℃，年均日照时数为 3358 小时，无霜期为 182 天。

天山北部巴里坤和伊吾冬冷夏凉，年均气温为 1~3℃，无霜期为 104 天。

3) 日照时数

哈密地区全年日照时数为 3170~3380 小时，是全国日照时数充裕的地区之一。位于地区东部的星星峡全年日照时数达 3500 小时，比俗称"日光城"的拉萨还多 350 小时。哈密、三塘湖—淖毛湖盆地平原，全年日照时数在 3350 小时以上。位于天山山间的巴里坤盆地、伊吾谷地分别为 3170 小时和 3250 小时。各地全年日照时数以 5 月最多，为 315~340 小时；6~8 月次之，各月日照时数为 305~335 小时；12 月最少，但仍在 200 小时左右。

就整个作物生长季（4~9 月）而言，其累积日照时数多达 1800~1900 小时；特别是作物生长的旺季（5~8 月），各月日照时数达 310~340 小时。

4) 太阳辐射

哈密地区天气干燥，光照时间长，全年太阳总辐射量达 6397.35 兆焦耳/平方米，为新疆之首，也是全国太阳辐射量较大的地区之一。得天独厚的环境条件，为哈密地区提供了极丰富的太阳能资源。

哈密地区各地太阳总辐射量，以平原戈壁地区为多，山区略少。全年以 6 月最多，12 月最少。5~8 月太阳总辐射量皆在 700 兆焦耳/平方米以上，其中 6 月可达 780 兆焦耳/平方米。而 11 月至次年 1 月，各月的太阳总辐射量尚不足 300 兆焦耳/平方米，其中 12 月为 239 兆焦耳/平方米，其量仅为最多月的 30%。

5) 降水

哈密地区降水量的分布呈西部大于东部、山区大于平原，迎风坡多于背风坡，自西北向东南递减，盆地中央向四周戈壁荒漠区递减的规律。占全地区总面积 46% 的平原、荒漠、戈壁地区的全年降水量仅为 25~40 毫米，降水日数不足 25 天，淖毛湖戈壁降水更少，年降水量仅有 14.3 毫米，降水日数为 12 天左右，是全国少降水的地区之一。山区多降水，年降水量为 100~250 毫米，降水日数为 40~80 天。迎风坡处的巴里坤西黑沟水文站，年降水量多达 441.9 毫米，降水日数可达 80 天以上；而天山南麓的石城子水文站（背风坡）和地形比较闭塞的伊吾城镇附近，年降水量仅有 90 毫米左右，降水日数不足 50 天。

　　哈密地区各地不但降水量差异较大，而且降水年际变化很大。哈密市区一带，降水量大的年份与降水量小的年份有 6 倍之差；在淖毛湖，二者相差达到 11 倍。山区降水量的年际变化不及平原戈壁，但仍可达到 2～3 倍。

　　总之，哈密地区降水量稀少，属干旱地区，全地区多年平均降水量为 16.3～213.0 毫米。但局部洪水灾害几乎每年都有发生，尤其是春洪和夏洪以及局部性暴雨造成的危害不浅，洪、旱交替或同时出现，防旱抗旱和防洪需同时进行。

　　哈密地区降水量虽远不及沿海地区，但因山区温度低，蒸发耗损小。海拔 3200～4000 米以上，为稳定积雪带或高山冰川，它类似一座固体水库，冷湿年份积累多于消融，干热年份消融多于积累，冰川灵敏地对河水流量起着调节作用；加上中、低山带，秋后降水以积雪形态储于山中，直至仲春始融，夏季则部分降水形成地面径流，部分渗入地下，自然降水远比沿海或大江、大河流域流失要少，山区形成天然的大水库。因此，降水量虽小，可自然降水的水资源可采量较为稳定。喜湿的西伯利亚落叶松，得以在干旱的哈密山区存活，并蔓延千里形成林带，正是这个原因。

　　6）蒸发

　　山区海拔 2000 米以上地区的蒸发量在 1200 毫米以下，盆地天山南坡哈密盆地蒸发量为 3064 毫米，天山北坡巴里坤盆地蒸发量为 1621 毫米，伊吾谷地蒸发量为 2500 毫米。

　　哈密地区空气干燥，湿度小，春、夏多风，温度高，致使蒸发量可观。哈密城镇附近和淖毛湖戈壁，全年蒸发总量分别为 2799.8 毫米和 4417.8 毫米，蒸发量分别是降水量的 80 倍和 300 倍以上。哈密城镇附近，5～8 月各月的蒸发量可超过 400 毫米；淖毛湖戈壁更为可观，5～8 月各月的蒸发量竟超过 600 毫米。而且 6、7 月竟达 700 毫米以上。七角井、三塘湖、淖毛湖一带是新疆乃至全国蒸发量最大的地区之一。

　　山区较平原戈壁地区的湿度略大些，可是蒸发量仍很大，巴里坤盆地全年蒸发量为 1602.7 毫米，约为降水量的 7.5 倍，而且 5～8 月各月的蒸发量也可在 230～260 毫米。伊吾谷地和天山南麓，全年蒸发总量为 2200～2600 毫米，是降水量的 20～25 倍。

　　7）风

　　哈密地区风能资源比较丰富，俗有"风域"之称，是大风灾害较多的地区之一。受地形影响，哈密地区各地风向、风速的分布差异较大：天山以南的哈密市区及附近风力偏小，年平均风速仅为 2.3 米/秒，属风能资源季节利用区；哈密市区以东戈壁，盛行偏东风，年平均风速为 2.3～4.9 米/秒，属风能资源次丰富区；哈密市区以西地区，盛行北风和西北风，风力强劲，年平均风速为 4.8～8.7 米/秒，定时最大风速为 30～37 米/秒，盛行北风和西北风，其中沿兰新铁路沙尔至小草湖地段，被称为"百里风区"，属风能资源次丰富区；巴里坤盆地、伊吾谷地受山区气候影响大，风向多变，前者以东风为主，伊吾以西风为主，年平均风速为 2.5～3.7 米/秒，属风能资源可利用区；三塘湖—淖毛湖盆地盛行偏西风，年平均风速为 4.6～5.9 米/秒，属风能资源丰富区。

哈密地区的风春季、夏季大，秋季次之，冬季最小。风力在 8 级及以上的大风日数，平原戈壁地区一般为 80～110 天，山区一般为 15～35 天。位于"百里风区"的十三间房一带，大风日数为 149 天。

4. 河流水系

1）冰川

哈密属于典型的内陆干旱区，水资源主要靠天山冰川融雪水、大气降水补给。区内有冰川 179 条，总面积为 155.83 平方千米，冰储量为 81.709 亿立方米，折合水量为 70.9 亿立方米，是哈密的主要补给水源。其中：哈密市有冰川 94 条，面积为 88.69 平方千米，冰储量为 49.1 亿立方米，折合水量为 44.2 亿立方米；巴里坤县有冰川 36 条，面积为 17.85 平方千米，冰储量为 6.56 亿立方米，折合水量为 5.9 亿立方米；伊吾县有冰川 49 条，面积为 49.29 平方千米，冰储量为 26.031 亿立方米，折合水量为 23.428 亿立方米。

2）河流

哈密地区境内大小河流主要分布在天山及其支脉的南北坡，呈梳状排列。北坡为巴里坤水系，分布于巴里坤山北坡及巴里坤北山，各条河流最终向巴里坤湖汇集。伊吾河由南北向淖毛湖、盐池低洼处汇集。哈尔里克山南坡为疏纳诺尔湖水系，东天山南坡河流向南低洼处汇集。每一条河沟是一个自然水分循环系统，表现出水资源在流域水循环过程中的形成和转化。河流主要靠冰川融雪水和大气降水补给，其次是基岩裂隙水，径流年际变化不大，但年内变化较大，区域差异性较大，受典型的大陆性气候和地形条件的影响，4～8 月径流量占总径流量的 70％以上，洪水期一般也在 4～8 月。春洪多发生在 4～5 月，夏洪多发生在 7～8 月。

哈密全区共有河流 130 多条，中高山区为径流形成区，从河源到出山口水量逐渐增加，出山口后流经冲积扇和冲积平原，水量大部分渗漏，由地表水转换为地下水，加之出山口后降水少，蒸发大，部分河流不能形成径流，只有少数水量较丰的河流，才能流到盆地内部，因此，哈密地区 130 多条河流中只有 75 条形成常流水河流，其基本特征为流域面积小、流程短、渗漏大、年径流量小、河槽调蓄能力差。全地区年径流量大于 0.1 亿立方米的河流如表 7-1 所示。

表 7-1　哈密地区年径流量大于 0.1 亿立方米以上的河流统计表

序号	河名	集水面积/平方千米	所属县市	河长/千米	年径流量/万立方米
1	头道沟	371	哈密市	41.5	2 654
2	故乡河	431	哈密市	47.3	5 628
3	榆树沟	308	哈密市	35.0	4 892
4	庙尔沟	372	哈密市	43.3	3 712
5	八木墩	203	哈密市	27.6	2 925
6	五道沟	224	哈密市	30.0	5 309
7	四道沟	100.4	哈密市	20.0	1 753
8	三道沟	142	哈密市	17.3	2 301
9	二道沟	96	哈密市	25.0	1 254
10	乌拉台	85	哈密市	14.2	1 381
11	红山口沟	45	巴里坤县	12.3	2 225
12	大黑沟	58	巴里坤县	14.6	2 418
13	大柳沟	106	巴里坤县	17.5	1 050
14	伊吾河	1 057	伊吾县	71.6	7 025
15	吐尔干沟	54.5	伊吾县	12.6	1 112
	合计				45 639

3）湖泊

哈密地区湖泊均为断陷洼地形成的内陆蒸发咸水湖，因补给量少和蒸发强烈的原因，有些湖泊萎缩、干涸，甚至消亡，如沙尔湖、淖毛湖、大南湖等已经消亡，现存的湖泊主要有 2 处：巴里坤湖和托勒库勒湖。

巴里坤湖，古称蒲类海，属断陷湖盆，湖面海拔 1581 米，1944 年面积为 140 平方千米，1984 年缩小为 112 平方千米，湖水深度平均为 2.5 米，最深可达 8 米。湖水富含芒硝、食盐等。因流入巴里坤湖的柳条河上、中游修水库、打井，湖面水位下降，1944～1984 年，湖水面下降 4 米，湖面积缩小 28 平方千米。

托勒库勒湖，位于伊吾县盐池乡北 2 千米处，也称盐池，湖面海拔 1896 米，1943 年面积为 35 平方千米，1989 年面积为 25 平方千米，湖面海拔 1866 米。该湖无溪流，主要水源是哈尔里克山北坡和莫钦乌拉山的南坡一部分季节性水流和地下泉水集聚而成。湖水矿化度为 12～67 克/升。

5．土壤植被

由于哈密地区年降雨量稀少，而蒸发量大，加之地下水埋深较深，地表缺水，土壤母质粗。因气候、水文地质与漠化作用强烈，在洪积扇上、中部形成棕色荒漠土。哈密绿洲农业历史悠久，千百年来，人类对自然土壤的耕作种植，极大丰富了地表植被，而农作物收获后的残体与其他自然植被残体每年大量残留土中，使土壤有机质的积累大大增加，土壤结构大为改善，土层疏松，土壤空气、热量状况得以调节，耕性变好，创造了新型的耕作层。

在耕地土壤中，有机质含量处在一般状态的（四级），占耕地面积的55.8%，主要集中在巴里坤县栗钙土地区、哈密市绿洲平原地区，是地区粮食生产区。

全地区的林业资源主要有山地林、灌木林、荒漠湖杨林、河谷林、各类人工种植林带等。其中在天山南北坡迎风坡面天然草场植被发育较好，垂直带比较完整，海拔 2300～2900 米的区域森林、草甸、草原并存。

7.1.2　自然资源

1. 煤炭资源

哈密煤炭资源储量大，品种多、易开采，具有"三低一高"（低硫、低灰粉、低瓦斯、高发热量）的资源禀赋条件，适合建设亿吨级煤炭生产和深加工基地。煤炭资源总面积为 12 560.7 平方千米，预测储量为 5708 亿吨，占全国预测资源量的 12.5%，占新疆预测资源量的 31.7%，居新疆第一位。

哈密煤矿区在自治区煤炭工业规划中，分别规划为哈密煤电化基地矿区、自治区重点矿区和一般矿区。其中：哈密煤电化基地矿区分布在哈密地区的哈密市、巴里坤和伊吾县，由大南湖矿区、沙尔湖矿区、巴里坤矿区、三塘湖矿区及淖毛湖矿区组成。规划基地总面积为 10 572 平方千米，查（探）明及预测总资源量为 4063.1 亿吨，查（探）明资源量为 344.14 亿吨。煤种为长焰煤、褐煤、不黏结煤、气煤、气肥煤、焦煤等。

2. 黑色金属资源

铁矿是哈密最具优势的矿种之一，分布广、类型全、远景储量大、富矿比例较高，累计探明储量为 4.37 亿吨，其中探明并计入储量表的储量为 2.67 亿吨，居新疆第一位。矿石类型以磁铁矿为主，其次是赤铁矿、菱铁矿。矿石高硫低磷，并伴生有铜与钴。主要分布在地区东南部沿兰新铁路两侧的磁海、天湖、雅满苏、库木塔格、双井子等矿区。雅满苏磁铁矿含铁达 53%，是新疆的一大富矿。

3. 有色金属资源

东天山有色金属成矿带已被列入西部大开发 10 大重点开发带。

哈密铜镍资源十分丰富，主要分布在哈密市东南星星峡及哈尔里克山、沙泉子、库木塔格一带。其中哈密市东南的铜镍矿成矿带，现已发现铜矿产地 14 处，累计探明储量为 142.88 万吨（金属量），探明并计入表的储量为 42.01 万吨，居新疆第二位，品位为 0.35%～0.81%；镍矿产地 6 处，累计探明储量为 91.97 万吨（金属量），探明并计入表的储量为 68.85 万吨，居新疆第一位，仅次于镍都金川，居全国第二位，品位为 0.31%～0.58%。

黄金资源主要分布在大南湖—南坡子泉—沁城区域、巴里坤县区域、伊吾县区域，探明矿石量分别为 45.5 万吨、36.37 万吨、4.82 万吨，矿石品位为 5～26.54 克/吨。

钼矿资源主要分布在哈密市镜儿泉—白山区域，保有资源储量为 3.65 万吨（金属量）。

铅锌资源分布在双井子—小白石头—铅炉子区域，探明铅资源量为 1981 万吨，锌资源量为 2789 万吨。

4. 化工建材资源

哈密地区芒硝、湖盐、钾盐资源丰富，芒硝保有储量为 8902.3 万吨，占新疆探明储量的 12%，居新疆第五位；湖盐探明资源量为 5907 万吨，钾盐探明资源量超过 170 万吨，以硫化碱、纯碱为主产品的无机盐化工产业已初步形成，硫化碱市场份额占全国 1/4，是全国三大硫化碱生产基地之一。

哈密石材资源较为丰富，石材质地好、花色艳、品种多、储量大，探明储量为 6939.22 万立方米，保有储量为 5445 万立方米，居新疆第一位，预测资源量达数亿立方米。

哈密的大理石、花岗岩分布在天山南、北缘两个断裂之间的隆起带，品种较全，有白色的"天山雪花"大理石、纯黑色大理石、翠艳鲜明的"天山翡翠"大理石、"天山玫瑰红"大理石、天山蜜蜡玉大理石、"星星蓝"，其中"星星蓝"国内罕见，色彩奇艳。

5. 石油天然气资源

哈密盆地及三塘湖—淖毛湖盆地均为油气成矿区。哈密盆地东起烟墩西至红台东西长 220 余千米，南北宽约 70 千米的地带，共有储油构造 13 个，三塘湖—淖毛湖盆地亦有储油构造。

哈密石油资源量为 2.5 亿吨，区域油气田预测天然气储量为 500 多亿立方米，探明储量为 200 多亿立方米，可采储量为 130 多亿立方米，开发条件较好。现已形成天然气产能 3 亿立方米以上，被国土资源部油气储量评审办公室验收确认为亿吨级油田，成为中国石油天然气集团公司的重点试验区块和实验项目。

6. 土地与植被

哈密地区国土资源面积为 21 487.2 万亩，其中高山占总面积的 4.5%，占地 961.9 万亩；沙漠占总面积的 1.5%，占地 320.6 万亩；平原戈壁占总面积的 27.9%，占地 5998.7 万亩；丘陵占总面积的 65.5%，占地 14 067.5 万亩；水面占总面积的 0.1%，占地 21.5 万亩。

哈密地区地势较为平坦，除耕地、林地和畜牧用地外，大部分土地属沙漠和荒地，后备土地相对较多。荒地中，各县（市）、农垦团场有部分被开垦利用，大部分土层深厚，土体构型也好，上轻下黏，土壤中有机质含量较高，是比较肥沃的荒地土壤，全地区有荒地 1057 万亩，其中一、二级宜垦荒地 171.98 万亩，占可开垦荒地的 16.27%，分布在伊吾县淖毛湖乡有二级荒地 20 万亩，哈密市的骆驼圈子、长流水、回庄子、牙吾龙以东，以及兰新铁（公）路沿线部分有荒地 20 余万亩，地势较平，土质较好，有机质含量较高，只需要简单改良，即可耕种，土质较差的也易改良，是发展林业、园艺、葡萄的好地方。巴里坤县有一、二级荒地达 70 万亩，自 1960 年以来，已开垦利用了二三十万亩较好的荒地，这些荒地均属草场，开垦后对牧业生产有一定的影响。

全地区还有宜用的较差荒地（三、四级）885.5 万亩，土壤中含盐量一般超过 5%，地下水位较高，仍处在积盐状态中。另外，还有一些砾质戈壁边缘荒地，土层很薄，严重漏肥，现今条件尚难改造利用。

哈密市植被覆盖率较低，主要为林地和草场。林地面积有 313.5 万亩，以山区天然针叶林、河谷阔叶林、戈壁荒漠林、平原农区人工林为主，森林覆盖率为 2.55%。草场总面积为 1862.33 万亩，占总面积的 14.6%，由于地域辽阔、面积大、地形复杂、地貌类型多，生物气候随高度上升呈梯度变化，草场类型发生垂直分异，表现出较为复杂的草场类型，丰富的牧草种类，不同的草场经济特点，依次将草场划分为高山亚高山草原带、森林草原带、干旱草原带、半荒漠草原带。

巴里坤县的植被主要为林木、草场和资源植物。全县共有林地 493 万亩，主要是针叶林、河谷阔叶林、沙质荒漠林、人工林，县域内林木资源数量偏少，覆盖率低，分布不均匀。全县共有草场 1997.8 万亩，县域内草场面积大，草质优良，但缺水草场面积大，占 70.1%，畜牧业生产常受干旱的威胁。

伊吾县的植被覆盖率较低，植被主要以草场和林地为主。伊吾县有草场 837.5 万亩，占全县总面积的 28.3%，其中夏草场 62.1 万亩，春秋草场 283.3 万亩，冬草场 448.7 万亩，四季草场 43.4 万亩。全县共有林地 730 605 亩，占总面积的 2.46%，主要以针叶林、胡杨次生林、河谷林及其他灌木林和人工林，森林覆盖率为 0.67%。

7. 旅游资源

哈密地区遍布着独特的自然和人文景观及特种旅游资源，天山以南呈典型的新疆南疆地理气候特征，天山以北呈典型的新疆北疆地理气候特征，集南北疆气候与自然风光为一体，有一日游天山南北之称，是新疆的缩影，特别是东天山风景旅游区的开发，使其与吐鲁番、敦煌以历史文化为主的旅游区互为补充，东西连成一线，独具特色。

7.1.3　社会经济概况

1. 行政区划

哈密地区辖哈密市、巴里坤哈萨克自治县和伊吾县，其中哈密市为哈密地区行政公署所在地。两县一市共有 37 个乡镇、56 个居委会、169 个村委会，另有兵团农十三师的 9 个农牧团场。哈密地区行政区划基本情况表如表 7-2 所示。

表 7-2　2009 年哈密地区行政区划基本情况统计表

地区	街道数/个	镇/个	乡/个	居委会/个	村委会/个	面积/万平方千米	人口密度/(人/平方千米)
哈密市	5	4	14	45	91	8.56	5.14
巴里坤县		4	8	9	46	3.70	2.74
伊吾县		2	5	2	32	1.95	1.10
总计	5	10	27	56	169	14.21	3.96

2. 人口情况

新中国成立以来，哈密地区人口一直处于增长状态，如图 7-1 所示。1949 年为 75 660 人，到 1990 年第四次人口普查为 410 508 人，到 2000 年第五次人口普查

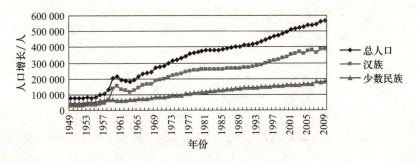

图 7-1　哈密地区人口增长情况

为 496 739 万人，改革开放三十多年，人口从 1978 年的 36.27 万人到 2009 年的 56.78 万人，增长了近 56.55%，年均增长 1.5%。在这些增长的人口中，主要为户籍人口，哈密地区 2009 年常住人口为 536 611 人，占总人口的 94.5%，暂住人口为 82 381 人，占总人口的 14.5%，常住人口中非户籍人口为 31 184 人，占 5.5%。

随着 20 世纪 50 年代末、60 年代初汉族人口的大量迁入，哈密民族人口比重从 1949 年的 60.85% 下降到 1959 年的 32.05%，其后一直在 32% 左右浮动，2009 年为 31.8%。哈密少数民族主要为维吾尔族和哈萨克族，哈密少数民族人口自然增长率一直高于汉族人口自然增长率，其在 20 世纪中期之前一直呈下降趋势，此后开始回升，1978 年哈密少数民族人口自然增长率为 22.92‰，后下降到 1995 年的 8.1‰，2009 年回升到 13.6‰。

哈密人口密度小，分布相对集中。2009 年哈密地区人口密度为 4.00 人/平方千米，哈密市区人口密度为 5.18 人/平方千米，是地区平均人口密度的 1.3 倍，是地区人口重心所在。哈密人口分布呈明显的南密北疏的特点，与自然条件和经济发展水平的差异基本一致。

哈密人口老龄化过程加快，老年人口比重由 1982 年的 2.62% 上升到 2000 年的 5.34%，到 2009 年达到 12.8%；人口总体文化素质有了较大幅度的提高，文盲率大幅度下降，具有较高文化程度的人数比重在上升。

3. 国民经济发展概况

国民经济稳定快速发展，综合实力逐步增强。哈密地区生产总值增长情况如图 7-2 所示。从图 7-2 中可以看出，改革开放以后，哈密经济发展开始进入快速通道，尤其是 20 世纪 90 年代以后，哈密发展更为迅速，地区生产总值从 1978 年的 1.56 亿元增长到 2009 年的 130.12 亿元，2009 年比 2008 年增长 10.5%。

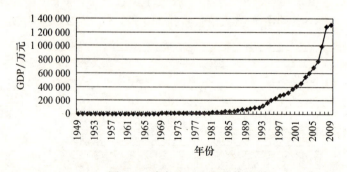

图 7-2　哈密地区生产总值

哈密地区的产业结构逐渐变化，如图 7-3 所示，第一产业比重持续下降，第二、第三产业比重总体上升，到 2009 年，第一产业增加值为 20.03 亿元，比 2008 年增长 9.6%；第二产业增加值为 50.36 亿元，比 2008 年增长 8.8%；第三产业增加值为 59.73 亿元，比 2008 年增长 12.3%。三次产业比例为 15.4：38.7：45.9。

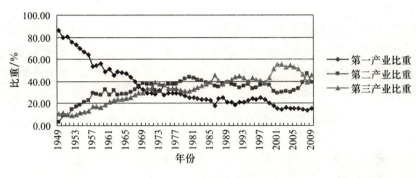

图 7-3　哈密地区三次产业结构

7.1.4　水资源概况

1. 地表水资源

根据《哈密地区水资源利用规划报告》相关结论，哈密地区地表水资源量为 10.32 亿立方米，仅高于吐鲁番，是新疆第二的少水地区。其中哈密市地表水资源量为 4.52 亿立方米，巴里坤县地表水资源量为 3.82 亿立方米，伊吾县地表水资源量为 1.98 亿立方米。各分区地表水资源量如表 7-3 所示。

表 7-3　哈密地区各分区地表水资源量　　　　单位：亿立方米

分区	地表水资源量	20%	50%	75%	95%
哈密市	4.52	5.52	4.39	3.73	2.75
巴里坤县	3.82	4.77	3.7	2.95	2.08
伊吾县	1.98	2.64	2.26	2.01	1.72
合计	10.32	12.93	10.35	8.69	6.55
山南	4.52	5.52	4.39	3.73	2.75
山北	5.80	7.41	5.96	4.96	3.80

2. 地下水资源量

哈密地下水的补给来源一是大气降水，二是山区裂隙水，三是河流出山口后河床、渠系及田间渗漏水。从补给比重来看，第三种补给是主要的，山前冲积扇是平原地下水主要形成区，潜水埋藏在透水性强、粗粒松散的沉积层中，深度一般在 10 米以下，主要补给来源是河床渗漏。

潜水从山前冲积扇部位向前做水平运动，逐渐到达冲积扇下部的扇缘，由于岩性由粗变细，透水性能逐渐减弱，潜水位逐渐升高，当冲积扇表面坡度出现较大落差时，潜水就会溢出地面，形成泉水。地下水埋藏浅，易开采，水质好，水源相对稳定。

根据《哈密地区水资源利用规划报告》相关结论，哈密地区地下水资源量为 10.19 亿立方米。其中山丘区地下水资源量为 5.26 亿立方米，平原区地下水资源量为 7.40 亿立方米，重复计算量为 2.47 亿立方米。各分区地下水资源量如表 7-4 所示。

表 7-4　哈密地区分区地下水资源量汇总表　　　单位：亿立方米

分区	山丘区	平原区	小计	重复水量	地下水资源量	可开采量
哈密市	3.14	4.10	7.24	1.72	5.52	2.67
巴里坤县	1.24	2.01	3.25	0.46	2.79	1.49
伊吾县	0.88	1.29	2.17	0.29	1.88	0.91
合计	5.26	7.40	12.66	2.47	10.19	5.07
山南	3.14	4.10	7.24	1.72	5.52	2.67
山北	2.12	3.30	5.42	0.75	4.67	2.40

3. 水资源总量

根据《哈密地区水资源利用规划报告》相关结论，哈密地区地表水资源量为 10.32 亿立方米，地下水资源量为 10.19 亿立方米，地表水与地下水重复计算量为 8.12 亿立方米，水资源总量为 12.39 亿立方米。各分区水资源总量如表 7-5 所示。

表 7-5　哈密地区不同频率分区水资源总量汇总表　单位：亿立方米

分区	年均值	20%	50%	75%	95%
哈密市	5.84	6.91	5.74	4.91	3.97
巴里坤县	4.28	4.92	4.24	3.76	3.09
伊吾县	2.27	2.64	2.28	2.02	1.65
合计	12.39	14.47	12.26	10.69	8.71
山南	5.84	6.91	5.74	4.91	3.97
山北	6.55	7.56	6.52	5.78	4.74

在多年平均水资源总量中，哈密市为 5.84 亿立方米，占全地区水资源总量的 47.13%，山北巴里坤县和伊吾县为 6.55 亿立方米，占全地区水资源总量的 52.87%。

4. 水资源可利用量

1）哈密地区不可能被利用的水量

哈密地区不可能被利用的水资源主要为山前平原山洪沟由于暴雨形成的径流及一些独立的小河沟由于径流量较小无法利用水量，根据 1956～2003 年径流深等值线图量算，哈密盆地不可能利用的水量为 0.30 亿立方米；巴伊盆地不可能被利用量为 1.12 亿立方米。全地区不可能利用水量为 1.42 亿立方米。

2）哈密地区不可以被利用地表水资源量

哈密地区不可以被利用地表水资源量主要为河道内生态环境需水量与湖泊湿地需水量。哈密地区河川径流量为 10.32 亿立方米，扣除不可利用水量后地表水资源量为 8.90 亿立方米；其中巴伊盆地地表水资源量为 5.80 亿立方米，扣除不可利用水量后地表水资源量为 4.68 亿立方米，最小生态环境需水量为 0.70 亿立方米；哈密盆地地表水资源量为 4.52 亿立方米，扣除不可利用水量后地表水资源量为 4.22 亿立方米，最小生态环境需水量为 0.63 亿立方米。

哈密地区湖泊需水量如表 7-6 所示。

表 7-6　哈密地区境内湖泊需水量估算表

湖泊	面积/平方千米	蒸发量/毫米	降水量/毫米	需水量/亿立方米
巴里坤湖	112.5	967.2	223.4	0.837
盐池	28.9	1 211.5	108.3	0.319

注：大水体换算系数采用哈地坡站的实验值 0.91。

3）哈密地区可利用水资源量

哈密地区水资源可利用量为 6.41 亿立方米，其中：哈密盆地可利用量为 5.21 亿立方米，巴伊盆地可利用量为 3.89 亿立方米。

5. 水资源质量

1）地表水水质

哈密市大部分河流水质良好，可以满足生活饮用、渔业、工业及农业等各业用水要求。而巴里坤县境内的大红柳峡、卧龙吉、布陇巴斯陶、普英开特巴斯陶、哈密盆地的镜儿泉和大白杨沟，氟化物超标不能饮用，但可作为工农业生产的水源；境内主要湖泊巴里坤湖水质劣于V类。水体中高锰酸盐指数、化学需氧量、生化需氧量、砷、氟、硫化物、总磷、溶解氧、酚和氨氮超标，水质恶化。托勒库勒湖水体中溶解氧和高锰酸盐指数超标，水质劣于V类，水体处于富营养状态。

2) 地下水水质

根据哈密地区水资源调查评价,哈密盆地城市、工矿区及农业抽取的地下水均为Ⅲ级以上的良好水质,满足各种用水要求。较差水及极差水分布于哈密市绿洲带南缘部分无人区,分布面积很小,对现有人口和社会生产基本没有影响。人畜生活用水(包括井水和泉水)水质达到地下水质量Ⅱ级标准,属较优良的饮用水水质。

7.1.5　水资源利用现状

1. 水利工程及供水能力

哈密地区已修建中小型水库44座,小塘坝51座,总库容达2.02亿立方米,其中:水库工程工程总库容为1.35亿立方米,塘坝工程总库容为0.67亿立方米。修建引水渠首12座,总供水能力为3.85亿立方米,其中:哈密市5座,巴里坤县3座,伊吾县4座;修建干渠670千米,支渠1840米,渠道总长5316千米,其中防渗渠道长3906千米;修建机电井3100眼(不含兵团2300眼机电井),年供水能力为4.03亿立方米;全区有泉水5000余处,坎儿井172条。现哈密地区没有提水工程。分区水井工程如表7-7所示(统计数据包括兵团和地方)。

表7-7　哈密地区分区水井工程统计表

分区	机电井/眼		现状供水能力/万立方米
	数量	配套机电井数量	
哈密市	2 560	2 284	36 448.92
巴里坤县	417	416	2 484.83
伊吾县	123	118	1 414.71
合计	3 100	2 818	40 348.46
山南	2 560	2 284	36 448.92
山北	540	534	3 899.54

对表7-7中的数据分析可知,全地区83%的机电井集中在哈密市,现状供水能力为3.64亿立方米,占机电井供水能力的90%。

总体而言,哈密地区80%以上的供水能力来自于引水工程和机电井,只有不到20%的供水能力由控制性工程承担。哈密地区控制性水利枢纽建设不足,水资源供水保证率不高。

2. 综合用水水平

哈密地区以节水型社会建设为契机,加快实施地区水资源结构性调整,近三年用水总量基本上保持在10.4亿立方米,其中农业用水量下降较明显,工业、生活、生态用水保持平稳增长。哈密地区 2007～2009 年用水情况如表 7-8 所示。

表 7-8　哈密地区 2007～2009 年用水情况表

年份	用水量/亿立方米					人均用水量/(立方米/人)
	农业	工业	生活	生态	总量	
2007	9.62	0.46	0.24	0.58	10.90	2 004
2008	9.05	0.48	0.26	0.56	10.35	1 840
2009	8.53	0.53	0.62	0.73	10.41	1 830

哈密用水效益呈上升趋势，2008 年哈密地区人均综合用水量为 1840 立方米/人，万元 GDP 用水量为 574.32 立方米/万元；2009 年人均综合用水量为 1830 立方米/人，万元 GDP 用水量为 800 立方米，万元农业增加值用水量为 4258 立方米，万元工业增加值用水量为 142 立方米。

3. 供水结构分析

根据 2009 年哈密市水资源调查报告和水资源公报，全地区总供水量为 10.41 亿立方米，其中地表水供水量为 4.38 亿立方米，地下水供水量为 6.02 亿立方米，污水回用量为 70 万立方米。各分区供水量如表 7-9 所示。

表 7-9　2009 年哈密地区现状分区供水量汇总表

行政区	地表水源供水		地下水源供水量		污水处理回用/亿立方米	总供水量/亿立方米
	供水量/亿立方米	利用率/%	供水量/亿立方米	利用率/%		
哈密市	2.61	60.58	5.11	124.6	0.007	7.72
巴里坤县	1.25	34.98	0.62	31.32	0.000	1.87
伊吾县	0.53	34.03	0.29	22.26	0.000	0.82
哈密地区	4.38	46.35	6.02	81.24	0.007	10.41

由表 7-9 可知，哈密地区污水处理回用量极低，在全年的总供水量中的比重几乎可忽略不计。哈密市供水量占全区总供水量的 74.16%，是主要的供水对象，且哈密市地下水超采量 2.2 亿立方米，取水结构呈现出地表水开发不足、地下水超采严重的现象。

4. 用水结构分析

根据哈密地区水资源调查报告和水资源公报，2009 年哈密地区现状总用水量为 10.41 亿立方米，用水结构为 81.9：5.1：6：7，其中哈密市用水结构为 80.9：6.4：7：5.7，巴里坤县用水结构为 88.4：1.7：3：6.9，伊吾县用水结构为 76.22：0.65：3.65：19.48。可见哈密地区用水结构中农业用水比重过大，高于新疆平均水平。表 7-10 为 2009 年哈密地区用水结构表。

表 7-10　2009 年哈密地区用水结构表　　　　　单位：亿立方米

分区	农业	工业	生活	生态环境用水	合计
哈密市	6.25	0.49	0.54	0.44	7.72
巴里坤县	1.65	0.031	0.057	0.128	1.87
伊吾县	0.626	0.0053	0.03	0.16	0.82
合计	8.53	0.53	0.62	0.73	10.41

5. 存在的主要问题

哈密地区独特的自然地理条件，决定了它既有内陆干旱区水资源开发利用中普遍存在的问题又具有其特殊性。资源型、工程型缺水是其共同的特点，一方面水资源短缺，另一方面用水浪费现象严重，存在用水结构不合理的现状，社会经济用水挤占生态环境用水的现象十分普遍。

1) 资源型与工程型缺水并存

哈密地区特殊的自然地理条件，形成水资源与矿产资源极不匹配的局面。哈密地区矿产资源特别是煤炭资源主要分布于哈密市三道岭—沙尔湖—大南湖—野马泉一带，已探明沙尔湖和大南湖煤田为特大型煤田。由于天山的阻隔，山南、山北水资源不能统一调配，水资源开发强度区域差异性较大。山北水资源开发利用率较低，尚有 3.03 亿立方米水资源没有被开发利用，而山南哈密市水资源开发利用率已高达 130% 以上，超采地下水 1.29 亿立方米，哈密市资源型缺水现象已凸显出来。在现状供水能力中，蓄水工程能力不足总供水能力的 15%，山区控制性水利工程建设滞后，工程型缺水直接导致地表水资源调控能力不足，造成地表水开发利用不足，开发利用方式粗放。

2) 用水结构不合理

从常规水源来看，农业用水比重过大，从非常规水源来看，污水处理回用率低，用水结构不合理。2009 年哈密地区农业、工业、生活、人工生态用水比例与全国同期 64.63∶22.15∶11.74∶1.48 相比，农业、工业用水比例相差太远，用水结构不合理。

用水浪费现象普遍。农业综合用水定额接近 800 立方米/亩，部分山区高达 1200 立方米/亩，工业重复利用率仅为 46%，低于全国 52% 的平均水平；城市供水体系不完善，基础设施薄弱，城市建设区管网覆盖率仅为 75%，跑冒滴漏现象普遍，节水器具普及率低。

3) 地下水超采严重

哈密地区地下水超采主要集中在哈密市西戈壁、花园乡东戈壁、陶家宫乡、大泉湾乡、二堡乡区域。造成地下水超采的主要原因：①新建水库投资大，必须得到国家和自治区的财力支持，而打一眼井的投资农民可承受，因此开采地下水成为解决农业灌溉用水的主要途径。②20 世纪 90 年代末大兴土地开发，哈密山南新增近 60 万亩，对地下水形成了过量开采。哈密山南地下水资源量为 4.1 亿立方米，可开采量为 2.91 亿立方米，2009 年实际开采 5.11 亿立方米（其中农业用水占 80.3%），超采 2.2 亿立方米。

另外，哈密市生产和生活集中区地下水开采强度很高，城市及周边地区地下水水位每年以 0.4 米的速度持续下降，并在西郊工业、农业集中区形成直径 23 千米的降落漏斗，中心水位下降速度达到 1.7 米/年。全区 1943 年有坎儿井 495 条，目前仅有 197 条，坎儿井产水量逐年减少，濒临衰竭。

7.2　哈密各主体的刺激—反应规则

7.2.1　哈密第一产业主体刺激—反应规则

1. 第一产业发展现状

1）哈密农林牧渔业发展过程

近年来，哈密地区大力实施"生态立区、南园北牧、增收富民"发展战略，农业基础地位得到进一步强化，特色农业发展步伐加快，农村经济发展态势良好，农民增收效果明显。

哈密农林牧渔业发展过程如图 7-4 所示，从图 7-4 中可以看出，哈密农林牧渔业有三次明显的增速过程：第一次为 20 世纪 80 年代中期；第二次为 1993 年至 1997 年，增速加快；第三次为 2001 年至今，发展更快。2009 年哈密完成农林牧渔业总产值 24.75 亿元，比上年增长 13.6%，其中，农业产值为 13.16 亿元，增长 9.7%；林业产值为 0.68 亿元，增长 18.0%；牧业产值为 10.44 亿元，增长 19.2%；渔业产值为 0.13 亿元，增长 10.3%；农林牧渔服务业产值为 0.34 亿元，增长 2.5%。

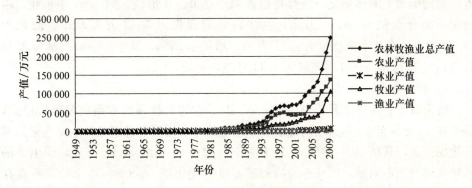

图 7-4　哈密农林牧渔业发展过程

2）哈密农作物种植结构

哈密农作物播种面积变化如图 7-5 所示。

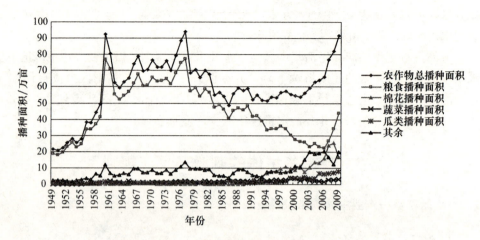

图 7-5　哈密农作物播种面积变化图

从图 7-5 中可以看出，哈密的农作物播种面积在 20 世纪 80 年代初有过一段下降过程，后趋于稳定，进入 21 世纪，又进入波动上升过程。其中：粮食播种面积一直处于下降趋势，效益较好的经济作物、瓜类、蔬菜的播种面积处于上升过程。2009 年，哈密全地区农作物播种面积为 91.45 万亩，增长 11.5%，其中，粮食播种面积为 43.82 万亩，增长 27.6%；棉花播种面积为 16.61 万亩，下降34.4%；油料播种面积为 3.40 万亩，增长 13.9%；蔬菜播种面积为 3.37 万亩，增长 19.4%；瓜类播种面积为 7.77 万亩，增长 7.4%，其中哈密瓜面积为 7.09万亩，增长 6.8%。

3）哈密林果业

随着"南园"工程的推进，哈密利用得天独厚的资源优势，加快发展以大枣、葡萄等为主的林果业，优势特色林果产业带逐步形成。到 2009 年年底，哈密果类实有面积为 39.17 万亩，其中，葡萄面积为 5.53 万亩，红枣面积为27.74 万亩。全年水果产量为 9.17 万吨，增长 17.5%，其中，葡萄产量为 7.46万吨，增长 18.2%；红枣产量为 1.44 万吨，增长 33.5%。

4）哈密牧业

哈密牧业总体呈上升趋势，其中牛、马、驴等大牲畜的养殖规模比较稳定，一直在 10 万只至 14 万只之间徘徊，小牲畜的养殖规模上升明显，主要为猪的养殖规模扩大，其从 2000 年的 4.36 万头上升为 2009 年的 10.92 万头，绵山羊的养殖规模变化不明显。图 7-6 为哈密牧业发展变化图。2009 年年末哈密牲畜存栏头数为 114.43 万头（只），比 2008 年增长 1.5%；全年牲畜出栏 134.07 万头

（只），比 2008 年增长 12.7%。

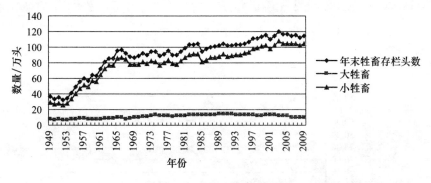

图 7-6　哈密牧业发展变化图

2. 第一产业主体结构

根据哈密的产业结构特点，哈密第一产业的主体结构如图 7-7 所示，包括小麦主体、玉米主体、棉花主体、蔬菜主体、瓜类主体、葡萄主体、大枣主体、饲草主体、林业主体、其余灌溉作物主体、牧业主体、渔业主体。

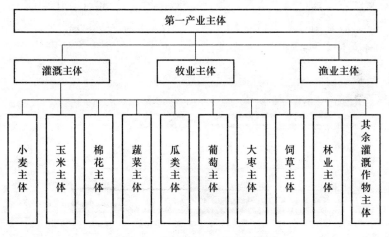

图 7-7　哈密第一产业主体结构图

3. 哈密第一产业用水影响因素

影响哈密农业用水的因素主要有以下几个方面。

1）农业结构

不同的农业结构需水量差异较大。

由于哈密大力发展牧业，牧业比重总体有所上升。第一产业结构中农业比重从 1949 年的 75.55% 下降到 2009 年的 54.57%，牧业由 1949 年的 24.28% 上升到 2009 年的 42.16%，由于水资源短缺，哈密渔业不发达，2009 年渔业比重为 0.52%，林业的比重也较低，2009 年林业比重为 2.75%。图 7-8 为哈密农林牧渔业结构图。

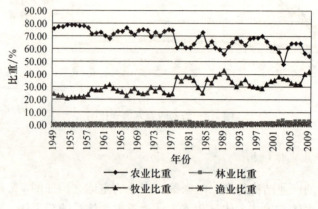

图 7-8　哈密农林牧渔业结构图

从哈密的农作物种植结构看，粮食比重在 20 世纪 80 年代中期前一直稳定在 85% 左右，其后开始逐步下降，到 2006 年比重下降为 33.48%，后随着粮价的上涨和政府支持，种植粮食的积极性开始回升。图 7-9 为哈密农作物种植结构图。

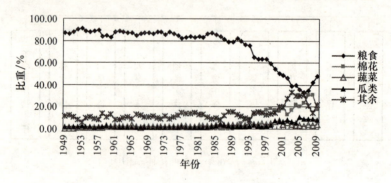

图 7-9　哈密农作物种植结构图

2）灌溉方式

哈密农业生产完全依赖于灌溉，灌溉在地区农业生产中起着命脉的作用。除大水漫灌外，哈密地区农业节水灌溉方式主要有渠道防渗、低压输水管道、喷滴灌、标准沟畦灌及其他一些节水灌溉措施。2008 年灌溉方式如表 7-11 所示。

表 7-11　2008 年哈密地区高效节水灌溉面积统计表　　　　单位：亩

类别	哈密市	地直（哈密市）	巴里坤县	伊吾县	合计
节水总面积	292 241.8	13 731.41	67 535	95 672.6	469 180.82
滴灌	268 108	7 583.2	11 000	62 322.6	349 014
喷灌	13 000		56 535	33 350	102 885
管道灌	11 134	6 148.2			17 282
棉花	210 552	7 583.2			218 135
哈密瓜	10 949			27 766	38 715
蔬菜	3 967				3 967
葡萄	40	6 148.2			6 188.2
饲草	13 000		31 500	46 750	91 250
生态林	29 618		10 000	18 157	57 775
大麦			16 300		16 300
红枣套种棉花	24 116				24 116
马铃薯			1 000		1 000
小麦			8 735		8 735
野山杏				3 000	3 000

（1）标准沟畦灌。畦灌、沟灌都是对大水漫灌方式的一种改进，一般与渠道防渗技术相结合，以达到节约灌溉用水的目的。该项技术简单、投资少、农民易于掌握，主要用于不适宜实施高效节水技术的地区及轮作倒茬的耕地。

（2）渠道防渗。20 世纪 60 年代以前，哈密农田灌溉均采用土渠，渠系水利用系数很低，水资源浪费大，70 年代后开始逐步推广渠道防渗，目前，全地区范围内建成干、支、斗各级渠道总长 2712.6 千米，其中干渠 631.6 千米，支渠 648.5 千米，斗渠 1432.5 千米，干、支、斗渠防渗率达 100%。由于干、支、斗渠大多修建于 20 世纪五六十年代，老化破损严重，破损率达到 50%。

（3）低压输水管道灌溉。这项高效用水灌溉技术近几年在哈密山南平原井灌区发展非常快，到 2008 年哈密地区拥有 937.5 千米低压输水管道灌，灌溉面积为 1.7 万亩。

（4）喷滴灌。喷滴灌作为当今最先进的节水灌溉技术，在哈密地区发展很快。从 2000 年起，哈密地区在哈密瓜种植上采用了膜下滴灌高效节水技术，在取得成功经验的基础上，开始大面积推广，目前滴灌节水技术在棉花、林果等作物种植方面应用广泛。同时喷灌技术在试点项目取得成功后开始大面积推广，主要用于饲草料基地及天然草场的灌溉。随着城市建设的不断发展，城市绿化也逐步采用了喷滴灌技术。2004 年后，为进一步加大节水灌溉技术推广力度，哈密地区两县一市根据当地实际情况均出台了《节水灌溉工程财政补贴优惠政策》，对实施高效节水技术实行财政补贴，充分调动了广大农民的积极性，使喷滴灌建设得到了高速发展。

3）灌溉制度

当自然条件、灌水技术及农业技术措施改变后，农业主体的灌溉制度发生改变，因灌溉制度是自然条件、灌水技术及农业技术措施的函数，但由于资料取得原因，考虑哈密的自然条件和灌溉、管理水平，本书采用灌溉制度结果，哈密地区主要农作物的灌溉定额如表 7-12 所示。

表 7-12　哈密地区主要农作物的灌溉定额表　　单位：立方米/亩

分项		灌溉方式	哈密市	巴里坤县	伊吾县
种植业	粮食作物	常规灌	420	360	360
		滴灌		300	
		喷灌	340	320	340
	经济作物	常规灌	460	400	420
		滴灌或喷灌	280	270	270
林果业		常规灌	490	430	430
		低压管道	420		
		滴灌	260		260
饲草料地		常规灌	340	300	300
		喷灌	280	260	280

4）灌溉水利用系数

2008 年，哈密地区的综合灌溉水利用系数为 0.65，其中哈密市为 0.73，巴里坤县为 0.55，伊吾县为 0.67。2008 年哈密地区灌溉水利用系数如表 7-13 所示。

表 7-13　2008 年哈密地区灌溉水利用系数表

地区	滴灌	喷灌	低压管道	地面灌
哈密市	0.92	0.62	0.88	0.503
巴里坤县	0.59	0.564		0.494
伊吾县	0.92	0.598		0.491

5）种植效益

不同作物的种植效益不同，从而影响其种植结构。

6）农业政策

农业政策影响种植结构。根据《哈密地区国民经济和社会发展第十二个五年计划纲要》和《哈密市国民经济和社会发展第十二个五年计划纲要》，调整农业结构，优化农业布局。按照"稳粮、减棉、增经、扩草"的方针，建设一批规模化、标准化的农产品生产基地。平原近郊乡大力发展林果园艺业和设施农业，加快建成以林果园艺为主的特色农产品基地；沿天山一带的山区乡重点发展饲草料、晚熟杏等特色产业。

7）财政农林水气支出

财政农林水气支出影响节水灌溉水平和农作物播种面积。图 7-10 为哈密地区财政农林水气支出情况，处于一直增长状况，从 2005 年开始增速加大，到 2009 年达到 50 122 万元。

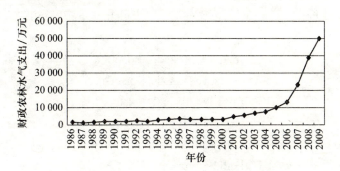

图 7-10　哈密地区财政农林水气支出情况

8）播种面积

农作物播种面积受种植效益、宏观政策的影响。当种植效益高时，该作物的播种面积会增大，政府投入大、鼓励播种时，该作物的播种面积也会增大。

4. 第一产业主体的刺激—反应规则

根据分析，构建哈密第一产业主体的刺激—反应规则，共包括 221 个变量，其中小麦、玉米、棉花、蔬菜、瓜类、葡萄、大枣、饲草、林业主体的刺激—反应规则大体类似，除了蔬菜主体的播种面积还与人口相关。刺激—反应规则图中以瓜类为例，第一产业的刺激—反应规则如图 7-11 所示，规则中指标符号如表 7-14 所示。

第一产业刺激—反应规则部分指标间相互关系如下（以瓜类为例）：

$$qynzwcgmj = (100 - qynzwjsb) \times qynzwmj/100 \tag{7-1}$$

$$qynzwcgxsl = qynzwde \times qynzwcgmj/cgggslyxs \tag{7-2}$$

$$qynzwjsmj = qynzwjsb \times qynzwmj/100 \tag{7-3}$$

$$qynzwjsxsl = qynzwjsde \times qynzwmj/jsggslyxs \tag{7-4}$$

$$qynzwxsl = qynzwcgxsl + qynzwjsxsl \tag{7-5}$$

$$glcgmj = (100 - gljsb) \times glbzmj/100 \tag{7-6}$$

$$\text{glcgxsl} = \text{glcgde} \times \text{glcgmj}/\text{glggslyxs} \tag{7-7}$$

$$\text{gljsmj} = \text{gljsb} \times \text{glbzmj}/100 \tag{7-8}$$

$$\text{gldgmj} = \text{gljsmj} \times \text{gldgb}/100 \tag{7-9}$$

$$\text{gldgxsl} = \text{gldgde} \times \text{gldgmj}/\text{jsggslyxs} \tag{7-10}$$

$$\text{glggmj} = \text{gljsmj} \times \text{glggb}/100 \tag{7-11}$$

$$\text{glggxsl} = \text{glggde} \times \text{glggmj}/\text{jsggslyxs} \tag{7-12}$$

$$\text{glpgmj} = \text{gljsmj} \times \text{glpgb}/100 \tag{7-13}$$

$$\text{glpgxsl} = \text{glpgde} \times \text{glpgmj}/\text{jsggslyxs} \tag{7-14}$$

$$\text{glxsl} = \text{glcgxsl} + \text{gldgxsl} + \text{glggxsl} + \text{glpgxsl} \tag{7-15}$$

$$\text{glbzmj} = 4.8193 + 3.2 \times 10^{-5} \times \text{nyzc} - 0.002028\text{glclr}_{t-1} + 0.031302 \times \text{glclrypjb}_{t-1} \tag{7-16}$$

$$\text{dscxsl} = \text{dscde} \times \text{dscts} \tag{7-17}$$

$$\text{xscxsl} = \text{xscde} \times \text{xscts} \tag{7-18}$$

$$\text{myxsl} = \text{dscxsl} + \text{xscxsl} \tag{7-19}$$

$$\text{yyxsl} = \text{yymj} \times \text{yyde} \tag{7-20}$$

$$\text{ggxsl} = \text{xmxsl} + \text{ymxsl} + \text{mhxsl} + \text{ptxsl} + \text{dzxsl} + \text{ccxsl} + \text{scxsl} + \text{lyxsl} + \text{glxsl} + \text{qynzwxsl} \tag{7-21}$$

$$\text{dycyxsl} = \text{ggxsl} + \text{yyxsl} + \text{myxsl} \tag{7-22}$$

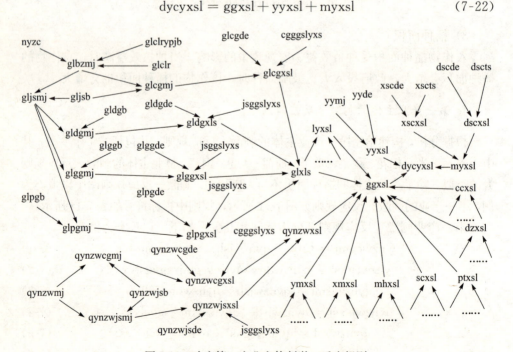

图 7-11　哈密第一产业主体刺激—反应规则

表 7-14 哈密第一产业主体刺激—反应规则部分指标表（以瓜类为例）

序号	名称	单位	简称
1	常规灌溉水利用系数	%	cgggslyxs
2	节水灌溉水利用系数		jsggslyxs
3	瓜类播种面积	万亩	glbzmj
4	瓜类常规灌溉定额	立方米/亩	glcgde
5	瓜类常规灌溉播种面积	万亩	glcgmj
6	瓜类常规灌溉需水量	万立方米	glcgxsl
7	瓜类亩均纯利润	元/亩	glclr
8	瓜类亩均纯利润与平均利润的比值	%	glclrypjb
9	瓜类节水灌溉中滴灌百分比	%	gldgb
10	瓜类滴灌定额	立方米/亩	gldgde
11	瓜类滴灌面积	万亩	gldgmj
12	瓜类滴灌需水量	万立方米	gldgxsl
13	瓜类节水灌溉中低压管道灌溉百分比	%	glggb
14	瓜类低压管道灌溉定额	立方米/亩	glggde
15	瓜类低压管道灌溉面积	万亩	glggmj
16	瓜类低压管道灌溉需水量	万立方米	glggxsl
17	瓜类节水灌溉百分比	%	gljsb
18	瓜类节水灌溉播种面积	万亩	gljsmj
19	瓜类节水灌溉中喷灌百分比	%	glpgb
20	瓜类喷灌定额	立方米/亩	glpgde
21	瓜类喷灌面积	万亩	glpgmj
22	瓜类喷灌需水量	万立方米	glpgxsl
23	瓜类灌溉需水量	万立方米	glxsl
24	财政农业支出	万元	nyzc
25	其余农作物播种面积	万亩	qynzwmj
26	其他农作物节水灌溉百分比	%	qtnzwjsb
27	其余农作物常规灌溉定额	立方米/亩	qynzwcgde
28	其余农作物常规灌溉面积	万亩	qynzwcgmj
29	其余农作物常规灌溉需水量	万立方米	qynzwcgxsl
30	其余农作物节水灌溉定额	立方米/亩	qynzwjsde
31	其余农作物节水灌溉面积	万亩	qynzwjsmj
32	其余农作物节水灌溉需水量	万立方米	qynzwjsxsl

序号	名称	单位	简称
33	其余农作物需水量	万立方米	qynzwxsl
34	小牲畜定额	升/(头·天)	xscde
35	小牲畜需水量	万立方米	xscxsl
36	小牲畜头数	万头	xscts
37	大牲畜定额	升/(头·天)	dscde
38	大牲畜需水量	万立方米	dscxsl
39	大牲畜头数	万头	dscts
40	牧业需水量	万立方米	myxsl
41	渔业需水量	万立方米	yyxsl
42	鱼塘面积	万亩	yymj
43	渔业用水定额	立方米/亩	yyde
44	玉米灌溉需水量	万立方米	ymxsl
45	小麦灌溉需水量	万立方米	xmxsl
46	棉花灌溉需水量	万立方米	mhxsl
47	蔬菜灌溉需水量	万立方米	scxsl
48	葡萄灌溉需水量	万立方米	ptxsl
49	大枣灌溉需水量	万立方米	dzxsl
50	饲草灌溉需水量	万立方米	ccxsl
51	林业灌溉需水量	万立方米	lyxsl
52	灌溉主体需水量	万立方米	ggxsl
53	第一产业需水量	万立方米	dycyxsl

7.2.2　哈密第二产业主体刺激—反应规则

1. 工业发展现状

1) 工业发展总体状况

如图 7-12 所示，新中国成立初期，哈密工业基础薄弱，1949 年工业产值只有 12 万元，后进入发展期，到 1978 年工业产值为 5421 万元。改革开放后，哈密的工业发展迅速，特别是抓住西部大开发的机遇，发挥比较优势，按照"全党抓经济，突出抓工业，重点抓投入，关键抓招商"的发展思路和"生态立区、工业强区"的发展战略，大力实施优势资源转换战略，全面推进新型工业化进程，工业经济运行的质量显著提升，产业特色日趋明显，煤炭、煤化工、石油化工、盐化工、电力、特色农产品及有机食品加工等行业的快速发展，使哈密有了产业聚集发射源。到 2009 年，哈密工业增加值为 37.29 亿元，比 2008 年增长 3.6％，规模以上工业增加值为 26.4 亿元，比 2008 年增长 17.4％，其中，轻工业增加值为 1.97 亿元，增长 17.5％；重工业增加值为 24.43 亿元，增长 17.4％。

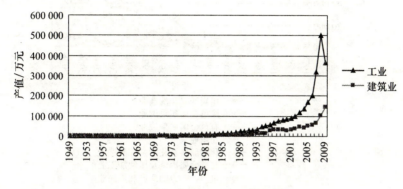

图 7-12　哈密第二产业发展状况

2）工业结构

从 1993 年开始，煤炭开采和洗选业在哈密工业中占重要地位，其次是黑色金属矿采选业、电力热力的生产和供应、有色金属矿采选业。2009 年哈密规模以上工业增加值构成如图 7-13 所示。

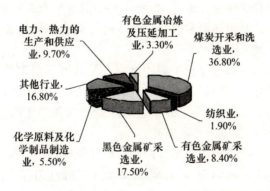

图 7-13　2009 年哈密规模以上工业增加值构成

3）煤炭及煤电工业

图 7-14 为哈密规模以上工业企业主要行业产值状况图，从图 7-14 中可以看出，1993 年煤炭价格放开后，哈密的煤炭产量跳跃式发展，2009 年煤炭开采和洗选业实现增加值 9.72 亿元，比 2008 年增长 28.2％。

哈密煤炭工业曾长期存在着资源利用效率低、煤矿平均规模小、煤炭资源勘

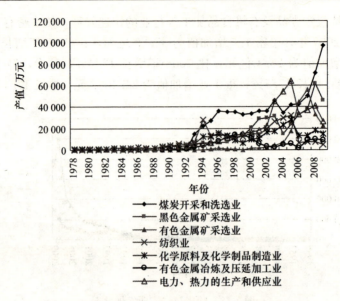

图 7-14　哈密规模以上工业企业主要行业产值状况图

探程度较低等问题。近年来，哈密地区围绕"关小、改中、建大"的产业政策，加大了煤炭产业结构的调整力度，先后关闭矿井 43 处，同时引进大企业整合开发，全面提高矿井装备水平，提升生产能力，使区域内煤矿平均单产由 2005 年的 34.5 万吨提高到 2009 年的 84.6 万吨。

哈密区域内现有煤炭生产矿井 12 处，其中国有重点生产矿井 3 处，地方乡镇 5 处，兵团 4 处；基本建设和改造矿井 6 处，其中潞安新疆煤化工公司 1 处，地方乡镇及其他 5 处。

三道岭矿区由潞安新疆煤化工集团开发，是目前新疆内外调煤的主要矿区，该公司现有生产矿井 3 座、基建矿井 1 座，露采公司（即原露天煤矿）2008 年改造后生产能力为 240 万吨/年，井采公司一井和二井的生产能力为 300 万吨和 500 万吨，砂墩子为 120 万~500 万吨。

巴里坤矿区由于受煤层地质条件限制，矿井规模较小。其中巴里坤县明鑫煤炭有限责任公司的生产能力为 30 万吨/年，农十三师红山煤业总厂煤矿的生产能力为 16 万吨/年，朱家煤矿生产能力为 9 万吨/年。

淖毛湖矿区的北部有伊吾县煤矿和兵团农十三师淖毛湖农场煤矿，为露天开采，生产能力分别为 17 万吨/年和 10 万吨/年，伊吾县煤矿已由新疆广汇新能源公司买断经营。

三塘湖矿区目前只有巴里坤县鑫源煤炭有限责任公司煤矿开采，生产能力为 14 万吨/年。

大南湖矿区、野马泉矿区和沙尔湖矿区目前无工矿企业。

4）黑色金属加工业

近年来，哈密地区为尽快建成国家金属资源的主要接替区，加速实现资源优势转换战略和工业强区战略，推进新型工业化进程，坚持实力优先、精深加工优先、低耗水项目优先的原则，利用西部大开发优惠政策开展招商引资，吸引了大批国内外有实力的大企业、大集团参与矿产资源勘探开发。黑色金属及有色金属资源的开发利用已成为拉动地区工业经济增长的重要因素，并初步形成矿产资源勘探、开发、冶炼、加工的产业集群，成为以铁矿采、选、球团、直接还原铁等产品为主钢铁原料基地。哈密已成为新疆八钢（集团）公司、甘肃酒泉集团公司、青海西宁特钢（集团）公司的重要钢铁原辅料生产和供应基地之一。

目前，哈密地区具有铁矿采矿权企业 38 家，已形成铁矿开采规模 860 万吨/年，铁精粉生产量为 250 万吨/年，球团矿为 110 万吨/年，黑色金属产业在地区工业经济中的总量已达到 28%。

5）有色金属加工业

近年来，铜镍采选业在哈密蓬勃兴起。目前，哈密地区粗具规模的铜镍生产加工企业有亚克斯、佳泰矿业、东为实业、汇隆矿业和天隆镍业等，主要产品为铜精粉和镍精粉，主要销往甘肃金川公司和新疆有色集团公司。有色金属产业在地区工业经济中的总量已达到 12%。

高冰镍是镍金属冶炼的中间产品，主要作为提取电镍（精炼镍）的原料，目前销往新疆阜康冶炼厂。

6）化工工业

哈密地区芒硝、湖盐、钾盐资源丰富，芒硝保有储量为 8902.3 万吨，占新疆探明储量的 12%，居新疆第五位；湖盐探明资源量为 5907 万吨，钾盐探明资源量超过 170 万吨，以硫化碱、纯碱为主产品的无机盐化工产业已初步形成，硫化碱市场份额占全国 1/4，是全国三大硫化碱生产基地之一。2008 年地区纯碱生产规模为 20 万吨/年。纯碱产量为 15.9 万吨，硫化碱生产规模为 20 万吨/年，硫化碱产量为 13.3 万吨。

2. 建筑业发展现状

哈密建筑业从 1993 年开始发展很快，尤其是 2008 年和 2009 年。2009 年哈密全社会建筑实现增加值 14.71 亿元，比上年增长 45.4%，具有资质等级的总承包和专业承包建筑业企业实现总产值 13.12 亿元，比上年增长 54.0%。完成房屋建筑施工面积 77.77 万平方米，增长 42.3%，其中：新开工面积为 68.93 万平方米，增长 56.9%。竣工面积为 45.28 万平方米，增长 15.2%。实现利润 646.9 万元，下降 88.5%；上缴税金 3487.6 万元，增长 30.2%。

3. 第二产业主体结构

根据哈密的产业结构特点，哈密第二产业的主体结构如图 7-15 所示。

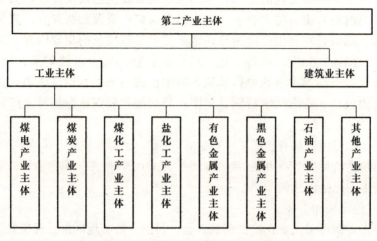

图 7-15　哈密第二产业主体结构图

4. 第二产业主体刺激—反应规则

哈密处于工业的快速发展期，与前期的发展模式不太相同，各工业主体的刺激—反应还没有形成稳定的规律，受政府政策的影响较大，因此系统主要考虑政府政策的影响；另外，在哈密工业规划用水中，煤炭和煤化工行业用水比重较大，因此还考虑煤炭行业的竞争优势。系统构建的第二产业刺激—反应规则如图 7-16 所示，规则中指标符号如表 7-15 所示，指标间的相互关系如式（7-23）~式（7-33）所示。

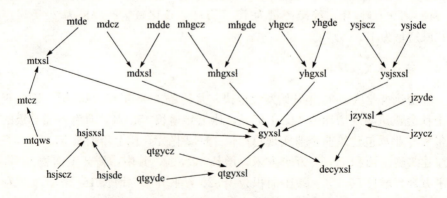

图 7-16　哈密第二产业主体刺激—反应规则

表 7-15　哈密第二产业主体刺激—反应规则指标表

序号	名称	单位	简称
1	煤炭区位熵		mtqws
2	工业其他产业需水量	万立方米	qtgyxsl
3	工业其他产业规模	万吨	qtgycz
4	工业其他产业用水定额	立方米/万吨	qtgyde
5	工业生产需水量	万立方米	gyxsl
6	黑色金属产业规模	万吨	hsjscz
7	黑色金属产业用水定额	立方米/万吨	hsjsde
8	黑色金属产业需水量	万立方米	hsjsxsl
9	建筑业产值	万元	jzycz
10	建筑业用水定额	立方米/万元	jzyde
11	建筑产业需水量	万立方米	jzyxsl
12	煤电产业规模	万千瓦	mdcz
13	煤电产业用水定额	立方米/万千瓦	mdde
14	煤电产业需水量	万立方米	mdxsl
15	煤化工产业规模	万吨	mhgcz
16	煤化工产业用水定额	立方米/万吨	mhgde
17	煤化工产业需水量	万立方米	mhgxsl
18	煤炭产业规模	万吨	mtcz
19	煤炭产业用水定额	立方米/万吨	mtde
20	煤炭产业需水量	万立方米	mtxsl
21	盐化工产业规模	万吨	yhgcz
22	盐化工产业用水定额	立方米/万吨	yhgde
23	盐化工产业需水量	万立方米	yhgxsl
24	有色金属产业规模	万吨	ysjscz
25	有色金属产业用水定额	立方米/万吨	ysjsde
26	有色金属产业需水量	万立方米	ysjsxsl
27	第二产业需水量	万立方米	decyxsl

$$mdxsl = mdcz \times mdde/10000 \qquad (7\text{-}23)$$

$$mtxsl = mtcz \times mtde/10000 \qquad (7\text{-}24)$$

$$mhgxsl = mhgcz \times mhgde/10000 \qquad (7\text{-}25)$$

$$yhgxsl = yhgcz \times yhgde/10000 \qquad (7\text{-}26)$$

$$ysjsxsl = ysjscz \times ysjsde/10000 \qquad (7\text{-}27)$$

$$hsjsxsl = hsjscz \times hsjsde/10000 \qquad (7\text{-}28)$$

$$qtgyxsl = qtgycz \times qtgyde/10000 \qquad (7\text{-}29)$$

$$jzyxsl = jzycz \times jzyde/10000 \qquad (7\text{-}30)$$

$$gyxsl = mdxsl + mtxsl + mhgxsl + yhgxsl + ysjsxsl + hsjsxsl + qtgyxsl$$
$$(7\text{-}31)$$

$$decyxsl = gyxsl + jzyxsl \qquad (7\text{-}32)$$
$$mtcz = 3529.416159 + 7817.836055 \times mtqws \qquad (7\text{-}33)$$

7.2.3　哈密生活主体和第三产业主体刺激—反应规则

1. 哈密人口与城镇建设

2009 年年末全地区总人口为 56.78 万人，常住人口（户籍人口）为 53.66 万人，未落常住户口人数为 3.12 万人。目前，哈密地区现有一市两县三个主要城镇，另外设有 8 个独立建制镇，加上三道岭独立工矿区共 9 个小城镇单元，城镇数量较小，城镇密度每万平方公里不到一座，且空间分布也不平衡，山南多于山北。2009 年哈密人口情况如表 7-16 所示。

表 7-16　2009 年哈密人口数及其构成

	指标	年末数/万人	比重/%
	总人口	56.78	100.0
其中	城镇人口	33.12	58.3
	农村人口	23.66	41.7
其中	男	29.01	51.1
	女	27.77	48.9
其中	汉族人口	38.73	68.2
	少数民族人口	18.05	31.8
其中	18 岁人口	11.05	19.5
	18～35 岁人口	14.93	26.3
	35～60 岁人口	23.52	41.4
	60 岁以上人口	7.28	12.8

1）城镇建设

哈密市：城市规划面积为 333.4 平方千米，建成区面积为 34 平方千米，市区自来水日生产能力为 14.9 万立方米，供水普及率为 91.71%，城市日处理污水能力为 10 万立方米。城市绿化覆盖面积为 1222.48 万平方米，绿化覆盖率为 38.08%，人均公共绿地面积为 8.52 平方米。

巴里坤县：城镇规划面积为 14 平方千米，建成区面积为 4.2 平方千米，市区自来水日生产能力为 4600 立方米，供水普及率为 90%，城市日处理污水能力为 3500 立方米。城市绿化覆盖面积为 80.4 万平方米，绿化覆盖率为 19%，人均公共绿地面积为 7.52 平方米。

伊吾县：城镇规划面积为 12 平方千米，建成区面积为 4 平方千米，市区自来水日生产能力为 2100 立方米，供水普及率为 100%，城市日处理污水率为 100%，绿化覆盖率为 46.4%，人均公共绿地面积为 48.79 平方米。

2) 小城镇建设

地区 8 个建制镇建成区面积为 4410 公顷，供水普及率为 67.36%，污水处理率为 0.14%，人均公共绿地面积为 9 平方米，绿化覆盖率为 10%。

2. 哈密生活用水影响因素

1) 城镇化率

从新中国成立至今，哈密城市发展历程如图 7-17 所示，其经历了以下几个阶段。

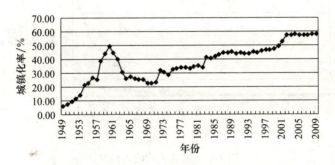

图 7-17　哈密城镇化发展水平

第一阶段：从 1949 年到 1960 年。中华人民共和国建立后，哈密各族人民在党的领导下，开展了广泛的发展生产、支援社会主义建设的大生产运动，使社会经济呈现出了迅速发展的新格局。到 1960 年，哈密城镇人口由 4313 人增加到 106 799 人，人口的城市化水平由 5.7% 上升到 1960 年的 49.35%，即在同期哈密总人口增长了 2.86 倍的情况下，城镇人口总量激增了近 24.76 倍，这个阶段是哈密城镇化高速发展的阶段。

第二阶段：从 1961 年到 1964 年，在此期间，中国经历了严重的"三年困难时期"，加之 1958 年的"二五"末期"大跃进"浮夸风的影响，中国经济发展遇到严重的困难，社会经济发展出现停滞不前甚至倒退的局面。在这种困难形式下，哈密的人口发展也出现了停滞的状况，相应地，城镇化的发展也受其影响，不但出现了停止状态，甚至出现了倒退的现象。这期间，城市人口减少了 56 461 人，使得人口城镇化水平下降到 26.31%，这个阶段是哈密城镇化停滞发展的阶段。

第三阶段：从 1966 年到 1977 年。在这个时期，中国正经历一场"以阶级斗争为纲"的"文化大革命"，受其影响，社会经济的发展受到极大的冲击。这个阶段中，城镇人口为 120 250 人，比 1964 年增加了 69 912 人，城镇人口占总人口的比例达到 33.83%。这个比例仍低于第一阶段末的城镇化水平。

　　第四阶段：从 1978 年至今，随着党的十一届二中全会的召开，全党工作重点转移到了经济建设上来。改革开放先在农村展开，极大了促进了农村经济的发展；之后，城市经济改革的逐步实施，使中国经济发展进入到一个新的阶段，哈密城镇化率逐年提高，2009 年达到 58.3%。

　　2）城乡收入

　　哈密地区农民收入不断增长，但仍远远落后于城市人均可支配收入的增长速度。哈密地区城乡居民收入差距的拉大直接导致城乡消费水平差异加大。哈密人均收入情况如图 7-18 所示。

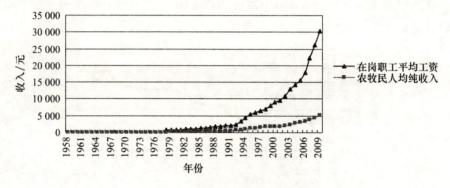

图 7-18　哈密人均收入情况

　　哈密地区农牧民生活水平有所提高，但与新疆相比仍然较低。2009 年哈密地区农牧民人均收入为 5125 元，较上年增加 595 元，增长 13.1%，而新疆平均水平为 7269.49 元；2009 年城镇居民人均可支配收入为 11 556 元，比上年增加 1338 元，增长 13.1%。

　　哈密城镇单位从业人员有 5.72 万人，只占总人口的 10% 左右，占全社会从业人员的 24.77%，可见，农业生产在这些城市中仍然是一个重要的产业，因此，虽然从形式上看，哈密近几年城市的数量和城市人口有了较大的增长，但是城市工业化并没有同步进行，仍然是不完全的城市经济形式。

　　3. 第三产业发展概况

　　2008 年哈密地区交通、仓储和邮政业产值为 16.67 亿元，同比增长 9.5%，占地区生产总值的 13.1%，在第三产业内部各行业中占 32.96%，是第三产业发展的主导力量，充分体现出哈密作为新疆门户的重要交通运输职能。

　　除交通、仓储和邮政外，其他行业所占的比重相对较小，以批发零售业、电信业、金融业、教育、卫生、社会保障与社会福利业、公共管理和社会组织业为代表的现代服务业仍处于上升阶段，但总体规模不大，有待进一步强化发展。如批发零售业收入为 5.59 亿元，金融业收入为 4.59 亿元，电信业务收入为 3.22 亿元，邮政业收入为 3.55 亿元，旅游业收入为 3 亿元，教育收入为 3.88 亿元，卫生、社会保障与社会福利业收入为 2.16 亿元，公共管理和社会组织收入为 7.30 亿元，分别占第三产业产值的 11.05%、9.07%、6.36%、7.02%、5.93%、7.67%、4.27%和 14.43%。

4. 哈密生活主体和第三产业刺激—反应规则

由于哈密地区生活用水量和第三产业用水量所占比重较小，本系统简化这两个子系统，其中生活主体分为农村生活主体和城镇生活主体，第三产业整体考虑。

哈密生活主体的刺激—反应规则如图 7-19 所示，考虑城镇化水平、人均收入、医疗水平等因素对生活主体的影响及他们之间的相互影响；第三产业刺激—反应规则如图 7-20 所示，考虑城镇化率、社会发展水平的影响。

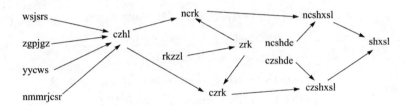

图 7-19　哈密生活主体刺激—反应规则

图 7-20　哈密第三产业主体刺激—反应规则

规则中指标符号如表 7-17 所示，指标间的相互关系如式（7-34）～式（7-42）所示。

表 7-17　哈密生活主体和第三产业主体刺激—反应规则指标表

序号	名称	单位	简称
1	总人口	人	zrk
2	人口增长率	%	rkzzl
3	城镇化率	%	czhl
4	城镇人口	人	czrk
5	城镇生活需水定额	升/(人·天)	czshde
6	城镇生活需水量	万立方米	czshxsl
7	农村人口	人	ncrk

续表

序号	名称	单位	简称
8	农村生活需水定额	升/(人·天)	ncshde
9	农村生活需水量	万立方米	ncshxsl
10	农牧民人均纯收入	元	nmmrjcsr
11	生活需水量	万立方米	shxsl
12	卫生技术人员数	人	wsjsrs
13	医院的床位数	张	yycws
14	在岗职工平均工资	万元	zgpjgz
15	第三产业产值	万元	sccz
16	第三产业万元产值需水量	立方米/万元	scwyxsl
17	第三产业需水量	万立方米	scxsl

$$czhl = 23.090369 + 0.004041 \times wsjsrs - 7.715547 \times zgpjgz$$
$$+ 0.002758 \times yycws + 0.00794 \times nmmrjcsr \qquad (7\text{-}34)$$

$$zrk = zrk_{t-1} \times (1 + rkzzl) \qquad (7\text{-}35)$$

$$czrk = zrk \times czhl/100 \qquad (7\text{-}36)$$

$$ncrk = zrk \times (1 - czhl/100) \qquad (7\text{-}37)$$

$$czshxsl = czrk \times czshde \times 365 \times 10^{-7} \qquad (7\text{-}38)$$

$$ncshxsl = ncrk \times ncshde \times 365 \times 10^{-7} \qquad (7\text{-}39)$$

$$shxsl = czshxsl + ncshxsl \qquad (7\text{-}40)$$

$$sccz = -165060.803357 + 4085.934501 \times czhl + 254741.895263 \times zgpjgz$$
$$- 46.825753 \times nmmrjcsr \qquad (7\text{-}41)$$

$$scxsl = sccz \times scwyxsl/10000 \qquad (7\text{-}42)$$

7.2.4　哈密各主体交互刺激—反应规则

哈密各主体交互刺激—反应规则中包含供水主体和生态环境主体的内容。

《新疆哈密地区生态环境遥感调查及需水量专题研究》分析得出哈密生态环境需水量，即直接配置的年水量为 1.787 亿立方米。哈密市为 1373 万立方米（西部河区为 273 万立方米、石城子河区为 870 万立方米、沁城河区为 230 万立方米）；巴里坤为 1.22 亿立方米（湖泊为 6593 万立方米）；伊吾县为 4309 万立方米（湖泊为 3526 万立方米）。

系统构建的各主体交互刺激—反应规则如图 7-21 所示，规则中指标符号如表 7-18 所示，指标间的相互关系如式（7-43）～式（7-44）所示。

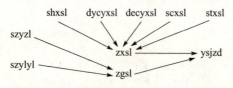

图 7-21　哈密各主体交互刺激—反应规则

表 7-18　哈密各主体交互刺激—反应规则指标表

序号	名称	单位	简称
1	生态环境需水量	万立方米	stxsl
2	总需水量	万立方米	zxsl
3	用水紧张度	%	ysjzd
4	总供给量	万立方米	zgsl
5	水资源总量	万立方米	szyzl
6	水资源利用率	%	szylyl

$$zxsl = shxsl + dycyxsl + decyxsl + scxsl + stxsl \qquad (7\text{-}43)$$
$$zgsl = szyzl \times szylyl \qquad (7\text{-}44)$$

7.3　哈密水资源承载力决策

7.3.1　哈密第一产业发展前景

1. 棉花

1) 新疆提出"减棉"方针

新疆棉花产量超过全国棉花产量的 1/3, 超过世界产量的 1/10, 可满足中国 30% 的消费需求。新疆决定调整农业种植业结构, 压缩棉花面积, 按照规划, 五年内 (从 2008 年开始) 新疆的棉花种植面积将降到 2000 万亩以内, 再过几年降到 1600 万亩, 总产量维持在每年 200 万吨至 250 万吨 (单产 125~156 千克/亩)。

2) "减棉"的原因

新疆调减棉花种植面积主要有以下原因: 第一, 随着棉花种植面积的逐年扩大, 棉花生产靠面积保产量的问题越来越严重, 若继续扩大种植规模, 会干扰种植结构的合理调整, 制约农业内部的良性循环发展。第二, 受国际国内棉花市场波动的影响, 如棉价下跌, 棉花生产成本过高、效益下滑的问题凸显。第三, "减棉、增粮、增畜、增果"方针效益明显。如一亩棉花, 扣除成本收入在 600 元和 700 元之间, 如果种植苜蓿和玉米各占 50%, 所产饲料可养羊 5 只, 扣除一半成本, 收入可达 1000 元, 效益明显。第四, 虽然棉花种植有一定的收益, 但其有副产品利用价值低、延伸产业在新疆目前还难以发展的缺点。第五, 新疆棉花外运成本高。棉花从新疆到内地的运输费用最少达到 500 元/吨以上, 加上新疆棉花质量上乘, 售价偏高, 在纺织企业严格控制成本的时代, 新疆棉在价格上缺乏竞争力。第六, 林果业挤占的土地已难以再次变为耕地。

3) 新疆棉花生产的优势

首先, 为解决运输成本高的问题, 新疆政府从 2007/2008 年度开始对新疆棉出疆补贴铁路运费 400 元/吨，大幅降低新疆棉运输成本，使新疆棉在内地市场竞争力大幅增加。

其次，新疆棉花种植高投入高产出。2009～2010 年度新疆籽棉收购价格由最初的 5.8 元/千克上涨至最后的超过 7 元/千克，主流收购价格在 6.8 元/千克左右。以新疆平均亩产籽棉 280 千克计算，亩收入达到 1904 元。而计算人工、物化、承包等费用后，亩投入不超过 1200 元/吨，即 2009 年新疆棉农亩收益可以达到 704 元，利润率达到 59%。

最后，国内外市场需求大。随着人们生活水平的提高，纺织服装作为必需消费品，会随着我国人均收入水平和消费支出的稳步提升，因此，棉花的内需增长强劲。

综上所述，哈密的棉花种植不脱离新疆整体发展，为控制趋势。

2. 粮食

粮食是稳人心、安天下的国家一级战略物资，粮食安全对于社会稳定至关重要。

1979 年以来，由于小麦的提价幅度比较大，种植小麦的经济效益显著提高，加之为满足人们生活水平提高的需要，哈密小麦的总产提高较快（图 7-22），1998 年达到了近三十年来的最高值，为 79 097 吨。此后，由于受市场价格等因素影响，小麦的总产量下降明显，到 2007 年已减少到 35 912 吨，仅相当于 1965 年的水平。为实施国家粮食发展战略，确保粮食安全，政府采取了一系列扶农、支农的优惠政策，小麦总产开始快速回升，2009 年达到 109 285 吨。

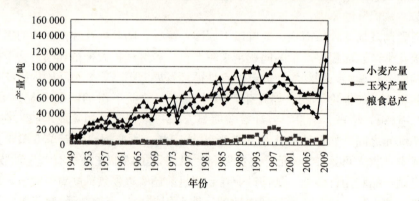

图 7-22　哈密粮食产量

哈密玉米生产的发展起初相当缓慢，当时因玉米销路不畅，收购量减少，加上饲料转化能力弱，农民卖玉米出现困难，在一定程度上打击了农民种植玉米的积极性，致使玉米产量一直不高。1989 年以后，玉米生产开始改观，但总量还是不大，2009 年为 9514 吨。

目前，进行粮食生产的条件较好。第一，政策支持。在国家层面，增加粮食直补、良种补贴、农机补贴和农资综合直补，落实粮食最低收购价和临时收储制度，健全利益补偿机制，国家对粮食和农业生产的支持在向产粮大省、大县倾斜，取消了不应由主产区承担的各种负担；在自治区层面，2009 年自治区粮食系统始终坚持敞开收购、敞开直补政策，农民交售的小麦全由国有粮食购销企业收购，每千克小麦价外补贴 0.20 元，不断完善小麦收购价格形成机制，小麦收购做到与全国托市收购同价，每千克提价 0.20 元，对种植小麦实行综合补贴，新疆粮食综合补贴全部用于补贴小麦，计划内种植小麦每亩补贴为 90 元，超计划种植的每亩补贴 46 元，对于油料，实行每千克油葵籽 3.3 元的最低保护价敞开收购政策。

第二，地区有需求。新疆粮食生产安全线确定为：年人均粮食产量不少于400 千克，其中小麦不少于 175 千克，在 2009 年粮食产量大幅提高的前提下，哈密的人均粮食产量为 242 千克，小麦人均产量为 192 千克，仍需调入。

第三，目前粮食安全问题日益突出。联合国粮农组织宣布，2010 年 2 月的粮食价格指数达到有史以来的最高水平。究其原因，除人口增长等原因外，发展中国家肉、蛋和奶消耗量增长很快（在中国这样发展中国家目前仍是上升趋势）也是其中一个重要原因。中国如今的肉类消耗量将达到美国的 2 倍。

2010 年以来，俄罗斯开始进口谷物作为牲畜饲料，中国也开始大幅度进口玉米作为饲料，并寻找大批量小麦和玉米的潜在提供者。国家粮食局科学研究院教授丁声俊认为：随着人口的增长、居民食物结构的改善和饲料工业的扩大，全国粮食总需求量将呈刚性增长。预计 2020 年，全国粮食总需求量将达到 6 亿吨以上，而同期全国粮食总供给量则不能满足需求，存在明显缺口。据农业部饲料工业信息中心统计，2009 年我国饲料产量达到 1.5 亿吨，同年美国为 1.5 亿吨，欧盟为 1.5 亿吨，日本为 2500 万吨。随着居民生活水平的提高和动物产品消费量的增加，我国饲料产量将继续稳定增长。

当然，哈密也不可能大力发展粮食生产，原因多种多样，如受制于水资源短缺、工业发展需要挤占农业用水、地理位置和交通运输成本一定程度上削弱了区域粮食产品的竞争力、小规模的农户分散种植使粮食品种优质化及粮食生产的规模化和集约化程度还较低，但最主要的还是种植粮食、特别是种植小麦的比较效益较低，即使加上各种补贴，每亩纯收入也只有 280 元，没有比较效益优势和强有力的政府约束，加上"少种、不种粮食光荣"的宣传导向，粮食自然成为被调减的主要对象。

目前维持农户种植小麦的积极性大体有以下几种情况：一是出于春秋季水资源的合理利用；二是保持种植一定面积的小麦，用于夏秋季套种其他作物或者复播玉米；三是对人均耕地较多或种植大户来说，种植小麦机械化程度高，有规模效益。

粮食作物内部的结构调整与新疆大农业结构的调整有密切关系，同时因人口增加，肉类消费增加引起粮食消费的增加，城市化、经济收入的增长引起粮食结构的变化，特种优质、绿色、保健等粮食品种用量也会增加。

3. 饲草

1）发达国家，草业是一大产业

在许多西方发达国家被视为一个大产业的草业，在中国尚属新兴产业。草业产品（包括草种和草产品等相关产品），既是重要的农业投入品，也是重要的农业产出品。草种是发展草业的基础，草产品是发展畜牧业的一类重要粗饲料。目前，畜牧业快速发展一个较大限制因子之一就是饲料缺口。草业的健康快速发展对解决发展畜牧业所需的饲料和改善生态环境具有重要作用，大大降低畜牧业对粮食的依赖。

在解决食物安全问题上，草与粮具有同等重要的地位。20 世纪 70 年代以来，国外很多国家都非常重视牧草生产，西方发达国家及一些中等发达的国家都已完成了农业的二元结构（粮食和经济作物）向三元结构（粮食、经济作物和饲料作物）的转化，其中德、英、法、美、澳大利亚和俄罗斯等国家的牧草种植面积都已超过粮食种植面积，牧草产业的发展对这些国家的食物安全、农业经济和生态环境的优化起到了至关重要的作用。

2）畜禽的饲喂标准中，草产品比重大

目前，在各类畜禽的饲喂标准中，草产品在牛羊饲料中可占到 60％，猪饲料中可占到 10％～15％，鸡饲料中占 3％～5％。发展草产业能最大限度地在改善生态环境条件下利用草食动物的生产力。国外发达国家的经验表明，畜牧业的迅速发展是以挖掘牧草和其他绿色饲料的潜力突出发展草食畜禽生产为前提的，欧美发达国家畜禽产品 60％以上是由牧草转换来的。毫无疑问，随着我国畜牧业的发展、耕地面积的锐减，发展草产业保障粮食安全迫在眉睫。

3）我国饲草缺口大，苜蓿干草进口增速快

随着中国畜牧业的快速发展，特别是养殖业内部结构的调整优化，草食畜禽特别是奶牛饲养量显著增加，这也使得畜牧业特别是奶业发展对草产品尤其是苜蓿草的需求逐年增加。从国内市场看，我国青绿饲草年需求量为 1 亿吨，国内商品化草产品市场需求量为 1000 万吨，可用于配合饲料的草产品潜在市场约为 1000 万吨。2010 年我国商品草产量约为 1200 万吨，缺口超过 800 万吨。如果考虑近年禁牧休牧、牧区定居工程导致圈养牲畜增加所带来的草产品需求，以及奶业发展对草产品的需求，我国草产品缺口更大。苜蓿是奶牛养殖业的刚性需求。

而国产苜蓿无论在数量上还是在质量上，均已无法满足畜牧业生产的消费需要。从国内看，为全国奶牛养殖提供苜蓿商品草的主要省份有甘肃、宁夏、河北和内蒙古，总供应量不足 10 万吨，而随着中国奶业发展，仅全国较大规模奶牛场所需要的苜蓿商品草就在 50 万吨以上。进口苜蓿草种和苜蓿干草成倍增长的速度就能够说明这个问题。

2008 年"三聚氰胺事件"的核心问题是蛋白饲草短缺导致生鲜牛奶蛋白含量达不到国家标准，从而人为添加违法有害物质提高蛋白检测值的问题。自此以后，苜蓿、羊草等草产品成为奶牛养殖业的刚性需求。国内开始大量进口草种和苜蓿干草。进口草种和饲草逐步吞噬国内市场，市场占有率不断提高。据统计，2008~2010 年，进口苜蓿干草分别为 2 万吨、9 万吨、22 万吨，进口数量成倍增长。2010 年进口苜蓿草数量是 2008 的 11 倍；进口草种 2.1 万吨，约占国产草种的 20%，其中苜蓿草种进口量成数倍增长。目前，苜蓿草进口价格已从2007 年的 2000 元/吨上涨到 2600 元/吨，甚至达到 2800 元/吨，这一价格远远高于从美国进口玉米的价格。牛奶、奶粉涨价动力增加。

4. 畜牧业

畜牧业产值占农业总产值比例的高低是衡量一个国家和地区农业结构是否合理、生产是否先进的主要标志之一，一般比较发达的国家畜牧业产值占农业产值的 50% 以上。

哈密出台了牧业惠农政策：对购买优质新疆褐牛的农户每头补助 500 元，异地滞留观察费用和运输费用由政府承担，集中购买优质奶牛 10 头以上，并经验收后，每头补助 1000 元，对连续 3 年向哈密盖瑞乳品厂交售牛奶的奶农，每千克财政补贴 0.2 元。同时，政府拿出 800 万元，帮助新增育肥牛 60 头以上、育肥羊 300 只以上规模的养殖大户解决养殖育肥贷款。完成 30 吨以上储量青微储存饲料，每吨财政补助 20 元。

5. 特色农业

哈密地区将哈密瓜、马铃薯和食用菌作为今后一个时期重点发展的特色农产品，给予重点扶持，加大培育力度，使特色农业成为地区农民持续增收的重要支柱产业。

截至 2010 年年底，哈密地区哈密瓜、马铃薯和食用菌的种植面积已经分别达到 6.8 万亩、1.45 万亩和 8.9 万平方米，占到当年农作物总播面积的9.835%；产量分别达到 11 053 万千克、4264.82 万千克和 68 万千克。哈密瓜、马铃薯和食用菌的收益分别达到 1190 元/亩、3250.5 元/亩和 28 元/平方米，上述三种特色作物的收益已经占到农民收入的三成以上，在南湖乡、三塘湖乡等以哈密瓜为主要产业的乡镇，特色农作物甚至是其种植业收入的全部来源，已经成为当地农民增收致富的重要途径。2011 年，哈密瓜、马铃薯和食用菌新增面积分别为 0.1 万亩、7232 亩和 16.1 万平方米，三类作物播种面积占到当年农作物总播面积的 10.845%；产量分别达到 11 053 万千克、4264.82 万千克和 68 万千克。

根据规划，到"十二五"末，哈密地区哈密瓜、马铃薯和食用菌的种植面积将分别达到 7 万亩、3 万亩和 100 万平方米。特色产业的发展将有利于大幅度提高农业效益，促进农业可持续良性循环，促进农民尽快致富。

7.3.2　哈密第二产业发展前景

1. 煤炭

1）哈密煤炭市场需求

据专家预测，到 2020 年，我国内地煤炭缺口为 15 亿吨以上，华北、华中和华东等地电网总计电力缺口约 3 亿千瓦，这为新疆能源产业的发展提供了一个广阔的空间。新疆以准东、吐哈、伊犁、库拜 4 大煤田为重点，建设哈密、准东、伊犁、准北、塔北、准南等 6 个大型煤炭基地，打造我国西部最重要的煤炭生产中心，因此，哈密的煤炭具有广阔的市场需求。

2）煤炭运输规划

哈密煤炭过去没有实现大开发，究其原因：一是运输条件不具备，外运煤炭的唯一通道兰新线的运能每年只有 3000~5000 吨；二是煤炭产业转化工作没有跟进，加上受水资源制约，实施大规模、多元化开发一直受条件制约。如今，国家发展和改革委员会、国家能源局把哈密摆在新疆大格局中通盘考量，加大对新疆煤电煤化工基地和"西电东送"等项目的支持力度并加快推进。为综合利用开发新疆煤炭资源，国家于 2009 年 6 月起，实施由新疆通往内地的"一主两翼"铁路建设项目，"主"是指兰新第二双线规划以客为主、客货兼顾的铁路，全长 1776 千米（既有线全长 1892 千米），同时将既有线改建为可以适应万吨的重载线路，煤炭外运能力逐步达到 2 亿吨。"两翼"分为北翼和南翼，其中北翼是指新疆将军庙—巴里坤—伊吾—策克（内蒙古）铁路，利用该线可外运部分煤炭去往华北地区；南翼指哈密—敦煌—西宁—成都铁路，主要供应四川和重庆。项目预计 3 年内建成，一期设计煤炭年运力达 3 亿吨。这些铁路为哈密煤炭外运提供便利，大大降低煤炭外运成本。

3）哈密煤炭规划

随着"新煤东运"战略的实施，哈密作为"主战场"建设亿吨级煤炭生产基地，各大项目勘探、井建等工作正加紧进行。哈密煤炭生产能力规划 2010 年开工且生产总规模达 4500 万吨以上，2015 年达到 3 亿吨，2020 年达到 4 亿吨。

4）疆外市场的竞争

目前，内蒙古的煤炭发展较快，中国煤炭工业协会发布的数据显示，2011 年上半年，内蒙古煤炭产量为 4.52 亿吨，继续保持全国之首，比上一年同期增长了 34.8%。据内蒙古煤炭工业局副局长陈泽介绍，2011 年上半年全区销售煤炭 4.51 亿吨，其中销往区外 2.76 亿吨，占 61.2%。

2. 煤化工

1）煤焦化市场分析

中国是世界焦炭生产大国，从 1993 年起，中国的焦炭产量已连续居世界第一，2008 年中国焦炭产量达到 3.5 亿吨，占世界总产量的 60% 左右。钢铁行业是焦炭消费的主要行业，高炉炼铁的基本原料是铁矿石和焦炭，中国钢铁生产中以高炉炼铁、转炉炼钢为主的格局，在今后 15～20 年内仍难以改变，所以焦炭仍然是未来钢铁生产的基础炉料。随着我国钢铁行业的发展，钢铁的高消费与生产的高增长，必然带动焦炭需求的增加。

另外，随着国内钢铁行业入炉焦比的下降和喷煤比的上升，国内直接还原炼铁产量的增加，以及废钢的回收利用、节能降耗和行业结构调整等因素，对焦炭的消费将减少。

同时，2001 年以来，我国机械制造工业发展加快，增长速度为 15%～25%；电石产量增长速度在 15% 以上，有色金属行业和化工行业都走出了困境。2002 年 10 种有色金属增长 14.5%，化工增长 12.1%，合成氨增长近 10%。这些行业快速增长，其消耗焦炭量相应增加。粗略测算，除钢铁行业外的其他行业，在 2001 年、2002 年的焦炭消耗量分别是 2914 万吨、3268 万吨，同比分别增加 194 万吨、354 万吨，同比增长率分别为 7.12%、12.16%。2003 年，钢铁行业外的化工、有色金属冶炼、机械制造等其他行业耗用焦炭约 3847 万吨，占全国焦炭消费总量的 23.60%。2006 年、2007 年，非钢铁行业年消耗焦炭分别约为 4100 万吨和 4600 万吨。可以预计未来一段时期，化工、有色金属冶炼、机械制造等其他行业耗用焦炭约占全国焦炭消费总量比重还将基本维持在 20% 左右。近年来，我国汽车、机床、发电设备、电动机等机械制造及化工、有色、铁合金等行业生产均呈现持续高速度增长态势，其增幅为 25%～30%，发电设备增幅则高达 99.9%，这也是铸造焦炭等需求高增长的重要原因。

综合以上因素，预计 2015 年、2020 年我国焦炭需求量分别为 27 000 万吨、37 100 万吨。

近年来，世界焦炭贸易基本上维持在 1800 万～2000 万吨/年，中国焦炭出口量从 1997 年突破 1000 万吨以来，出口量一直保持在 1000 万吨/年左右，2000

年达到 1519 万吨，占世界焦炭出口量的 2/3。出口焦煤用户正从过去的发展中国家向发达国家扩展，而且数量增长幅度很大，国际焦炭工业有很好的市场前景。根据中国的技术经济及工业发展现状，在中国建设大型焦炭生产基地显得十分必要。

2）甲醇市场分析

（1）甲醇的用途。甲醇是一种重要的基本有机化工产品，在化工、医药、轻纺、国防等许多工业部门有着广泛用途。另外，近年开发成功的 MTO 工艺和 MTP 工艺，开辟了由甲醇生产烯烃的工艺路线，由甲醇替代石油生产石油化工产品的时代已经来临，其对甲醇的需求量将非常巨大。

甲醇又是一种很好的有机溶剂，还是新一代能源的重要原料，是一种易燃的液体，具有良好的燃烧性能，可以应用于运输、工业、厨房和发电用燃料。例如，以合成气合成低碳混合醇可直接加入汽油作为燃料使用，可解决汽油加铅造成的污染；由合成气可制造液体燃料；以甲醇为原料可生产高辛烷值汽油等。作为液体燃料，甲醇-汽油混合燃料在国外早已研究、开发并正在推广应用，我国许多单位已开发含甲醇 15%～20% 的甲醇-汽油混合燃料并通过鉴定，今后将进一步推广应用。以甲醇为原料的燃料电池即将投入商业运行，用甲醇制微生物蛋白作为饲料乃至食品添加剂也有着巨大的市场潜力。

（2）甲醇生产情况。近年来我国甲醇的生产和消费继续保持了较高的增长速度，随着甲醇产能的扩大和竞争力的提高，甲醇进口量在减少，出口量在增加。由于下游行业甲醛、冰醋酸、甲基叔丁基醚（methyl tert-butyl ether，MTBE）、甲醇燃料等都保持了良好的增长态势，甲醇销售量也在以 10% 以上的速度增长。另外，醇醚燃料在我国存在着潜在的巨大市场。醇醚燃料是指用甲醇和二甲醚按一定比例混合配制而成的新型液体燃料，燃烧效率和热效率均高于液化气。由于二甲醚的挥发性好，此燃料可有效地克服甲醇燃料不易点燃、需空气充压和外加预热以及安全运输方面的一些缺点，其使用安全方便、价格适中，是值得推广的民用燃料，而且可以作为汽车优质代用燃料、煤气化发电的高能燃料、工业窑炉燃料等，这些应用领域潜力巨大。2008 年，我国甲醇新扩建产能近 800 万吨，较 2007 年增长近 40%，2009 年我国甲醇生产能力达到 900 万吨/年左右。

对哈密来说，国家煤化工示范项目新疆广汇新能源公司年产 120 万吨甲醇、80 万吨二甲醚，项目总投资达 67.5 亿元，年消化原煤将达到 500 万吨，是目前全国在建的同类型规模最大的煤化工项目，所采用的工艺技术与国内同类装置相比，能量转化率高，二氧化碳排放量低，能有效提高能源综合利用率。

新疆广汇新能源有限公司一期已完成投资 74.84 亿元，项目建成后，能达到年产 120 万吨甲醇、二甲醚 80 万吨、煤制天然气 5 亿立方米的规模。项目在环保上的投资高达 14.1 亿元，利用了世界领先的环保技术，仅脱硫装置就有两套，硫回收率超过 99.2%，生产过程中不消耗化学品，整个工艺不产生任何废物和废水，没有二次污染。项目达产后年消化原煤 500 万吨，而且在整个工艺过程中，煤炭所有组分都被"吃干榨尽"，每吨煤的转换身价将提高 7 倍以上。

3. 煤电

1）国家需求大

国家电网公司预测：2015 年，全国全社会用电量达 6.3 万亿千瓦时，最大负荷达 10.1 亿千瓦，"十二五"年均增长率分别为 8.6% 和 8.9%；2020 年，全社会用电量达 8.3 万亿千瓦时，"十三五"期间用电量年均增长率为 5.6%；2030 年，全社会用电量达 10.4 万亿千瓦时，最大负荷达 17.3 亿千瓦，2020～2030 年年均增长分别为 2.3% 和 2.7%。由此可见，国家对电力的需求非常旺盛。

2）国家政策支持

在国家电网公司的大力支持下，2009 年新疆 6 个 750 千伏输变电工程项目已经获得国家发展和改革委员会路条，3 个项目获得核准并开工建设。首个 750 千伏乌鲁木齐—吐鲁番—哈密输变电工程 2010 年 12 月 20 日全线贯通，该工程打通了哈密煤电化基地与乌鲁木齐主电网送电通道，有利于哈密电力外输，也有利于哈密煤炭发展，因为超过 5000 万千瓦的特高压输电能力每年可输送电量相当于 1.5 亿吨煤炭，可以大大减少电煤的运输量。

3）哈密规划

哈密地区 2015 年规划总装机容量 10 730 兆瓦，2020 年 22 000 兆瓦。其中：哈密市 2015 年规划装机 7410 兆瓦，2020 年规划总装机 10 710 兆瓦，三道岭加工区 2580 兆瓦、重工业加工区 4560 兆瓦、哈密华电哈密发电有限公司 930 兆瓦、骆驼圈子加工区 2640 兆瓦；巴里坤县 2015 年规划装机 2000 兆瓦，2020 年规划总装机 6000 兆瓦，布局在三塘湖加工区；伊吾县 2015 年规划装机 1320 兆瓦，到 2020 年规划总装机 5320 兆瓦，布局在淖毛湖加工区。

4. 有色金属

哈密拥有预测镍资源量 1584 万金属吨，居新疆第一位，铜资源量超过 1000 万金属吨，居新疆第二。随着东天山有色金属成矿带被列入西部大开发 10 大重点开发带，哈密逐步加大优势矿产资源的勘探力度，积极吸引和支持有实力的大企业、大集团发展铜、镍等有色金属加工业，新疆有色、中亚华金、新华联等大企业、大集团在哈密投资建设有色金属采选能力将超过 500 万吨，预计投资将达到 25 亿元。其中新疆有色集团把哈密作为重点发展地区，采取多点采矿、分片选矿、集中冶炼的方式，逐步形成年采矿能力 320 万吨，日选矿 1.2 万吨，同时作为有色产业链延伸项目将形成年产电解镍 1.5 万吨，电解铜 5 万吨的大型企业；新疆众鑫矿业有限公司是目前国内采用密闭鼓风炉熔炼—转炉吹炼工艺规模最大、装备水平最高的冶炼企业，计划 2011 年生产镍金属 6525 吨，实现产值5.26 亿元。

到 2015 年，哈密镍精粉达到 1 万金属吨，高冰镍达到 1 万金属吨，镍冶炼1 万吨，铜精粉达到 3 万金属吨；2020 年，镍精粉达到 3 万金属吨，高冰镍达到3 万金属吨，铜精粉达到 5 万金属吨，铜冶炼 10 万吨。

5. 盐化工产业

对现有的盐化工产业，根据地区化工产业发展现状及水资源严重短缺的现实，坚持严格限制化工行业规模，维持现有规模。

一是巴里坤盐化工加工区硫化碱总体产能规模控制在 24 万吨/年以内。加快技术进步，采用国内同行业先进生产工艺，提高资源利用率，大幅度减少污染。在不增加水资源使用量的基础上，适度发展以硫化碱为主原料的精细化工产品。园区外企业要在 2010 年年底前搬迁整顿完毕。

二是新疆化工集团哈密纯碱厂产能规模控制在 20 万吨/年以内。按照地区产业规划及哈密市城市发展规划，企业应尽快向重工业加工区搬迁。搬迁后的企业用水定额要控制在国家、自治区用水定额范围内。

三是七角井盐化工区维持现有生产规模不变，原则上不允许增能扩产。

6. 其他产业

1）建材产业布局规划

充分利用地区石材资源优势，以星星峡、阿拉塔格、彩霞山一带石材资源勘探开发为重点，发展不同品种、不同规格的板材和异型材，扩大石材加工规模，实现石材产业向多层次、多品种方向发展；鼓励发展优质平板玻璃、高档专用玻璃和玻璃制品项目；根据国家产业政策和市场需求，发展水泥产业；积极开展粉煤灰、煤矸石和炉渣的综合利用研究，发展系列新型墙体材料，推进建筑节能产业和循环经济的发展。

（1）水泥产业。目前地区水泥行业主要企业为潞安新疆煤化工（集团）有限公司和正在建设的哈密新天山水泥有限公司，规划到 2015 年产能控制在 250 万吨/年以内。

（2）玻璃产业。目前地区平板玻璃生产企业只有新疆晶华浮法玻璃有限公司，产能为 270 万重箱/年。规划到 2015 年产能达 600 万重箱。按照国家产业政策，企业要不断提升技术水平，发展高档玻璃生产，并适时搬迁至工业园区。

（3）石材产业。现有企业主要集中在哈密市，同时伊吾县金域石材公司正在起步发展。要利用地区花岗岩资源丰富的优势，重点发展不同品种、不同规格的板材和异型材, 扩大石材加工规模, 实现石材产业向多层次、多品种方向发展。广东工业加工区的石材生产企业及今后新建的石材企业, 要按照东部矿山向骆驼圈子加工区搬迁、南部矿山向哈密重工业加工区搬迁的原则进行布局。到"十二五"末, 荒料生产规模达到 5 万立方米, 板材生产规模达到 200 万平方米; 到 2020 年, 板材产能达到 300 万平方米。

(4) 新型建筑材料: 依托河南援疆等渠道重点发展环保、节能、防水、保温、轻质等为特征的新型建筑材料。开展粉煤灰综合利用研究, 到 2015 年达到 100 万~200 万吨, 2020 年达到 200 万~300 万吨。

2) 装备制造和高科技产业布局规划

依托工业加工区, 抓住东部加工区制造业向中西部转移的契机, 重点发展装备制造业 (风机制造、矿山机械制造装备、高低压配电设备组装、机电设备维修)、汽车组装以及生物医药、电子等高科技产业。

2010~2012 年为起步阶段; 2013~2015 年为发展阶段, 风电产业设备本地化使用率要达到 50% 以上; 2016~2020 年为定型阶段。

3) 特色农产品、食品和纺织加工业布局规划

充分利用新疆及哈密丰富的农牧资源条件, 以及哈密距离内地市场较近的区位优势和农牧产品加工发展的现有基础, 通过招商引资, 加快其产业化进程, 推进绿色和有机食品加工业的发展, 进一步提升和扩大农牧产品加工业的产能和调整产品结构, 延长产业链, 积极开发高附加值产品, 有效提升农牧产品市场竞争力。

2015 年, 规划有机食品 (肉类) 加工 0.7 万吨; 乳制品加工 6 万吨; 大枣系列产品加工 3 万吨; 葡萄、哈密瓜等储存、加工 5 万吨, 白酒 0.5 万吨、啤酒 5 万千升、肠衣 6000 桶、麦芽 5 万吨、淀粉 3 万吨; 棉纱生产规模 30 万锭。到 2020 年, 棉纱达到 50 万锭。

7.3.3　各主体可承载规模分析

根据前述所建模型, 在各主体的发展规划的基础上, 利用开发的决策支持系统, 可得各哈密可承载的各主体规模。

1) 可承载生活主体规模分析

哈密地区可承载人口规模整体呈上升趋势, 其 2015 年承载人口规模为 66.1 万人, 2020 年承载人口规模为 74.86 万人。

2) 可承载牲畜规模分析

哈密由于农村人口的增长缓慢, 总体饲养的牲畜规模增长也不快。哈密 2015 年可承载牲畜规模为 116.87 万头, 2020 年可承载牲畜规模为 121.07 万头。

3）可承载工业产业规模分析

哈密工业发展迅猛，可承载工业规模整体呈上升趋势。2015 年、2020 年承载规模如表 7-19 所示。

表 7-19　哈密可承载第二产业主体规模

主体	2015 年	2020 年
煤电产业/万千瓦时	1 073	2 200
煤化工/万吨	810	812
煤炭产业/万吨	21 540	40 400
盐化工/万吨	44	44
有色金属/万吨	34	102
黑色金属/万吨	450	1 050
其他/万吨	7.75	10.50

4）可承载农业产业规模分析

哈密农业承载水平如表 7-20 所示。

表 7-20　2015 年和 2020 年哈密可承载农业主体规模　　单位：万亩

主体	2015 年		2020 年	
	50%	75%	50%	75%
小麦	22.57	20.33	14.56	12.68
玉米	3.53	3.32	2.82	2.25
棉花	11.65	7.98	4.22	3.07
蔬菜	3.68	2.72	3.86	3.36
瓜类	7.25	6.75	8.98	8.39
草场	28.81	19.5	30.86	20.65
葡萄	8.18	6.9	9.21	4.72
红枣	28.61	27.57	27.87	26.57
林业	6.34	6.21	7.07	6.14
其余主体	33.55	23.04	31.42	25.39
合计	154.17	124.32	140.87	113.22

从表 7-20 中可以看出，由于采取节水措施，可承载农业规模整体呈缓慢上升趋势。2015 年 50%、75%保证率下承载规模分别为 154.17 万亩、124.32 万亩；2020 年 50%、75%保证率下承载规模分别为 140.87 万亩、113.22 万亩。

5）可承载第三产业规模分析

哈密 2015 年可承载第三产业规模为 140.47 万元，2020 年可承载第三产业规模为 226.22 万元。

7.4　哈密水资源承载力情景分析

7.4.1　提高节水水平

1. 哈密节水灌溉发展历史及现状

1) 哈密节水灌溉历史

哈密地区农业灌溉发展的历史源远流长,在距今近一百年以前就有了开挖坎儿井引水的灌溉农业,在漫长的历史岁月中,灌溉农业的建设绵延不断,对促进当时的农业生产和社会经济发展起到了十分重要的作用。迄今为止,在哈密市的二堡、五堡,巴里坤县的三塘湖,伊吾县的下马崖等地,坎儿井仍然是当地农业灌溉的主要引水方式。灌溉农业的发展主要受水资源的制约,古代的劳动人民在与旱灾进行的长期斗争中,已懂得采用一些简单的节水农业灌溉技术,如夯实输水土渠的渠床减少输水渗漏损失,对节约农业用水起到了一定作用。但是,由于社会和技术等原因,到新中国成立前哈密地区农业基础设施十分薄弱,除了在少数灌区建设有少量渠道防渗外,基本上仍是空白。新中国成立后随着灌溉农业的大规模发展,农业水资源的供需矛盾逐渐呈现,农田水利建设受到有关部门的重视。20 世纪 50 和 60 年代,仍然以土渠建设为主,到 70 年代初才开始大力推广渠道防渗衬砌减少输水渗漏损失,田间开展平整土地、划小畦块,推行短沟或细流沟灌。70 年代中后期,全地区狠抓井灌建设,在十多年的时间里打井近千眼,在干旱缺水季节,井水成为重要的调剂水源,形成了井渠配套的灌溉网,在农业生产中发挥了重要的作用。80 年代以后,在山区修建了许多中小型水利水电工程,以中小型水库、引水渠首等为主,形成了粗具规模的灌溉系统,使水资源得到了进一步的开发利用,灌溉面积有了成倍的增长。从 90 年代中后期开始,进一步将节水灌溉工程技术、农业技术和管理技术有机结合,形成配套技术,并大面积推广低压管道输水灌溉、滴灌、喷灌等高效节水灌溉技术。近年来,哈密地区大力修建高效节水工程,明确了一些作物的高效节水模式,不同作物采用了不同灌溉方式,如大枣滴灌、玉米膜下滴灌、哈密瓜滴灌、棉花膜下滴灌等,并取得了很好的经济效益,这些技术的大范围推广应用,使哈密地区节水农业的发展提高到一个新的水平,采用高效节水技术成为农业灌溉的首选方式。

2) 哈密节水发展现状

哈密地区现有总灌溉面积为 111.5 万亩,其中农田 65.41 万亩,林果 28.08 万亩,人工饲草料地 18.01 万亩。截至 2008 年哈密地区完成高效节水灌溉面积 28.31 万亩,占总灌溉面积的 25.39%,其中滴灌 16.51 万亩,喷灌 9.3 万亩,低压管道灌 2.5 万亩。

2. 哈密节水措施

哈密地区因干旱少雨，农业主要依赖于灌溉，针对哈密地区地表水灌区及混灌区地表水利用率较低、中型灌区及小型灌区无调蓄工程、末级渠道配套不完善、渠道老化失修等现状，节水工程的建设原则有以下几点。

（1）坚持农业节水分区统筹规划，合理布局、因地制宜、分类指导、分期实施的原则。根据天山以南及以北各区域气候、土壤、地形、作物种植等特点，选择不同的节水措施，以实现水资源优化配置。

（2）重点突出，合理布局的原则。以石城子灌区、柳条河灌区及淖毛湖灌区节水改造为重点，提高灌溉水利用系数，提高灌溉保证率。

（3）农业节水措施与农业结构调整相互促进的原则。一方面，节水灌溉促进农业产业结构调整，按照"南园北牧"的发展目标，指导农业生产，使农业种植业布局得到优化，结构更合理、科学；另一方面，产业结构调整带动节水灌溉的发展，节水灌溉工程兴建必须与农业发展规划相一致，符合结构调整的要求。

（4）农业节水措施与增产增收相结合原则，以最优的投资获得最大的产出，达到投资省、节水明显、效益高的目的。

3. 采取进一步节水措施时可承载农业主体规模分析

采取进一步节水措施时新疆哈密可承载的农业主体规模如表 7-21 所示。

表 7-21　2015 年和 2020 年哈密采取进一步节水措施时可承载农业主体规模

单位：万亩

主体	2015 年		2020 年	
	50%	75%	50%	75%
小麦	27.57	25.33	17.56	16.53
玉米	3.53	3.32	2.82	2.25
棉花	10.65	7.67	4.22	3.07
蔬菜	3.54	2.67	3.66	3.26
瓜类	7.17	6.55	8.78	8.29
草场	31.81	21.5	32.86	22.96
葡萄	8.18	6.9	9.21	4.72
红枣	32.61	32.57	32.63	32.23
林业	6.34	6.21	7.07	6.14
其余主体	35.55	25.04	33.04	26.32
合计	166.95	137.76	151.85	125.77

从表 7-21 中可以看出，进一步采取节水措施后，50%、75%保证率下 2015

年承载规模分别为 166.95 万亩、137.76 万亩，2020 年承载规模分别为 151.85 万亩、125.77 万亩。

7.4.2　提高水资源利用率

1. 哈密地区具有增水潜力

哈密地区项目区多年平均河川径流总量为 10.32 亿立方米，地表水总用水量为 3.63 亿立方米，占可用地表水径流量的 36.21%，哈密市四道沟、三道沟、柳树沟、小马圈沟，巴里坤县的西黑沟、东黑沟，伊吾县的四道白杨沟、玉勒盖沟等，除较大河沟如石城子河、榆树沟河、柳条河、乌沟等有控制性水利工程外，其余各河沟均无控制性工程，多通过渠首引水，由于渠首及引水干渠建设年限长、建设标准低，地表引水量小，通过水源工程建设及灌区改造，有新增地表引水潜力 2.31 亿立方米，其中哈密市地表引水潜力 1.4 亿立方米，巴里坤县地表引水潜力 0.51 亿立方米，伊吾县地表引水潜力 0.4 亿立方米。

充分发挥污水处理、中水利用设施的作用，整合区域内污水处理优势，最大限度用足用好中水资源，实现污水资源化。规划 2015 年哈密市城市中水利用量达到 1200 万立方米，2020 年中水利用量达到 1500 万立方米。

2. 加强供水水平时各主体可承载规模分析

加强供水水平时哈密各主体可承载规模如表 7-22 所示。

表 7-22　2015 年和 2020 年提高水资源利用率哈密可承载农业主体规模

单位：万亩

主体	2015 年		2020 年	
	50%	75%	50%	75%
小麦	27.57	25.33	17.56	16.53
玉米	3.53	3.32	2.82	2.25
棉花	10.65	7.67	4.22	3.07
蔬菜	3.88	2.83	4.01	3.87
瓜类	7.17	6.55	8.78	8.29
草场	33.57	23.68	33.57	24.02
葡萄	8.18	6.9	9.21	4.72
红枣	32.61	32.57	32.63	32.23
林业	6.34	6.21	7.07	6.14
其余主体	35.55	25.04	33.04	26.32
合计	169.05	140.1	152.91	127.44

从表 7-22 中可以看出，加强供水后，50%、75%保证率下 2015 年承载规模

分别为 169.05 万亩、140.1 万亩，2020 年承载规模分别为 152.91 万亩、127.44 万亩。

7.4.3　加快产业结构调整

1. 哈密地区产业结构调整思路

哈密地区推进以"调粮、退棉、增经、扩草"为重点的农业产业结构调整策略，大力发展以大枣为主的林果业、以大棚为主的设施农业和以饲草料为主的牧业，棉花大规模退出，小麦逐步压缩规模，哈密瓜稳定规模。发展高效节水农业不仅增加了哈密农民收入，带来种植模式新变化，而且推动哈密传统农业向"精种"农业发展。

与棉花等作物相比，大枣属于节水型经济树种。目前哈密市大枣面积已经达到 30 万亩，全市 15 万亩棉田基本套种了大枣树，再过几年，随着枣树逐渐长大，棉花就可以"集体引退"了。哈密市有 5 万亩鲜食葡萄，也属高效作物，但由于较为耗水，今后面积不再扩大，提倡"一根藤上结一个瓜"的栽培模式，使地产哈密瓜品质稳中回升。

通过调整产业结构，哈密农业由粗放经营迈向精耕细作，品种定位由粗放传统作物转向经济价值高的优势作物，淘汰耗水农作物，精耕细种大枣、哈密瓜。哈密大枣、哈密瓜、反季节蔬菜已形成规模化基地。

构建现代农业园，如在哈密市西戈壁开发区打造以设施农业和红枣产业为主的现代农业产业园，该农业园的生产经营具有专业化、标准化、规模化和集约化特点，并建设农副产品加工区和交易中心。

2011 年，哈密市计划启动 1000 亩花卉苗木繁育基地建设。到 2014 年建立 6100 座设施农业大棚，发展为万亩设施农业基地，作为哈密市蔬菜供应基地。

采用新的直销店经营模式来缩短中间环节，实现农民增收和市场盈利的双赢。引导支持丰盛农产品综合批发公司、大光明食品有限公司、新哈果品公司及哈密瓜、大枣、葡萄专业合作社等涉农企业在河南省设立哈密特色农产品交易市场。由政府搭台，在哈密市爱家、天马、好家乡等大型超市设立特色农产品加工产品展销专柜，由企业经营运作。

2011 年，地区设施农业品种由西红柿、黄瓜、葫芦老三样向蔬菜、瓜类、桃、杏、大枣、桑葚等优势果品发展。蔬菜年产量达到 5 万吨以上，充分满足市场均衡供应与品种多样化的双重需求。各县（市）进一步加大对设施农业的投入，建设日光温室 3500 座，现已落实温室面积 9990 亩，完成墙体 547 座。地区还以"服务工业、服务城市、繁荣农村"为目标，计划新增陆地蔬菜面积 1.5 万亩，现基地建设任务已落实 16 695.2 亩，其中连片面积 12 742.5 亩。

2. 推进产业结构调整时各主体可承载规模分析

推进产业结构整体时哈密各主体可承载规模如表 7-23 所示。

表 7-23　2015 年和 2020 年进一步调整产业结构哈密可承载农业主体规模

单位：万亩

主体	2015 年		2020 年	
	50%	75%	50%	75%
小麦	27.57	25.33	17.56	16.53
玉米	4.05	3.82	3.72	2.25
棉花	10.65	7.67	4.22	3.07
蔬菜	4.54	3.67	4.66	4.26
瓜类	7.17	6.55	8.78	8.29
草场	36.81	26.5	36.86	27.96
葡萄	8.18	6.9	9.21	4.72
红枣	32.61	32.57	32.63	32.23
林业	6.34	6.21	7.07	6.14
其余主体	35.55	25.04	33.04	26.32
合计	173.47	144.26	157.75	131.77

从表 7-23 中可以看出，进一步调整产业结构后，50%、75%保证率下 2015 年承载规模分别为 173.47 万亩、144.26 万亩，2020 年承载规模分别为 157.75 万亩、131.77 万亩。

7.5　提高水资源承载力的对策措施

1. 建立健全用水总量控制和定额管理制度

根据哈密的经济技术条件、可用水量，逐级明确各区、各行业、各部门、各单位的用水量指标，实行总量和定额双控制，严格执行水资源规划、水资源论证、取水许可、计划用水制度。这种控制方式从小的地方说能促进各用水单位采取各种节水措施，在有限的水资源约束下进行扩大再生产，从大的地方来说，能促进各区进行产业调整，优先发展低耗水、高产出的行业，从而客观上达到节水的效果。

当然，在具体进行水量分配和定额制定时，一要结合哈密经济发展规划和区域水资源具体特点，分析不同地区和不同用水需求对供水的依赖程度，排出应优先解决的供水对象和供水范围的序列表；二要进行充分论证；三要听取公众意见，保证用水户的合法权益；四要履行法定程序，保证程序公正、公开。

2. 完善水资源有偿使用制度，探索用水结构调整补偿机制

通过农业节水补偿机制创新，建立多种投资机制，改变过去政府单一投资模式，建立长效的节水农业发展机制，让企业、社会、农民均成为节水农业的投入主体。

1）建立经济调节机制

第一，建立科学的农业水价体制，考虑农民的承受能力，制定有利于农业节水的水价政策；第二，建立科学的奖励惩罚制度，包括对供水单位的补偿奖励机制和对用水单位的惩罚奖励机制；第三，维护农民的利益，保证农民在农业水权转移过程中得到补偿。

2）建立政策激励机制

按照全面落实科学发展观的要求，落实公共财政对节水农业的投入。第一，地方各级政府应把节水农业纳入投资和财政预算，逐步增加节水农业资金投入规模，并根据财力情况适度建立一些专项资金给以特殊支持，形成稳定的节水农业投资渠道；第二，政府加大投入，引导农民出资出劳开展直接受益的节水农业工程建设；第三，明确节水农业工程设施归项目受益主体所有，允许农业设施以承包、租赁等形式进行产权流转等，吸引企业等社会资金投入。

3. 严格执行取水许可制度和水资源论证制度

在进行水资源论证时要将单个项目水资源论证与区域的水资源承载力评估有机结合起来，制定更具可操作性和更科学公平的论证程序和实施细则；在取水许可审批和年检时要求用水户按计划用水和节约用水；建立节水产品认证和市场准入制度，引导用户和消费者购买节水型产品；建立用水计量和统计制度，做好各行业的用水量、用水效率和效益的统计工作。

4. 加强水管部门内部改革，搞活经营管理运行机制

按照国家"两定"方案，对水利工程管理单位进行定岗、定编，积极推进干部竞争上岗、职工全员劳动合同制等人事制度、分配机制改革，建立竞争激励机制，建立能力素质强、技术水平高的精干管理队伍，降低工程管理成本。支渠以上属水管部门管理，严格规范水费的使用管理，确保工程设施的更新、改造、配套和维修费用，实现良性运行。

5. 增加投入，建立稳定的投入保障机制

建立节水发展基金，积极拓展各种融资渠道，为实现节水目标提供资金保证。建议政府在基本建设、技术改造、城市建设三项费用中安排节水资金，用于节水技术的研究,扶持节水设备、设施、器具研发,推广和应用节水型设备、设施和器具,加强城市供水管网的维护管理。增加各级财政对农业节水基础设施的投入,同时建立多元化、多层次的融资渠道,积极引导农民和社会各界参与节水工程。节水发展基金的使用,应严格按照节水规划的要求,按项目组织实施。

6. 提高农业节水管理水平

农业节水的实施与管理,离不开用水户的参与。用水户是节水的主体,建立用水户参与管理决策的民主管理机制是节水环节不可缺少的重要方面。事实证明,用水户参与灌溉管理不仅改善了田间用水管理状况,有效解决了征收水费难的问题,而且节水效果十分明显。为此应积极落实水利部等三部委联合下发的《关于加强农民用水户协会建设的意见》,进一步深化农村水利基层群管组织体制改革,在充分尊重农民意愿的前提下,引导农民大力发展农民用水合作组织,通过管理创新,提高管理水平,促进节水农业的良性运行。

7. 加强节水法制建设,改革水务管理体制

加强节水法制建设,建立和完善各项节约用水制度,建立有利于节水工程的良性运营机制;改革水价,建立合理的水价形成机制;实施用水总量控制和定额管理;实施节水奖励和限制管理办法;建立节水发展基金和财政补贴管理办法等方面,都需制定相应的法规和政策,以保障节水规划的实施。建立水务管理体制,在水务局的统一管理下,依据区域节水规划和用水定额,制定详细的、可操作的节水规程规范。

8. 加强节水宣传教育和节水科技创新,推进节水事业发展

要利用多种宣传形式,大力宣传节约用水的紧迫性和重要性,普及节约用水的科学知识,组织群众参与节水工作,增强全社会的节水意识。充分发挥新闻媒体的舆论监督作用,树立节水光荣的社会风尚。吸收和借鉴国内外先进的节水技术和管理经验;引进节水的新技术、新材料、新工艺,不断提高节水设施建设的技术水平与管理水平;把节水科技创新和技术推广列入地区科技发展计划。在节水发展基金中,应确定一定比例的资金用于节水技术的应用研究、技术开发与成果的转化。

9. 积极开辟利用污水处理回用等其他水源

根据计算,哈密水资源短缺、供需矛盾突出,这就要求我们积极寻找新水源。由于哈密的废污水在 2020 年、2030 年 90% 以上要经过污水处理厂处理,因

此，哈密有很大的回用水资源。一般影响和限制回用水的关键问题有两个：一是要进行深度处理，二是要有稳定的用户。所以哈密要提高污水处理厂的处理等级，从二级提高到深度处理，提高污染物的去除率，用户再根据用水要求适当进行一些特殊处理，作为河道生态景观用水、市政绿化与冲洗马路用水、农业灌溉用水等。

参 考 文 献

[1] 翁焕新. 城市水资源控制与管理 [M]. 杭州：浙江大学出版社，1998.

[2] 孙富行. 水资源承载力分析与应用 [D]. 南京：河海大学，2005.

[3] 钱正英，张光斗. 中国可持续发展水资源战略研究综合报告及各专题报告 [M]. 北京：中国水利水电出版社，2001.

[4] 刘彦随，吴传钧. 中国水土资源态势与可持续食物安全 [J]. 自然资源学报，2002，17（3）：270-275.

[5] 刘昌明，陈志恺. 中国水资源的现状评价和供需发展趋势分析 [M]. 北京：中国水利水电出版社，2001.

[6] 刘永懋，宿华，刘巍. 中国水资源的现状与未来——21 世纪水资源管理战略 [J]. 水资源保护，2001，4：13-15.

[7] 张果，肖莉. 我国水资源可持续发展模式探讨 [J]. 四川师范大学学报，2002，25（2）：201-204.

[8] Engelman R，LeRoy P. Sustaining water-population and the future of renewable water supplies [R]. Washington D C：Population and Environment Program，Population Action International，1993.

[9] 把多铎，魏晓妹，杨建国. 我国的水资源危机及其分析 [J]. 干旱地区农业研究，1998，16（3）：97-102.

[10] 王友贞. 区域水资源承载力评价研究 [D]. 南京：河海大学，2004.

[11] 叶文虎. 可持续发展引论 [M]. 北京：高等教育出版社，2001：10-16.

[12] 中华人民共和国水利部. 2011 年中国水资源公报 [EB/OL]. http://www. mwr. gov. cn/zwzc/hygb/szygb/qgszygb/201212/t20121217-335297. html [2013-7-8].

[13] 张岳. 中国水资源与可持续发展 [M]. 南宁：广西科学技术出版社，2000.

[14] 陈家琦. 全球变化和水资源的可持续开发 [J]. 水科学进展，1996，7（3）：187-192.

[15] 杨云彦. 人口、资源与环境经济学 [M]. 北京：科学出版社，1999.

[16] 冯尚友. 水资源持续利用与管理导论 [M]. 北京：科学出版社，2000.

[17] 陈传友，王春元，窦以松. 水资源与可持续发展 [M]. 北京：中国科学技术出版社，1999.

[18] National Academies. A Review of the Florida Keys Carrying Capacity Study（2002）[M]. Washington D C：National Academy Press，2002：146-150.

[19] National Research Council. Interim Review of the Florida Keys Carrying Capacity Study [M]. Washington D C：National Academy Press，2001：239-245.

[20] Falkenmark M. Coping with water scarcity under rapid population growth [R]. Pretoria：Conference of SADC Ministers，1995.

[21] Harris J M，Kennedy S. Carrying capacity in agriculture：globe and regional issue [J]. Ecological Economics，1999，29（3）：443-461.

[22] Rijiberman M A, van de Ven F H M. Different approaches to assessment of design of and management of sustainable urban water system [J]. Environment Impact Assessment Review, 2000, 20 (3): 333-345.

[23] Hrlich A H. Looking for the ceiling: estimates of the earth's carrying capacity [J]. American Scientist, Research Triangle Park, 1996, 84 (5): 494-499.

[24] Varis O, Vakkilainen P. China's 8 challenges to water resources management in the first quarter of the 21st century [J]. Geomorphology, 2001, (4): 93-104.

[25] UNESCO, F A O. Carrying capacity assessment with a pilot study of Kenya: a resource accounting methodology for sustainable development [R]. Paris and Rome, 1985.

[26] 贾嵘, 蒋晓辉, 薛惠峰, 等. 缺水地区水资源承载力模型研究 [J]. 兰州大学学报 (自然科学版), 2000, 36 (2): 114-121.

[27] 施雅风, 曲耀光. 乌鲁木齐河流域水资源承载力及其合理利用 [M]. 北京: 科学出版社, 1992.

[28] 惠泱河, 蒋晓辉, 黄强, 等. 水资源承载力评价指标体系研究 [J]. 水土保持通报, 2000, 21 (1): 30-34.

[29] 冯耀龙, 韩文秀, 王宏江, 等. 区域水资源承载力研究 [J]. 水科学进展, 2003, (1): 109-113.

[30] 程国栋. 承载力概念的演变及西北水资源承载力的应用框架 [J]. 冰川冻土, 2002, 24 (4): 361-366.

[31] 高彦春, 刘昌明. 区域水资源开发利用的阈限研究 [J]. 水利学报, 1997, (8): 73-79.

[32] 许有鹏. 干旱区水资源承载能力综合评价研究 [J]. 自然资源学报, 1993, 8 (3): 229-237.

[33] 冯尚友, 傅春. 我国未来可利用水资源量的估测 [J]. 武汉水利电力大学学报, 1999, 32 (6): 6-9.

[34] 陈传友. 新疆西南地区水资源及其评价 [J]. 自然资源学报, 1992, 7 (4): 312-327.

[35] 新疆水资源软科学课题研究组. 新疆水资源及其承载能力和开发战略对策 [J]. 水利水电技术, 1989, 6: 1-9.

[36] 阮本青, 沈晋. 区域水资源适度承载能力计算研究 [J]. 土壤侵蚀与水土保持学报, 1998, 4 (3): 57-61.

[37] 李令跃, 甘泓. 试论水资源合理配置和承载能力概念与可持续发展之间的关系 [J]. 水科学进展, 2000, 11 (3): 307-313.

[38] 何希吾. 水资源承载力 [M]. 北京: 中国大百科全书出版社, 石油大学出版社, 2000.

[39] 邓欢, 郭纯青. 岩溶地区水资源承载力与经济社会的可持续发展 [J]. 桂林工学院学报, 2004, (1): 32-35.

[40] 王忠静. 干旱内陆河区水资源承载能力与可持续利用研究 [D]. 北京: 清华大学, 1998.

[41] 许新宜, 王浩, 甘泓, 等. 华北地区宏观经济水资源规划理论与方法 [M]. 郑州: 黄

河水利出版社，1997.

[42] 夏军，朱一中. 水资源安全的度量：水资源承载力的研究与挑战 [J]. 自然资源学报，2002，17（3）：262-265.

[43] 段春青，刘昌明，陈晓楠，等. 区域水资源承载力概念及研究方法的探讨 [J]. 地理学报，2010，65（1）：82-90.

[44] 曾维华，程声通. 区域水环境集成规划刍议 [J]. 水利学报，1997，（10）：77-82.

[45] 刘登伟. 水资源承载力概念中的二元属性——水资源承载力研究的新突破 [J]. 水利发展研究，2011，9：14-17.

[46] 肖满意，董诩立. 山西省水资源承载力评估 [J]. 山西水利科技，1998，4：5-11.

[47] 王余标，王献平. 周口市水资源承载能力综合评价 [J]. 河南农业大学学报，2001，9（35）：97-100.

[48] 朱一中，夏军，谈戈. 西北地区水资源承载力分析预测与评价 [J]. 资源科学，2003，25（4）：43-48.

[49] 陈洋波，陈俊合，李长兴，等. 基于 DPSIR 模型的深圳市水资源承载能力评价指标体系 [J]. 水利学报，2004，7：98-103.

[50] 王浩，秦大庸，王建华，等. 西北内陆干旱区水资源承载能力研究 [J]. 自然资源学报，2004，19（2）：151-159.

[51] 陈正虎，唐德善. 新疆水资源可持续利用水平模糊综合分析 [J]. 水资源研究，2005，26（2）：17-20.

[52] 王友贞，施国庆，王德胜. 区域水资源承载力评价指标体系的研究 [J]. 自然资源学报，2005，4（7）：598-604.

[53] 周亮广，梁虹. 喀斯特地区水资源承载力评价研究——以贵州省为例 [J]. 中国岩溶，2006，（1）：23-28.

[54] 吴巧梅. 北京市水资源承载力定量评价与风险分析及其管理对策 [D]. 兰州：兰州大学，2007.

[55] 滕朝霞，陈丽华. 城市水资源承载力多目标模型及其在济南市的应用 [J]. 中国水土保持科学，2008，6（3）：76-80.

[56] 佟长福，史海滨，李和平，等. 基于灰色关联分析的鄂尔多斯市水资源承载力评价 [J]. 节水灌溉，2009，11：43-49.

[57] 邵磊，周孝德，杨方廷，等. 基于主成分分析和熵权法的水资源承载能力及其演变趋势评价方法 [J]. 西安理工大学学报，2010，26（2）：170-176.

[58] 王维维，孟江涛，张毅. 基于主成分分析的湖北省水资源承载力研究 [J]. 湖北农业科学，2010，49（11）：2764-2767.

[59] 邓远建，严立冬，陈光炬. 从相对承载力视角看湖北省水资源可持续利用 [J]. 水利经济，2010，1：11-14.

[60] 刘渝，杜江. 湖北省农业水资源利用效率的实证分析 [J]. 中国农村水利水电，2011，1：37-39.

[61] 段春青，刘昌明，曹玲玲，等. 可变模糊集方法在海河流域水资源承载力评价中的应

用 [J]. 北京师范大学学报（自然科学版），2009，45（Z1）：582-584.

[62] 戴薇，汪群，王华. 太湖流域水资源承载力研究 [J]. 水利经济，2005，23（6）：11-14.

[63] 张欣，陈华伟，仕玉治，等. 基于集对分析的黄河三角洲东营市水资源承载力评价 [J]. 水资源保护，2012，28（1）：17-21.

[64] 苏志勇，徐中民，张志强，等. 黑河流域水资源承载力的生态经济研究 [J]. 冰川冻土，2002，24（4）：400-406.

[65] 魏光辉，马亮. 基于主成分分析的塔里木河流域水资源承载力评价 [J]. 广东水利水电，2012，2：39-41，48.

[66] 付玉娟，何俊仕，强小嫚，等. 辽河流域各市水资源承载力计算分析 [J]. 水土保持研究，2011，18（1）：171-176.

[67] 冯绍元，陈绍军，霍再林，等. 基于 SD 模型的石羊河流域中下游水资源承载力初步研究 [J]. 东华理工大学学报（自然科学版），2009，32（4）：301-306.

[68] 张占江，李吉玫，石书兵. 阿克苏河流域水资源承载力模糊综合评价 [J]. 干旱区资源与环境，2008，22（7）：138-143.

[69] 董雯，任文建，刘志辉. 基于 SD 模型的博尔塔拉河流域水资源承载力研究 [J]. 新疆环境保护，2008，30（3）：4-8.

[70] 郑奕. 博斯腾湖流域水资源承载力研究 [D]. 乌鲁木齐：新疆大学，2005.

[71] 冯发林. 湘江流域水资源承载力初步研究 [D]. 长沙：湖南师范大学，2007.

[72] 曹飞凤，楼章华，许月萍，等. 钱塘江流域水资源承载力及可持续发展研究 [J]. 中国农村水利水电，2008，4：13-16.

[73] 杨广，何新林，李俊峰，等. 基于物元模型的干旱区水资源承载力评价研究 [J]. 人民长江，2009，40（21）：52-54，98.

[74] 张国飞，刘廷玺，姜慧琴，等. 海拉尔河流域水资源承载力模糊综合评价 [J]. 人民黄河，2011，33（10）：48-50.

[75] 李同升，徐冬平. 基于 SD 模型下的流域水资源-社会经济系统时空协同分析——以渭河流域关中段为例 [J]. 地理科学，2006，26（5）：551-556.

[76] 李吉玫，徐海量，宋郁东，等. 伊犁河流域水资源承载力的综合评价 [J]. 干旱区资源与环境，2007，21（3）：39-43.

[77] 邱俊楠. 秃尾河流域水资源承载力研究 [D]. 咸阳：西北农林科技大学，2012.

[78] 王长建，张小雷，杜宏茹，等. 开都河-孔雀河流域水资源承载力水平的综合评价与分析 [J]. 冰川冻土，2012，34（4）：990-998.

[79] 邱微，樊庆锌，赵庆良，等. 黑龙江省水资源生态承载力计算 [J]. 哈尔滨工业大学学报，2010，42（6）：1000-1003.

[80] 黄林显. 基于主体功能区的辽宁省水资源承载力 SD 模拟 [D]. 大连：辽宁师范大学，2009.

[81] 张振伟，杨路华，高慧嫣，等. 基于 SD 模型的河北省水资源承载力研究 [J]. 中国农村水利水电，2008，3：20-23.

[82] 卜楠楠，唐德善，尹笋. 基于 AHP 法的浙江省水资源承载力模糊综合评价 [J]. 水电能源科学，2012，30（3）：41-44.

[83] 王丹丹，雷鸣. 湖北省相对资源承载力及比较研究 [J]. 山西财经大学学报，2010，32（2）：8-11，19.

[84] 张衍广，林振山，陈玲玲. 山东省水资源承载力的动力学预测 [J]. 自然资源学报，2007，22（4）：596-605.

[85] 许朗，黄莺，刘爱军. 基于主成分分析的江苏省水资源承载力研究 [J]. 长江流域资源与环境，2011，20（12）：1468-1474.

[86] 彭忠福，马学明，刘雁翼. 江西省水资源承载力评价研究 [J]. 人民长江，2011，42（18）：73-76.

[87] 王学全，卢琦，李保国. 应用模糊综合评判方法对青海省水资源承载力评价研究 [J]. 中国沙漠，2005，25（6）：944-949.

[88] 陈能志. 福建省水资源承载力研究 [J]. 中国水利，2006，21：44-47.

[89] 焦士兴，李勇，李静. 河南省相对资源承载力区域差异分析 [J]. 华东经济管理，2008，22（12）：39-41，63.

[90] 任建蓉. 山西省水资源承载力评价及对策研究 [D]. 临汾：山西师范大学，2010.

[91] 王丽霞，任志远，刘招，等. 基于 GIS 的陕西省水资源潜力及承载力研究 [J]. 干旱区资源与环境，2013，27（8）：97-102.

[92] 谢小康，陈俊合，刘树锋. 广东省水资源承载力量化研究 [J]. 热带地理，2006，26（2）：108-113.

[93] 王美霞，任志远，王永明，等. 基于 GIS 的关中一天水经济区水资源承载力评价 [J]. 干旱地区研究，2010，28（6）：222-227.

[94] 王录仓，王航. 基于水资源承载力的内陆河流域城镇发展及其生态效应研究框架——以黑河流域为例 [J]. 干旱区资源与环境，2006，20（5）：32-37.

[95] 孟凡德，王晓燕. 北京市水资源承载力的变化趋势及驱动力研究 [J]. 中国水利，2004，9：22-25.

[96] 阿琼. 基于 SD 模型的天津市水资源承载力研究 [D]. 天津：天津大学，2008.

[97] 赵筱青，饶辉，易琦，等. 基于 SD 模型的昆明市水资源承载力研究 [J]. 中国人口·资源与环境，2011，21（12）：339-342.

[98] 张斌，陆桂华，胡震云. 基于 SD 模型的深圳市水资源承载力研究 [J]. 中国水利，2011，3：25-27.

[99] 黎明，李百战. 重庆市都市圈水资源承载力分析与预测 [J]. 生态学报，2009，29（12）：6449-6505.

[100] 孙毓蔓，夏乐天，王春燕. 基于主成分分析的南京市水资源承载力研究 [J]. 人民黄河，2010，32（10）：74-75.

[101] 韩俊丽. 包头市城市水资源承载力模拟与预测 [J]. 阴山学刊，2008，22（9）：60-63.

[102] 张朋飞. 长春市水资源承载力研究 [D]. 长春：吉林大学，2008.

[103] 杨巧宁，孙希华，张婧，等. 济南市水资源承载力系统动力学模拟研究 [J]. 水利经

济，2010，28 (2): 16-20, 40.

[104]　程莉，汪德爟. 苏州市水资源承载力研究 [J]. 水文，2010，30 (1): 47-55.

[105]　曹玉升，韩宗德，刘爽，等. 郑州市水资源承载力研究 [J]. 华北水利水电学院学报，2010，31 (1): 17-20.

[106]　陈凯，李就好，陆金驰，等. 基于模糊层次综合评价法的汕头水资源承载力变化趋势研究 [J]. 广东农业科学，2012，2: 110-113.

[107]　王春娟，冯利华，陆小强. 鄂尔多斯市水资源承载力的主成分分析 [J]. 水资源与水工程学报，2012，23 (1): 77-80.

[108]　娄胜霞. GIS 技术视角下区域水资源承载力评价与保障研究——以遵义地区为例 [J]. 贵州社会科学，2011，260 (8): 60-63.

[109]　赵丹丹，岳丽莹，许靖，等. 基于主成分分析的义乌水资源承载力 [J]. 水资源与水工程学报，2012，23 (1): 51-54.

[110]　刘树芬，童绍玉. 云南省楚雄市水资源承载力评价 [J]. 云南师范大学学报，2012，32 (2): 68-73.

[111]　高玲玲，王昌义，甘若婷. 绍兴市水资源承载力研究 [J]. 河北工程技术高等专科学校学报，2012，4: 6-10.

[112]　袁伟，楼章华，田娟. 富阳市水资源承载能力综合评价 [J]. 水利学报，2008，39 (1): 103-108.

[113]　李永成. 汀溪水库供水系统水资源承载力探讨 [J]. 引进与咨询，2006，(5): 18-19.

[114]　张琳，张苗. 南水北调江苏受水区水资源承载力研究 [J]. 水利科技与经济，2007，13 (3): 183-184.

[115]　周洪，谷树忠，姚予龙. 区域资源承载力的测算与规制——以贵州省毕节市为例 [J]. 中国农业资源与区划，2013，34 (1): 58-64.

[116]　林衍，顾恒岳，盛湘渝. 模糊综合评判误判原因的探讨 [J]. 系统工程理论方法应用，1997，6 (2): 67-70.

[117]　马素君，张礼达，杜发兴，等. 水资源承载能力的模糊综合评价研究 [J]. 云南地理环境研究，2006，18 (3): 7-9, 24.

[118]　周波，贾晓红，于凤存. 模糊综合评价在区域水资源承载力研究中的应用 [J]. 水利科技与经济，2007，13 (10): 739-741.

[119]　郜慧，金辉. 基于 AHP 和模糊综合评价的区域水资源可持续利用评价——以广东省江门市为例 [J]. 水资源与水工程学报，2007，18 (3): 50-55.

[120]　刘丹丹. 陕北地区水资源可持续利用评价 [D]. 咸阳: 西北农林科技大学，2008.

[121]　崔振才，白玉惠，刘庆凤，等. 基于模糊规划的水资源承载力评价模型及应用 [J]. 武汉大学学报 (工学版)，2009，42 (6): 738-740, 768.

[122]　任高珊，李援农，蒋耿民. 基于模糊综合评判法的榆林水资源承载力评价 [J]. 人民黄河，2010，32 (5): 56-57.

[123]　尚昶宏，马玉香，范家华，等. 石河子市水资源承载力评价研究 [J]. 湖北农业科学，2012，51 (17): 3719-3725.

[124] 赵振国，黄修桥，徐建新. 大型灌区水资源承载力模糊综合评价 [J]. 安徽农业科学，2012，40（1）：352-355.

[125] 陈南祥，杨淇翔. 基于博弈论组合赋权的流域水资源承载力集对分析 [J]. 灌溉排水学报，2013，32（2）：81-85.

[126] 施开放，刁承泰，孙秀锋. 基于熵权可拓决策模型的重庆三峡库区水土资源承载力评价 [J]. 环境科学学报，2013，33（2）：609-616.

[127] 哀鹰，甘泓，王忠静，等. 浅谈水资源承载能力研究进展与发展方向 [J]. 中国水利水电科学研究院学报，2006，4（1）：62-67.

[128] 傅湘，纪昌明. 区域水资源承载能力综合评价——主成分分析法的应用 [J]. 长江流域资源与环境，1999，8（2）：168-172.

[129] 陈腊娇，冯利华，毛小军. 主成分分析法在水资源承载力影响因子评价中的应用 [J]. 水利科技与经济，2006，12（6）：362-364.

[130] 周琳，金辉. 主成分分析法在江门市水资源承载力研究中的运用 [J]. 人民珠江，2007，5：39-42.

[131] 杨平，易卫华，邓沐平. 基于主成分分析的江西省水资源承载力研究 [J]. 广东水利水电，2008，9：19-22，26.

[132] 李坤峰，谢世友，张润甲. 重庆水资源承载力影响因子评价 [J]. 人民长江，2009，40（7）：4-6.

[133] 陈慧，冯利华，孙丽娜. 南京市水资源承载力的主成分分析 [J]. 人民长江，2010，41（12）：95-98.

[134] 张辉，雷文娟，马金珠. 基于主成分分析法的华池县水资源承载力评价 [J]. 人民黄河，2011，33（3）：51-53.

[135] 肖迎迎，宋孝玉，张建龙. 基于主成分分析的榆林市水资源承载力评价 [J]. 干旱地区农业研究，2012，30（4）：218-223.

[136] 雷筱，陈小燕. 银川市水资源承载能力评价研究 [J]. 浙江水利水电专科学校学报，2013，25（2）：44-47.

[137] 董肇君. 系统工程与运筹学 [M]. 北京：国防工业出版社，2003.

[138] 李丽娟，郭怀成，陈冰，等. 柴达木盆地水资源承载力研究 [J]. 环境科学，2000，21（3）：20-23.

[139] 蒋晓辉，黄强，薛小杰. 二元模式下水资源承载力系统动态仿真模型研究 [J]. 地理研究，2001，20（2）：191-198.

[140] 吴九红，曾开华. 城市水资源承载力的系统动力学研究 [J]. 水利经济，2003，（5）：36-39.

[141] 王薇，雷学东，余新晓，等. 基于 SD 模型的水资源承载力计算理论研究——以青海共和盆地水资源承载力研究为例 [J]. 水资源与水工程学报，2005，16（3）：11-15.

[142] 车越，张明成，杨凯. 基于 SD 模型的崇明岛水资源承载力评价与预测 [J]. 华东师范大学学报（自然科学版），2006，（6）：67-74.

[143] 冯海燕，张昕，李光永，等. 北京市水资源承载力系统动力学模拟 [J]. 中国农业大

学学报，2006，11 (6)：106-110.

[144] 徐毅，孙才志. 基于系统动力学模型的大连市水资源承载力研究 [J]. 安全与环境学报，2008，8 (6)：71-74.

[145] 张保丰. 缺水城镇水资源承载力的分析研究 [D]. 北京：北京交通大学，2009.

[146] 童玉芬. 北京市水资源人口承载力的动态模拟与分析 [J]. 中国人口·资源与环境，2010，20 (9)：42-47.

[147] 王勇，李继清，王霭景，等. 天津市水资源承载力系统动力学模拟 [J]. 中国农村水利水电，2011，12：1-4.

[148] 黄蕊，刘俊民，李燐楷. 基于系统动力学的咸阳市水资源承载力 [J]. 排灌机械工程学报，2012，30 (1)：57-63.

[149] 佘思敏，胡雨村. 生态城市水资源承载力的系统动力学仿真 [J]. 四川师范大学学报（自然科学版），2013，36 (1)：126-131.

[150] 翁文斌，蔡喜明，史慧斌，等. 宏观经济水资源规划多目标决策分析方法研究及应用 [J]. 水利学报，1995，(2)：1-11.

[151] 贾嵘，薛惠峰，解建仓，等. 区域水资源承载力研究 [J]. 西安理工大学学报，1998，14 (4)：382-387.

[152] 徐中民. 情景基础的水资源承载力多目标分析理论及应用 [J]. 冰川冻土，1999，21 (2)：100-106.

[153] 薛小杰，惠泱河，黄强，等. 城市水资源承载力及其实证研究 [J]. 西北农业大学学报，2000，(6)：135-139.

[154] 王媛，徐利淼. 天津水资源承载力与经济协调发展研究 [J]. 天津师范大学学报（自然科学版），2003，23 (1)：68-72.

[155] 杨晓华，杨志峰，沈珍瑶，等. 水资源可再生能力综合评价的多目标决策理想区间法 [J]. 中国科学 E 辑：技术科学，2004，34 (增刊 I)：34-41.

[156] 罗利民，谢能刚，仲跃，等. 区域水资源合理配置的多目标博弈决策研究 [J]. 河海大学学报（自然科学版），2007，35 (1)：72-76.

[157] 刘旭东，曾现来，巩如英，等. 基于多目标决策与主成分分析的水资源承载力评价及预测——以河北省为例 [J]. 安徽农业科学，2008，36 (2)：751-753.

[158] 龙德江. 基于变异系数权重的灰色关联投影法在石羊河流域水资源承载力综合评价中的应用 [J]. 广东水利水电，2009，11：11-14.

[159] 郑奕，魏文寿，崔彩霞. 新疆焉耆盆地水资源承载力研究 [J]. 中国人口·资源与环境，2010，20 (11)：60-65.

[160] 张海斌. 基于多目标决策的流域水系统资源承载力分析——以浏阳河流域为例 [J]. 湖南农业大学学报（社会科学版），2011，12 (3)：15-22.

[161] 胡士辉，孙世雷，张桂花，等. 基于多目标决策的水资源可持续承载力理论及应用研究 [J]. 河南水利与南水北调，2012，12：3-5.

[162] 张志宇，张西平，张亚哲. 基于切比雪夫理论的保定市水资源承载力研究 [J]. 浙江农业学报，2013，25 (3)：641-646.

[163]　金菊良，魏一鸣，丁晶．水质综合评价的投影寻踪模型［J］．环境科学学报，2001，21（4）：431-434.

[164]　王顺久，侯玉，张欣莉，等．流域水资源承载能力的综合评价方法［J］．水利学报，2003，（1）：88-92.

[165]　杨晓华，杨志峰，郦建强．区域水资源潜力综合评价的遗传投影寻踪方法［J］．自然科学进展，2003，13（5）：554-557.

[166]　杨晓华，杨志峰，郦建强．区域水资源开发利用程度综合评价的GPPIM［J］．自然资源学报，2003，18（6）：760-765.

[167]　林占东，郑侃，刘正坤．城市水资源承载力综合评价的DEPPIM［J］．中国农村水利水电，2008，12：59-62.

[168]　李卫华．投影寻踪模型在塔里木河流域水资源承载力综合评价中的应用［J］．黑龙江水专学报，2009，36（4）：36-39.

[169]　陈亮亮，刘风华，龚程．投影寻踪模型在区域水资源承载力综合评价中的应用［J］．节水灌溉，2010，1：13-15.

[170]　马峰，王千，蔺文静，等．基于指标体系投影寻踪模型的水资源承载力评价——以石家庄为例［J］．南水北调与水利科技，2012，10（3）：62-66.

[171]　焦醒，刘广全．区域水资源承载力研究理论与方法［J］．国际沙棘研究与开发，2013，11（1）：28-33，46.

[172]　秦伟，朱清科，吴宗凯，等．吴起县2015年水资源承载力评价［J］．干旱区研究，2007，24（1）：70-76.

[173]　张青峰，王力，邵明安，等．长武县水资源承载力分析计算与评价［J］．水土保持研究，2009，16（6）：88-91.

[174]　杜娟，骆华松，胡志丁．云南省水资源承载力测评［J］．水资源研究，2010，31（2）：1-3，22.

[175]　孟江涛．湖北省水资源承载力综合指数评价和平衡指数预测研究［D］．武汉：华中师范大学，2011.

[176]　王宝林，何先富，从丽娟．鄂尔多斯盆地（内蒙古地区）能源开发水资源承载力分析［J］．地下水，2012，34（4）：129-130.

[177]　王雅竹，石炼．五家渠市水资源供需平衡及水资源承载力分析［J］．中国农村水利水电，2013，（6）：16-20.

[178]　赵益军．基于遗传算法与神经网络相结合的区域水资源承载力综合评价［J］．山东大学学报（工学版），2006，36（4）：81-83.

[179]　邵金花，刘贤赵，李德一．烟台市水资源承载力的RBF神经网络评价法［J］．水土保持研究，2007，14（6）：156-159.

[180]　杨秀英．基于神经网络模型的喀斯特地区水资源承载力研究——以贵州省为例［D］．贵阳：贵州师范大学，2007.

[181]　刘树锋，陈俊合．基于神经网络理论的水资源承载力研究［J］．资源科学，2007，29（1）：99-105.

[182]　王学全，卢琦，李彬. 水资源承载力综合评价的 RBF 神经网络模型 [J]. 水资源与水工程学报，2007，18（3）：1-5.

[183]　苏伟，刘景双，李方. BP 神经网络在水资源承载能力预测中的应用 [J]. 水利水电技术，2007，38（11）：1-4.

[184]　许莉，赵嵩正，杨海光. 水资源承载力的 BP 神经网络评价模型研究 [J]. 计算机工程与应用，2008，44（8）：217-219.

[185]　王艳，曹俊茹，吴佩林. 基于 SOFM 网络的山东省水资源承载力评价 [J]. 安徽农业科学，2009，37（33）：16494-16495，16530.

[186]　宇鹏. 战略环境评价中的水资源承载力评价方法与应用研究 [J]. 广西师范学院学报：自然科学版，2012，29（4）：72-76.

[187]　王浩，王建华，秦大庸，等. 基于二元水循环模式的水资源评价理论方法 [J]. 水利学报，2006，37（12）：1496-1502.

[188]　郭海丹，邵景力，谢新民. 城市水资源承载能力评价方法研究综述 [J]. 科技创新导报，2009，1：122-123.

[189]　张洪玉，张淑云，卜汉臣. 论水资源承载力概念及其评价方法 [J]. 黑龙江水利科技，2008，36（1）：157-159.

[190]　谢新民，甘泓，李洪尧，等. 基于三次平衡配置的水资源承载能力分析 [J]. 中国水利水电科学研究院学报，2006，4（3）：191-195.

[191]　胡晓蕊. 区域水资源承载力研究与应用 [D]. 西安：西北工业大学，2007.

[192]　郭晓丽. 聊城市水资源承载力因子分析 [J]. 安徽农业科学，2009，37（35）：17602-17603.

[193]　杨娜，李慧明. 基于因子分析与熵值法的水资源承载力研究——以天津市为例 [J]. 软科学，2010，24（6）：66-70.

[194]　刘慧，蔡定建，许宝泉，等. 基于因子分析和熵权法的赣江源流域水资源承载力研究 [J]. 安徽农业科学，2011，39（23）：14264-14267，14277.

[195]　张伟. 基于因子分析的安徽省水资源承载力评价 [J]. 节水灌溉，2012，9：11-14.

[196]　吴琼. 基于因子分析的青海省水资源承载力综合评价 [J]. 水资源保护，2013，29（1）：22-26.

[197]　邢清枝，任志远，王丽霞，等. 基于生态足迹法的陕北地区水资源可持续利用评价 [J]. 干旱区研究，2009，26（6）：793-798.

[198]　陈栋为，陈晓宏，孔兰. 基于生态足迹法的区域水资源生态承载力计算与评价——以珠海市为例 [J]. 生态环境学报，2009，18（6）：2224-2229.

[199]　卢艳，于鲁冀，王燕鹏，等. 河南省水资源生态足迹和生态承载力分析 [J]. 中国农学通报，2011，27（1）：182-186.

[200]　张月，杨华. 重庆市近 10 年水资源承载力时空格局动态演变研究 [J]. 安徽农业科学，2012，40（28）：13933-13936.

[201]　张军，张仁陟，周冬梅. 基于生态足迹法的疏勒河流域水资源承载力评价 [J]. 草业学报，2012，21（4）：267-274.

[202] 张军，周冬梅，张仁陟. 黑河流域 2004—2010 年水足迹和水资源承载力动态特征分析 [J]. 中国沙漠，2012，32 (6)：1779-1785.

[203] 蔡文. 物元模型及其应用 [M]. 北京：科学技术文献出版社，1994.

[204] 汤亚林，朱帅帮. 物元模型在新疆水资源承载力综合评价中的应用 [J]. 水资源保护，2006，22 (3)：40-42.

[205] 刘东，孙楠，于苗，等. 三江平原井灌区地下水资源承载力物元评价模型 [J]. 水资源与水工程学报，2011，22 (6)：1-4.

[206] 张俊华，吕学梅，陈南祥，等. 基于物元可拓模型的水资源承载力分析 [J]. 人民黄河，2011，3 (5)：33-35.

[207] 吕萍，刘东，赵菲菲. 基于熵权的建三江分局水资源承载力模糊物元评价模型 [J]. 水土保持研究，2011，18 (2)：246-250.

[208] 吴永斌. 基于可拓理论的区域水资源承载力评价 [J]. 水资源与水工程学报，2012，23 (5)：162-165.

[209] 杨旭，佟大鹏. 基于物元模型分析的龙凤山灌区水资源承载力综合评价 [J]. 黑龙江大学工程学报，2012，3 (3)：32-36.

[210] 田静宜，王新军. 基于熵权模糊物元模型的干旱区水资源承载力研究——以甘肃民勤县为例 [J]. 复旦学报（自然科学版），2013，52 (1)：86-93.

[211] Allan J A. Fortunately there are substitutes for water otherwise our hydro-political futures would be impossible [A] //Hoekstra A Y. In Priorities for Water Resources Allocation and Management [C]. London：ODA, United Kingdom, 1993：13-26.

[212] 程国栋. 虚拟水：中国水资源安全战略的新思路 [J]. 中国科学院院刊，2003，(4)：260-265.

[213] 程国栋. 虚拟水：水资源与水安全研究的创新领域 [N]. 中国水利报，2003-11-22 (2).

[214] 刘博，康绍忠. 虚拟水引入对北京市水资源承载能力的影响研究 [J]. 中国水利，2007，8：8-11.

[215] 张志芬，刘东. 基于虚拟水理论区域水资源承载力评价方法 [J]. 内蒙古水利，2010，1：15-17.

[216] 韩雪. 虚拟水视角下的水资源承载力分析 [J]. 水利经济，2013，31 (3)：6-15.

[217] 陈春生. 环境容量受力分析与都市成长管理之研究：以台北都会区水资源个例 [J]. 台湾大学建筑与城乡研究学报，1987，(3)：133-144.

[218] Gorry G A, Morton M S S. A framework for management information systems [J]. Sloan Management Review，1971，12 (3)：55-70.

[219] Sprague R H, Carlson E D. Building Effective Decision Support Systems [M]. Englewood Cliffs, NJ：Prentice Hall，1982.

[220] Scott-Morton M S. Management decision support systems：computer-based support for decision making Cambridge [D]. Cambridge：Harvard University，1971.

[221] 谢榕. 基于数据仓库的决策支持系统框架 [J]. 系统工程理论与实践，2000，4：

27-30.

[222]　马丽娜，刘弘，张希林. 数据挖掘、OLAP 在决策支持系统中的应用 [J]. 计算机应用研究，2001，(11)：10-12.

[223]　赵宇. 浅谈人工智能在决策支持系统中的应用与发展 [J]. 物流工程与管理，2009，31 (1)：85-86.

[224]　俞东进. 基于服务的决策支持系统研究 [D]. 杭州：浙江工商大学，2009.

[225]　王宝祥，周献中，盛寅，等. 面向人件服务的决策支持系统接口研究 [J]. 计算机科学与探索，2013，7 (1)：46-53.

[226]　Garrett J J. 用户体验的要素 [M]. 范晓燕译. 北京：机械工业出版社，2009.

[227]　Norman D, Draper S. User Centered System Design: New Perspectives on Human-Computer Interaction [M]. NJ: Lawrence Erlbaum Association，1986.

[228]　诺曼 D A. 好用型设计 [M]. 2 版. 梅琼译. 北京：中信出版社，2007.

[229]　Johnson-Laird P N. Mental Models [M]. Cambridge: Cambridge University Press，1983.

[230]　维基百科. 以用户为中心的设计 [EB/OL]. http://zh. wikipedia. org/wiki/以用户为中心的设计 [2013-6-8].

[231]　张丽萍，刘正捷，陈燕. 以用户为中心的软件产品开发方法 [J]. 计算机科学，2002，29 (9)：151-153.

[232]　李荣. 人机交互中用户模型的建立方法 [D]. 南京：南京师范大学，2004.

[233]　王丹力，华庆一，戴国忠. 以用户为中心的场景设计方法研究 [J]. 计算机学报，2005，28 (6)：1043-1047.

[234]　刘增. 以用户为中心的网络界面设计研究 [D]. 南京：南京航空航天大学，2007.

[235]　徐伟，刘朝明. 基于设计心理学的产品设计研究 [J]. 机械研究与应用，2008，21 (5)：13-14.

[236]　马琦媛. 电子购物网站的交互体验度研究 [D]. 杭州：浙江大学，2008.

[237]　昌琳. 通过使用人物角色和情景分析的方法来进行以用户为中心的设计 [J]. 艺术与设计，2008，(11)：171-173.

[238]　吴燕萍. 以用户为中心的 Web 设计研究 [D]. 杭州：浙江大学，2008.

[239]　夏敏燕，王琦. 以用户为中心的人机界面设计方法探讨 [J]. 上海电机学院学报，2008，11 (3)：201-203.

[240]　汪海波. 以用户为中心的软件界面的设计分析、建模与设计研究 [D]. 济南：山东大学，2008.

[241]　郭皎. 以用户为中心的设计及其在教务管理系统中的应用 [D]. 西安：西北大学，2008.

[242]　望金蓉. 以用户为中心的信息构建 [J]. 图书管理论研究，2009，53 (3)：38-41.

[243]　杨沛. 设计心理学在人机交互中的应用 [D]. 武汉：湖北工业大学，2011.

[244]　杜兴，谢立，孙钟秀. 基于知识的人机接口开放模型 [J]. 中国科学（A辑），1993，23 (3)：329-336.

[245] 商慧玲，秦冲，张晏. DSS 人机接口及其设计思想 [J]. 管理信息系统，1997，8：9-13.

[246] 王恒，白光晗. 面向过程人机交互战略决策支持系统模型研究 [J]. 电脑与信息技术，2009，17 (6)：19-21.

[247] 郭蔚婷. 面向林农用户的软件界面可用性研究 [D]. 北京：北京林业大学，2010.

[248] 吴泉源. 龙口市水资源环境管理决策支持系统构建研究 [J]. 地理科学，2001，21 (5)：463-466.

[249] 李门楼，胡成，陈植华. 河北平原区域地下水资源决策支持系统设计与开发 [J]. 中国地质大学学报，2002，27 (2)：222-226.

[250] 王晓峰，李欣苗. 关中地区大型灌区信息管理决策支持系统应用研究 [J]. 中国生态农业学报，2002，10 (3)：134-135.

[251] 曾宪波. 水资源管理决策支持系统总体构想 [J]. 人民珠江，2002，(4)：58-60.

[252] 陈森林，印瑞田，万海斌，等. 全国水库防洪调度决策支持系统 [J]. 水力发电，2003，29 (5)：1-5.

[253] 高需生，田忠禄，闫继军，等. 南水北调工程输水调度管理和决策支持系统的技术集成研究 [J]. 水利水电技术，2004，35 (2)：74-77.

[254] 甘治国，张红武，蒋云钟. 济南黄河防汛指挥调度决策支持系统研究 [J]. 南水北调与水利科技，2004，2 (5)：21-23.

[255] 雒翠，刘灼华. 深圳宝安区水资源决策支持系统研究 [J]. 广东水利电力职业技术学院学报，2007，5 (3)：45-48.

[256] 陈兴，程吉林，周健康. 基于 GIS 的水资源优化配置决策支持系统的研究 [J]. 水资源与水工程学报，2008，19 (5)：15-19.

[257] 徐建新，苏虹，张运凤. 基于 Agent 的分布式水资源配置决策支持系统 [J]. 华北水利水电学院学报，2008，29 (1)：4-6.

[258] 赵岩，缪琴. 水资源综合管理决策支持系统研究 [J]. 水电能源科学，2009，27 (5)：27-30.

[259] 王煜，李福生，王彤. 黄河小浪底以下河段水资源实时调控决策支持系统研究 [J]. 水电能源科学，2011，29 (5)：131-135.

[260] 盖迎春，李新. 黑河流域中游水资源管理决策支持系统设计与实现 [J]. 冰川冻土，2011，33 (1)：190-196.

[261] 张亮，张静，张忠孝. 徐建新灌区节水灌溉决策支持系统研制 [J]. 沈阳农业大学学报，2011，42 (2)：200-203.

[262] 王俊. 长江流域水资源综合管理决策支持系统研究 [J]. 人民长江，2012，43 (21)：6-10.

[263] 李萌. 黄河水量调度管理系统的建设目标与系统结构 [J]. 中国水利，2012，17：49-52.

[264] 王伟. 石羊河流域水资源调度决策支持系统 [D]. 上海：东华大学，2013.

[265] 敬明星. 吉林市防汛决策支持系统研究 [D]. 大连：大连理工大学，2013.

[266] Waldrop M M. Complexity: The Emerging Science at the Edge of Order and Chaos [M]. New York: Simon&Schuster, 1992.

[267] Cowan G A, Pines D, Meltzer D. Complexity: Metaphors, Models, and Reality [M]. Reading, Massachusetts: Perseus Books, 1994.

[268] 霍兰 J H. 隐秩序——适应性造就复杂性 [M]. 周晓牧, 韩晖译. 上海: 上海科技教育出版社, 2000.

[269] Haken H. Principles of Brain Functioning: A Synergetic Approach to Brain Activity, Behavior and Cognition [M]. Berlin: Springer-Verlag, 1996.

[270] Kelso J A S. Dynamic Patterns: The Self-Organization of Brain and Behavior [M]. Cambridge, MA: MIT Press, 1995.

[271] Bremermann H J. Self-organization in evolution, immune systems, economics, neural nets, and brains [A]//Mishra R K, Maab D, Zwierlein E. On Self-Organization: An Interdisciplinary Search for A Unifying Principle [C]. Berlin: Soringer-Verlag, 1994: 5-34.

[272] Varela F, Sanchez-leighton V, Coutinbo A. Adaptive strategies gleaned from immune networks: viability theory and comparison with classifier systems [A]//Goodwin B, Saunders P. Theoretical Biology: Epigenetic and Evolutionary Order from Complex Systems [C]. Baltimore: Johns Hopkins University Press, 1992: 112-123.

[273] Kelly K. Out of Control: The Rise of Neo-Biological Civilization [M]. Reading, MA: Addison Wesley, 1994.

[274] Sole R V, Miramontes O, Goodwin B C. Emergent behavior in insect societies: global oscillations, chaos and computation [A]//Haken H, Mikhailov A. Interdisciplinary Approaches to Nonlinear Complex Systems [C]. Berlin: Springer-Verlag, 1993: 77-88.

[275] Mainzer K. Philosophical foundations of nonlinear complex systems [A]//Haken H, Mikhailov A. Interdisciplinary Approaches to Nonlinear Complex Systems [C]. Berlin: Springer-Verlag, 1993: 32-43.

[276] Weidlich W, Haag G. Concepts and Models of A Quantitative Sociology: The Dynamics of Interacting Populations [M]. Berlin: Springer-Verlag, 1983.

[277] 张利斌. 基于复杂自适应系统视角的企业核心刚性研究 [D]. 武汉: 华中科技大学, 2005.

[278] 达文 J, 约翰逊 P, 麦考利 J. 战略思维创新 [M]. 杨世伟, 佟博, 徐芬丽译. 北京: 经济管理出版社, 2003.

[279] Levin S A. Fragile Dominion: Complexity and the Commons [M]. Reading: Perseus Books, 1999.

[280] Gell-Mann M. The Quark and the Jaguar: Adventures in the Simple and the Complex [M]. New York: Freeman and Company, 1994.

[281] 陆明希, 严广乐. 基于神经网络灰色 Verhulst 算法的 CPI 预测模型 [J]. 统计与决

策，2011，(17)：52-53.

[282] 胡玉琢. 改进型灰色神经网络模型在水质预测中的应用 [D]. 重庆：重庆大学，2010.

[283] 黄飞. 能源消费与国民经济发展的灰色关联分析 [J]. 热能动力工程，2001，16 (91)：89-90.

[284] 沈亮，谢焕. 基于组合模型的城市供水预测及水价调整决策 [J]. 统计与决策，2009，16：46-48.

[285] 黄瑞龙. 改进型 BP 算法在船舶主柴油机冷却系统故障诊断中的应用 [J]. 茂名学院学报，2007，17 (4)：52-55.

[286] 王志亮，王伟，曹国金，等. 改进的 BP 网络对桩抗压强度的预测与分析 [J]. 水电自动化与大坝监测，2002，26 (1)：42-44.

[287] 郭静，陈求稳，张晓晴，等. 基于实码遗传算法的湖泊水质模型参数优化 [J]. 生态学报，2012，32 (24)：7940-7947.

[288] 金菊良，杨晓华，丁晶. 基于实数编码的加速遗传算法 [J]. 四川大学学报（工程科学版），2000，32 (4)：20-24.

[289] Lee S，Soak S，Kim K，et al. Statistical properties analysis of real world tournament selection in genetic algorithms [J]. Applied Intelligence，2008，28 (2)：195-205.

[290] Soak S，Corne D，Ahn B. A powerful new encoding for tree-based combinatorial optimisation problems [J]. Lecture Notes in Computer Science，2004，3242：430-439.

[291] Soak S，Corne D，Ahn B. A new encoding for the degree constrained minimum spanning tree problem [J]. Lecture Notes in Computer Science，2004，3213：952-958.

[292] Soak S，Corne D，Ahn B. The edge-window-decoder rep-resentation for tree-based problem [J]. IEEE Transactions on Evolutionary Computation，2006，10 (2)：124-144.

[293] 王小平，曹立明. 遗传算法：理论、应用及软件实现 [M]. 西安：西安交通大学出版社，2000.

[294] Srinivas M，Patnaik L M. Adaptive probabilities of crossover genetic in mutation and algorithms [J]. IEEE Transactions on Systems，1994，4 (4)：656-667.

[295] 诺曼 D A. 设计心理学 [M]. 梅琼译. 北京：中信出版社，2010.

[296] 维基百科. 认知心理学 [EB/OL]. http://zh. wikipedia. org/wiki/认知心理学 [2013-6-8].

[297] 维基百科. 软件开发 [EB/OL]. http://zh. wikipedia. org/wiki/软件开发 [2013-6-8].

[298] DRM Associates. New product development glossary [EB/OL]. http://www. npd-solutions. com/glossary. html [2006-10-29].

[299] 朱佳. 基于设计心理学与人机交互技术的界面可用性研究 [D]. 上海：上海交通大学，2010.

[300] Raskin J. 人本界面交互式系统设计 [M]. 史元春译. 北京：机械工业出版社，2011.

[301] 李世国. 体验与挑战——产品交互设计 [M]. 南京：江苏美术出版社，2008.

[302]　孙晓帆，李世国. 交互式产品原型设计研究 [J]. 包装工程，2009，30 (3)：134-136.

[303]　阿里巴巴（中国）用户体验设计部. 纸上原型设计方法说明及使用规范 [EB/OL].
http://www. aliued. cn/2009/04/20/method-statement-and-using-guideline-of-paper-prototy-
ping. html [2013-6-8].

[304]　Jeon Y J. Revised GOMS operator for drag and drop [J]. Proceedings of the Human
Factors and Ergonomics Society 54th Annual Meeting，2010，54 (19)：1742-1746.